식품포장학

조 문 구 저

yh 도서출판 유한문화사

머리말

학과의 명칭이 생물공학과에서 식품생명공학과로 변경되면서 학부생들의 수업과목에도 당연히 변화가 반영되었다. 기존의 생물공학 중심에서 약 3분의 1 정도를 식품관련 과목이 도입되어 학과를 운영하였다.

이후 몇 년의 시간이 지나면서 식품생명공학은 비교적 일상적인 명칭이 되었고, 산업계의 관심분야가 확장되면서 새로운 과목의 도입에 대해 고민이 필요한 시기가 되었다. 기능성 식품, 안전성 및 포장 등에 관한 기초적인 이해가 필요하게 되었다.

지난해에 정신없이 연이어 돌아가신 부모님과 함께 했던 여러 교수님들의 도움으로 무사히 4년간의 국책과제를 마치면서 이제는 더 이상 엉성한 상태로 수업교재를 사용할 수 없게 되었다. 아직 과제를 마무리가 필요하지만, 우선 부실한 상태로 사용해 온 수업자료를 먼저 정리하기로 하였다.

이 책은 우석대학교 식품생명공학과에서 학부생들이 식품관련 기업에 취업하여 식품가공 및 제조현장에서 필요한 원료의 선별, 가공장비와 제조공정, 위생 및 법규에 이어서 효과적인 생산과 유통을 위한 포장분야에 대한 이해를 제공하기 위한 목적으로 최근 3년간의 수업자료를 정리한 것이다.

다소 부족한 부분이 많다는 것을 인정하지만, 수업에 참여하는 학생들에게 제대로 된 교재를 수업자료로 제공하고자 하는 욕심이 앞서 서둘러 준비하게 되었다. 혹시 식품포장과 관련한 기본적인 이해를 필요로 하는 많은 이들에게 도움이 되기를 기대한다. 많은 오류가 있을 것으로 예상하며, 모든 실수와 잘못은 저자에게 있음을 밝히며, 따끔한 충고와 지적을 기대한다.

2019. 8

삼례에서 저자 씀

차 례

제 1 장 서 론 / 15

1. 포장산업은 서비스산업으로 진화 ······ 16
2. 국내 포장산업의 규모는 27조원 ······ 16

제 2 장 식품포장이란? / 19

1. 식품포장의 정의 ······ 19
2. 식품포장의 특징 ······ 19
3. 식품포장의 역할과 과제 ······ 20
   3.1 기능적 분류(개장, 내장, 외장) ······ 20
   3.2 살균용 식품포장 방법과 포장방법 ······ 21
   3.3 열탕 살균포장 ······ 21
   3.4 저온식품포장 및 가스충진포장 ······ 21
   3.5 환경제어포장 및 액티브포장 ······ 22
   3.6 진공포장 ······ 22

제 3 장 식품포장의 역사 / 23

1. 식품위생 ······ 23
   (1) 상고시대 ······ 23
   (2) 고려시대 ······ 24
   (3) 조선시대 ······ 24
   (4) 일제 강점기 ······ 25
2. 식품포장 ······ 25

제 4 장 포장방법 / 29

1. 식품의 포장 ········· 29
   1.1 식품포장의 목적 ········· 29
   1.2 식품포장의 분류 ········· 29
   1.3 식품포장 재료의 구비조건 ········· 30
2. 식품포장 재료의 종류와 성질 ········· 31
   2.1 종 이 ········· 31
   2.2 유 리 ········· 31
   2.3 금 속 ········· 31
   2.4 셀로판 ········· 32
   2.5 플라스틱 제품 ········· 32
3. 식품포장의 전처리 조작 ········· 35
4. 식품의 통조림 병조림법 ········· 36
   4.1 공관 및 공병의 종류와 형태 ········· 36
   4.2 통조림, 병조림법의 원리 ········· 38
   4.3 통조림의 표시 ········· 39
   4.4 통조림의 검사 ········· 39
   4.5 저장중의 통조림 및 병조림의 품질 변화 ········· 40
5. 플라스틱 필름의 포장 ········· 42
   5.1 플라스틱 필름의 밀봉법 ········· 42
   5.2 각종 식품의 플라스틱 필름 포장 ········· 42
6. 통·병조림 식품의 규격 ········· 43
7. 포장 표준화 ········· 44
8. 적정포장 ········· 44

제 5 장 식품포장 용기의 영양소 표시법 – 식품표시제도– / 45

1. 식품표시제도 ········· 45

1.1 식품 및 영양표시제도의 정의 ········· 45
1.2 식품 등의 표시규정 ········· 45
2. 영양소 함량 강조표시(Health clame) ········· 53
2.1 영양소 함량 강조표시 세부기준 ········· 55
2.2 영양소 표시량과 실제 측정값의 허용오차 범위 ········· 55
3. 영양소 분석방법 ········· 55
3.1 단백질 분석 ········· 55
3.2 지방분석 ········· 56
3.3 탄수화물 분석 ········· 57

제 6 장 포장식품의 미래 / 59

1. 포장식품의 전망 ········· 59
1.1 21세기의 인기식품 ········· 59
1.2 녹색기술 환경에 적합한 기능성 포장재 ········· 62
2. 보호성 기능 ········· 63
3. 포장식품의 안전성 ········· 66
4. 식품포장의 이유 ········· 71

제 7 장 식품포장(Food packaging) / 75

1. 포장방법 ········· 75
2. 포장의 3대 기능 ········· 76
3. 식품포장의 의식 ········· 76
4. 포장의 방법개선 및 상품전략 ········· 76
5. 포장재료 ········· 77
5.1 플라스틱류 ········· 77
5.2 포장재의 최신 세계 동향 ········· 79
6. 유연포장 ········· 82

6.1 농산물 포장 83
6.2 식품의 품질이란 무엇인가? 88
6.3 식품의 품질유지 기술의 동향 88
6.4 물리적 방법과 화학적 방법의 복합기술 90
6.5 항균성 포장재 90
6.6 식품포장재의 향기보존 90
6.7 품질유지와 고차단성 연포장재 92
6.8 품질유지를 중심으로 한 문제점 및 향후 동향 95

제 8 장 식품포장의 새로운 기능 / 97

1. 레토르트, cook-freeze 및 cook-chill 식품의 포장 98
2. 전자레인지 식품의 포장 101
3. 자동가열 및 자동 냉각포장 102
4. 지능형 포장을 적용한 기술적 혁신 103
5. 새로운 식품포장의 현황과 전망 106
6. 기능성 포장필름의 최신 기술 동향 106
7. 식품포장의 진화 – 단순 보관에서 맛 · 유통기간 연장으로 발전 107

제 9 장 식품의 용기 / 109

1. 식품포장용 용기 110
2. 식품을 저장하는 용기 112
3. 식품포장 기술 사례 114
4. 식품포장의 과학 115
(1) 액티브 포장기술 115
(2) 나노포장기술 116
(3) 무균포장기술 116
(4) 질소포장 117

제 10 장 가스를 이용한 기능성 식품포장 / 119

1. 기능성 포장의 성장 ······ 120
2. 기능성 포장의 원리 및 효과 ······ 120
3. 가스관련 기능성 포장 적용 ······ 121
4. MAP에 사용되는 가스 ······ 123
5. 주요 식품의 MAP효과 ······ 125
(1) 유제품(Dairy products) ······ 125
(2) 신선육(Raw red meat) ······ 125
(3) 신선 가금류 제품(Raw poultry) ······ 126
(4) 가공 육제품 ······ 126
(5) 수산물 제품(Fish and fish products) ······ 127
(6) 신선 과채류(Fresh vegetables) ······ 127
(7) 신선육 포장의 CO(carbon mono-oxide) ······ 128
6. 가스충전포장 ······ 128
(1) 노즐식 ······ 129
(2) 챔버식 ······ 129
(3) 가스플래쉬 ······ 129
7. 요약 및 결론 ······ 129

제 11 장 유니버설 디자인 / 131

1. Universal Design ······ 131
2. Barrier free와 universal design ······ 135
3. 포장의 장애요인 ······ 139
4. 포장의 유니버설 디자인 ······ 142
5. 의약품 포장에서의 유니버설 디자인 ······ 145
5.1 사용자 실수의 다발 ······ 145

5.2 패키지 ………… 146
5.3 구체적인 유의점 ………… 147
5.4 유니버설 디자인 대응 ………… 148
6. 패키지 디자인 불변의 법칙 ………… 153
6.1 인구 통계학적 특성 ………… 153
6.2 사이코 그래픽스 ………… 154
6.3 사탕류 ………… 154
6.4 주 류 ………… 155
6.5 절제된 색 ………… 155

제 12 장 Meal Solution과 Home Meal Replacement 대응 / 157

1. 식생활의 변화 ………… 158
2. Meal solution과 home meal replacement ………… 158
3. HMR의 역사 ………… 162
4. Confetti Beef Tacos ………… 164
5. TV Dinner에서 케이블 퀴진까지 : HMR의 발달과정 ………… 164
6. MS 및 HMP 대응형 포장 ………… 165
7. 1인 가구 증가와 HMR 수요 증가 ………… 165
8. HMR의 요건- '맛', '영양', '간편성' ………… 166
9. 상품개발 현황 ………… 166
(1) 쌀(재료)이 아닌 밥(식사) 판매 ………… 166
(2) 갈증해소가 아닌 식사대용 음료 ………… 167
(3) 요리개념을 가미한 면제품 속속 출시 ………… 167
(4) 엄마의 손맛을 강조한 도시락 세트 ………… 167
(5) 신선한 채소를 가미한 도시락을 신속하게 배송 ………… 167
(6) 과일도 한 끼 식사가 가능하도록 품질 업그레이드 ………… 168
(7) 상품개발에 요리전문가가 참여 ………… 168
(8) 맛집의 맛을 그대로 재현해 패키지에 담기 ………… 168

(9) HMR 온라인 판매 ······ 168
(10) '컵푸드' 등 패키지 발달과 함께 성장 ······ 169
10. 2012년 SEOUL FOOD- 'HMR 파빌리온' 첫선 ······ 169

제 13 장 식품저장을 위한 포장기술 / 171

1. 포장의 주요기능 ······ 171
2. 포장 재료의 종류와 특성 ······ 171
3. 포장식품의 품질 열화 Mechanism 및 방지방법 ······ 172
3.1 식품의 구성성분 ······ 172
3.2 포장식품의 품질열화 인자 ······ 172
3.3 포장식품의 품질열화 방지법 ······ 173
3.4 포장식품의 유통 중 미생물에 의한 변패 ······ 173
3.5 포장식품의 구성 성분별 품질열화 형태 및 방지법 ······ 174
4. 환경인자와 보호포장 ······ 175
5. 보호 포장재의 특성 ······ 181

제 14 장 유통기한 / 183

1. 유통기한의 설정 ······ 183
2. 식품의 유통기한(Shelf life)이란? ······ 184
3. 유통기한 관련 용어 ······ 184
4. 유통기한은 어떻게 설정되고 어떻게 관리되나? ······ 184
5. 유통기한이 표시되지 않는 식품도 있나? ······ 185
6. 유통기한은 어떻게 표시되나? ······ 185
7. 유통기한의 표시 예(국산제품) ······ 186
8. 유통기한의 표시 예(수입제품) ······ 187
9. 수입품에 표시되어 있는 약어 ······ 188
10. 유통기한 설정 사유서의 작성방법 ······ 188

11. 유통기한 표시제도의 문제점 ········· 189
12. 식품, 식품첨가물 및 건강기능식품의 유통기한 설정기준 ········· 192
12.1 기본사항 ········· 193
12.2 유통기한 설정실험 ········· 194
12.3 실험결과 보고서 제출 ········· 196

제 15 장 식품가공기술의 현황과 전망 / 221

1. 서 론 ········· 221
2. 본 론 ········· 221
2.1 식품가공기술의 개요 ········· 221
2.2 식품가공기술의 응용분야 ········· 223
2.3 다른 산업과 융합되고 있는 식품산업 ········· 227
2.4 향후 식품가공 기술개발의 전망 ········· 228
3. 결 론 ········· 234
〈참고문헌〉 ········· 235

부 록 ········· 239
1. 주요 농업관련 용어 ········· 240
2. 지역별 대표 꾸러미 농장 목록 ········· 242
3. 밥상을 점령한 GMO 식품의 모든 것-GMO 식품과의 전쟁 ········· 245
4. 콜레스테롤 ········· 247
5. 호주의 뉴웨이브 푸드에서 배우는 식생활과 건강의 관계 ········· 251
6. 진정한 건강을 위한 스마트 건강백서 ········· 253
7. 당신을 늙게 만드는 문제의 먹거리 7가지 ········· 260
8. '명의' 13인이 권하는 건강한 식습관과 식재료 ········· 267
9. GI 다이어트 ········· 272
10. No Sugar, No Salt & No MSG Please! ········· 275
11. 한국 식품포장 세계진출 가능성 ········· 279

12. 식품 및 음료의 포장분야 ··· 280
13. WTO가입 후, 중국 산업이 맞게 된 기회와 도전 ··· 281
14. 친환경 인증 표시 ··· 284
15. 재활용 재료 ··· 288

〈찾아보기〉 ··· 293
〈Index〉 ··· 301

제 1 장

서 론

21세기 식품포장 분야에서의 키워드(Keyword)는 건강(健康, health), 안전(安全, safety) 및 환경(環境, environment)이다. 미래의 포장식품을 전망하기 위해서 장래의 인기식품과 환경대응 포장재료, 식품의 안전대책 및 포장기술에 대하여 소개한다.

포장(包裝, package)이란 물품의 수송, 보관, 취급, 사용 등에서 그 가치 및 상태를 보호하기 위하여 적절한 재료 또는 용기 등을 물품에 시행하는 기술 또는 시행한 상태를 말한다. 따라서 포장의 기본적인 기능은 물류과정에서 상품을 최종 소비자에게 안전하게 보호(Protection) 배송하고, 취급을 용이하게 하며(Handling Convenience), 제품의 정보를 효과적으로 전달함과 동시에 판매를 촉진(Sales Promotion)하는 데 있다.

우리나라의 포장산업은 지속적인 성장을 진행해 나가고 있으며, 이를 통해 국내 포장산업 시장규모는 27조원에 이르고 있으며, 소프트웨어(20조원), 바이오(15조원) 산업보다 규모가 큰 산업으로 포장산업 관련 기업은 약 13,000개 정도의 전형적인 중소기업들로 이루어져 있고, 종사자 수는 약 13만 명 수준으로 집계되고 있다.

한편, 그동안 포장산업은 제조업의 보조 역할로 인식되었으나 최근 들어 바이오, 나노 등 신기술과 유통 등 서비스와의 융합을 통해 단순 포장의 역할에서 탈피하여 오히려 패키징이 상품의 가치를 창출, 향상시키는 수단으로 등장하고 있다. 우리나라 포장산업의 부가가치율은 자동차(33%), 섬유(35%)보다 높은 46%에 달하고 있으며, 포장 서비스 산업은 연평균 16.5%의 높은 성장률을 나타낼 만큼 유망성과 성장성이 매우 높다.

매년 개최되고 있는 서울국제포장전(Seoul Pack)에서는 이러한 국내 포장산업의 현황을 살펴볼 수 있는 국내의 대표적인 포장전시회로서 최신 포장기술과 포장제품을 볼 수 있으며, 포장 자동화, 포장 최적화 동향을 한 자리에서 파악할 수 있는 매우 소중한 전시회이다.

1. 포장산업은 서비스산업으로 진화

포장산업은 과거 제품의 보호 및 판매 촉진 등 제조업을 지원하기 위한 보조적 산업으로 인식되었으나, 지금은 자동화·나노·바이오·RFID 등과 결합된 신기술 그리고 물류·컨설팅 등 제조서비스와 융합된 지식기반 서비스산업으로 발전하고 있다. 특히 전자·의약·화장품 등 각종 수요산업과 동반성장이 가능하다는 점에서도 그 중요성이 더욱 커지고 있다. 포장산업 선진국들은 제품의 기획단계에서부터 제품 개발 및 생산, 유통/물류, 마케팅에 이르기까지 제조업 가치사슬 전반에 걸쳐 포장에 대한 설계, 디자인, 시험분석 및 시뮬레이션 등을 수행함으로써 제조 원가를 낮추고 부가가치를 높여 나가는 전략을 펼쳐나가고 있다.

세계 포장산업 시장은 주요 수요산업인 식품·음료산업과 제약, 화장품, 생활용품 등 고부가가치 산업의 성장에 힘입어 연평균 3.5% 성장하여 2014년에는 시장규모가 6,000억불을 초과하였다. 포장산업의 시장지배력은 선진국과 후발 개도국으로 양분되는 가운데 Big 5(美·日·獨·英·佛)가 세계시장의 약 50%를 과점하고 있으나 그 점유율이 점진적으로 감소하는 추세에 있으며, 급격한 경제성장을 이루고 있는 중국 등 후발 개도국은 시장 점유율을 빠르게 확대시켜 나가고 있는 추세이다.

2. 국내 포장산업의 규모는 27조원

국내 포장산업은 제조업·농업 부문의 안정적 수요를 기반으로 꾸준히 성장하여 27조원, 고용 15만 명으로 높은 국민경제 비중을 차지하고 있다. 품목별 생산액은 플라스틱 7.5조원, 종이류 4.7조원, 금속 1.2조원, 포장기계 1.0조원 순으로 나타나고 있다. 지난 2011년 포장기계 수출은 약 2.0억불로 수입 2.3억불 대비 무역 적자를 기록하고 있으나 매년 수출이 증가하고 있어 이 같은 추세대로라면 머지않은 장래에 무역 흑자로 전환될 수 있다는 희망이 보이고 있다.

포장산업은 「제조업의 종점, 물류의 시발점」으로 제조업의 고부가가치화·물류 효율화 요인으로 등장하고 있다. 최근 들어, 단순 포장의 역할에서 탈피, 오히려 포장이 상품의 가치를 창출·향상시키는 사례가 등장하고 있다. 특히, 기술격차가 많지 않고 가격 경쟁이 심한 산업 분야에서는 포장의 개선을 통한 물류비 절감을 매우 중요한 포인트로 인지하고 있다. 포장의 표준화, 중량·부피 감량으로 물류비용을 절감하는 사례가 많아지고 있는 것이다. 또한 세계적으로 환경의 중요성이 높아지면서 포장도 친환경 포장의 주류로 등장하고 있다. 포장의 생산·사용·폐기 과정에서 자원 절감 노력을 통해 지속가능한(sustainable) 포장을 적용함으로써 환경에 영향을 주지 않으며 지속적으로 적용 가능한 포장이 등장하고 있다.

또한 포장재에 사용되는 유해물질 함유량 규제 등 패키징에 대한 환경규제가 강화되는 추세에 있으며, 재활용·생분해 등 친환경 패키징 소재의 개발과 활용으로 환경보호 및 무역장벽을 극복하는 사례도 나타나고 있다. 또한, 포장산업에서는 최근 들어 포장기술의 첨단화, 융복합화를 통해 새로운 포장시장을 창출을 진행해 나가고 있다. 단순 압출필름 등 전통 기반기술에 첨단 바이오·나노기술이 융합된 첨단 포장상품(숨 쉬는 포장재, 고차단성 포장재 등)이 등장하고 있다.

전문가들의 시각에 따라 다양한 분석이 가능하지만, 최근 미국 서부의 시애틀에 매장을 열은 '아마존 고'는 간단하게는 무인 매장이나 AI 매장 또는 4차 산업혁명에 걸맞는 사례로 소개되고 있지만, 실제로 이러한 형태의 유통이 가능하려면 기존과는 전혀 다른 포장기술이 반드시 도입되어야 한다.

2016년 12월 미국 시애틀에 문을 연
계산대 없는 매장 아마존 고 매장

제 2 장

식품포장이란?

1. 식품포장의 정의

「식품포장」이라 함은 식품의 운송, 보관 및 저장, 진열 등에 있어서 가치와 상품상태를 보호하기 위하여 금속류의 포장재료(캔, 알루미늄, 호일 등), 고분자 물질류의 포장재료(셀로판 등), 플라스틱 포장재료(필름, 종이, 가공지, 목재상자, 접착제, 인쇄재료 등) 그리고 기타 포장재료 등의 가공수단에 의하여 식품을 포장하는 것으로 말할 수 있는데, 이 목적은 식품의 수송, 보존, 작업성, 위생성, 관리성, 상품성 등을 높이는 데 있다.

2. 식품포장의 특징

모든 식품은 생산 후 최종 소비자가 이용하기까지는 여러 가지의 유통과정을 거쳐야 하며, 유통 도중에 대기의 온도, 습도, 가스, 열, 빛, 곤충, 식품 자체의 화학적 변화, 미생물 등에 의해 일정기간이 지나면 품질이 떨어지고, 최종적으로 부패된다. 이렇게 되면 식품으로서의 기능을 잃어버림은 물론 상품으로서의 가치도 상실하게 된다. 식품저장을 위한 방법에는 건조법(천일건조, 열풍건조, 고온건조, 냉동건조, 감압건조), 냉장 및 냉동법, 살균법 및 염장법, 산저장법, 훈연법, 가스충진법 등이 있지만, 이들 만으로는 식품을 안전하게 소비자에게 전달하기란 한계가 있다.

따라서 이러한 제반요건들을 방지하기 위하여 식품의 특성에 따라 적절한 포장이 필요하며, 생산자가 의도한 품질이 변질됨이 없이 안전하게 소비자에게 전달해야 하는 것이 식품포장 연구의 주목적이 되는 것이다. 따라서 식품포장은 다음과 같은 기본적인 기능을 수행할 수 있어야 한다.

① 미생물학적 변질에 의한 식품의 부패 또는 이상발효가 방지되어야 한다.
② 물리학적 변질에 의한 건조 또는 흡습이 방지되어야 한다.
③ 화학적 변질에 의한 식품의 퇴색이나 유지의 산화 등이 방지되어야 한다.

3. 식품포장의 역할과 과제

인간은 일상생활 활동을 유지해가기 위해 필요한 영양소의 보급이나 에너지(열량)의 보급을 받지 않으면 안 된다. 인간이 섭취해야 할 필요한 영양원은 당질, 지질, 단백질과 같은 3대 영양소와 비타민 무기질 등이 있으며, 식품과 영양의 문제는 생명과 직접적인 관계가 있다. 그러나 식품은 자연 상태로 방치하면 단시간 내에 당질 및 지질의 미생물 분해나 산화 등에 의해 변패 및 단백질의 미생물 분해에 의해 부패한다. 식품은 변질(변패, 부패)하면 현저히 상품 가치가 저하될 뿐만 아니라, 영양의 저하도 초래하며 식품위생상 큰 문제를 일으킨다. 그 중에서도 미생물의 증식에 의한 식품의 변질을 방지하는 것이 중요하다.

식품의 보존법에는 냉장・냉동법, 건조법, 가열살균법, 포장법, 식품첨가물을 첨가하는 방법, 기타(훈연법, 자외선 또는 방사선 조사법 등) 등이 있는데, 식품을 변질시키지 않고 보존 유통시키는 것은 경제적, 식품위생 및 영양학적인 면에서도 중요하다. 특히, 포장은 각종 보존기법에 의해 식품을 안전하고 위생적인 상태를 유지시켜 소비자에게 제공해야 하는 중요한 역할을 맡고 있다.

오늘날 환경보호 문제는 포장업계에도 큰 문제가 되고 있다. 그렇기 때문에 적정포장화를 추진함과 동시에 상대적인 환경부하의 비교나 사용 후의 처리문제에 대응하는 포장재료 및 포장용기의 개발을 목표로 노력해야 된다. 포장의 정의는 한국공업규격에 잘 나타나 있는데, 그 정의에 따라 식품포장을 분류하면 다음과 같다.

3.1 기능적 분류(개장, 내장, 외장)

① 포장 재료에 따른 분류(유리 및 도자기, 금속제 용기, 플라스틱제 용기, 종이제 용기, 목제 용기)
② 식품의 형상에 따른 분류(고형 식품용기, 액체 식품용기)
③ 포장기법에 따른 분류(진공포장, 가스충진포장, 무균화포장)
④ 유통 면에서 본 분류(냉장식품포장, 냉동식품포장, 레토르트식품포장)
⑤ 포장 재료의 물성면에서 본 분류(플렉시블포장, 리지드포장, 방습포장, 가스캐리어포장) 등이 있다.

소비자의 식생활 의식의 변화에 따른 욕구에 대응하는 상품이 개발되고 있는 가운데, 상품의 기능을 살리는 포장기술이나 포장소재의 기능성 향상 및 환경보호 문제에 대응한 포장용기의 개발 등을 목표로 한 노력이 이어지고 있다. 식품용 포장, 용기의 기능에 대해서는 식품의 품질보전 등의 관점에서 개발되고 있는데, 자원의 유효 이용과 소비자 보호 및 안전성 강화 등의 사회적응성 기능에 대해서도 고려하고 있다.

3.2 살균용 식품포장 방법과 포장방법

살균용 식품포장 방법에는 기능성을 중심으로 고도로 발달된 열탕 살균 및 Retort 살균용 식품포장이 있는데 Boil in Pouch는 카레류, 미트소스류, stew, 햄버거 등의 조리 또는 반조리 식품을 레토르트용 복합 필름백에 충진, 밀봉 포장한 다음 120℃ 전후의 고온가열 살균 처리하여 통조림과 동등한 보호기능을 지닌 것으로써 이는 용기채로 열탕 중에 가열하여 간편하게 작은 주머니 포장상태로 편안하게 조리식품을 제공하는데 주로 사용되고 있다.

3.3 열탕 살균포장

열탕 살균포장은 식품을 장기간 보존시키기 위한 목적으로 식품을 진공포장하기나 레토르트 포장하여 75～95℃의 열탕에서 15～60분간 끓여 미생물 살균을 하여 식품을 보존시키는 방법이다. 슬라이스 햄은 진공포장 후 85℃에서 15분간 열탕 살균시키는 방법으로 포장을 실시한다. 그리고 레토르트 살균은 가열 살균처리로 포장식품을 무균화하기 위해서는 산성식품을 제외하고 100℃ 이상의 온도에서 처리하여야 한다. 증기는 대기압 이상의 압력으로 하여 100도 이상의 온도가 얻어지며, 일정 압력에서 일정온도를 나타내는 성질이 있기 때문에 레토르트라 불리는 고압용기를 사용, 이곳에 포장된 식품을 넣고 고온 고압의 증기를 불어넣어 식품을 살균하는 식품보존법의 일종이다.

3.4 저온식품포장 및 가스충진포장

저온식품포장은 미생물 번식을 억제, 멸균하기 위하여 10℃ 이하 혹은 0℃ 이하의 냉동, 냉장 저장하는 것인데, 이는 방수성, 내한성, 수증기 투과성, 가스투과성을 감안한 포장 재료를 선택한 포장방법이다. 가스충진포장은 대기 중의 공기를 이산화탄소, 질소, 산소 등으로 바꾸어 포장 내에 존재케 하면 식품을 상당기간 저장할 수 있으며, 신선한 호흡식품에 낮은 이산화탄소와 산소의 조절된 비율로 충전하면 신선도를 매우 오랫동안 유지할 수 있다.

한편, 자외선, 방사선, 초음파 같은 선량을 이용하여 살균하는 포장방법도 식품에 이용되고 있으며, 탈산소제를 넣어 포장하여 식품의 산화 등을 방지하는 포장도 개발되어 있다. 물론 전자산업의 발달로 인해 전자렌지의 보급이 빠른 속도로 확산되면서 냉동식품이 개발되어 전자레인지용 식품포장도 빠른 속도로 발전되고 있는 추세에 있다.

3.5 환경제어포장 및 액티브포장

환경제어포장 방법은 산소와 이산화탄소를 차단하는 포장재를 사용하여 포장 내의 공기의 조성을 변화시켜 식품을 장기간 안전하게 보관하는 포장기법과 환경조절 포장 이라고 하여 환경제어 포장과 비슷하지만, 선택적 투과 포장재를 사용하여 외부의 공기와 내부의 공기가 상호작용을 통하여 내용물의 신선도를 유지하면서 투과성에 의한 자동조절을 유지하는 포장시스템이다.

그리고 일명 액티브포장이라고 하여 탈산소재를 포장재에 혼합하여 산소분압을 낮추는 메커니즘을 이용한 것과 이산화탄소의 농도를 조절하는 것, 포장재가 식품 주위의 습기를 흡착시키는 것 그리고 에탄올을 포장재에 주입시켜 미생물의 번식을 억제함으로써 식품의 안정적 장기 보관이 가능한 것들도 있다.

3.6 진공포장

유연한 플라스틱필름에 물건을 싸고 내부를 진공으로 탈기(脫氣)함과 동시에 필름의 둘레를 용착밀봉(溶着密封)하는 방법을 말한다. 포장된 상태는 포장필름이 물품에 밀착되어 있다. 베이컨·햄·소시지, 어류의 조제품, 김치·조미료·된장·면류·냉동식품·과자류·의약품·정밀기계부품·통신광학기기 등의 포장에 사용된다.

내부의 공기가 제거되었으므로 미생물에 의한 부패, 금속 부품류의 녹의 발생이 각각 방지된다. 그러나 내부의 진공도에 한계가 있으므로 식품의 경우는 포장 후 80℃ 정도로 살균하고 있다. 포장품의 부피도 가장 작은 형태이므로 수송·저장·가열멸균에 편리하다. 포장방법은 2가지가 있으며, 봉투에 물품을 넣고 그 입구로 직접 노즐을 삽입하여 봉투 속을 탈기하는 노즐방법과 개폐자재(開閉自在)인 기밀실 내에 봉투와 물품을 사이에 2매의 필름을 끼워 넣고 탈기와 용착을 동시에 하는 체임버방식이 있다. 포장 재료에는 염화비닐수지·염화비닐리덴수지·폴리에스테르·폴리에틸렌·폴리프로필렌·셀로판을 맞붙인 종이와 같은 필름이 사용되고 있다.

제 3 장

식품포장의 역사

1. 식품위생

식품이 건강에 미치는 영향에 관하여는 오래 전부터 인식되어 왔으며, 오늘날에는 중요한 보건사업으로서 식품위생문제를 다루고 있다. 식품은 인체에 필요한 영양분을 공급하는 중요한 공급원이다. 그리고 직접 인체에 들어가므로 치명적인 위해를 줄 수도 있기 때문에 식품에 많은 관심을 기울여왔다. 특히 19세기 이후 보건과학이 발전되면서 식품을 통해 각종 진염병이 전파된다는 사실도 밝혀지게 되어 세계 각국에서는 식품위생에 관한 각종 법규를 제정하게 되었다.

우리나라에서도 1962년 식품으로 인한 위생상의 위해를 방지하고 식품영양의 질적 향상을 도모하면서 국민보건을 향상시키기 위한 「식품위생법」을 제정하고 시행하기에 이르렀다. 이 법에는 식품이라 함은 모든 음식물을 말한다고 규정되어 있다. 식품위생은 식품과 식품에 사용되는 첨가물과 기구 및 용기와 포장을 포함하는 식품과 관련된 위생을 말한다고 되어 있다.

건강과 보건문제를 둘러싸고 예로부터 문제되어 왔던 관심은 집단적인 질병 발생과 관련되어 있다. 즉 역질이나 여역(癘疫)에 관련된 것이었다. 과거에는 역질이나 여역은 그릇된 행동에 대한 신의 처벌이라는 신죄설이나 천재지변과 같은 기상이나 기상의 변화에 수반된 우주설과 같은 입장에서 해석되었다. 또한 불결하기 때문에 질병이 전염되고 집단적으로 발생한다고 믿는 경우도 있었다[장기설(瘴氣說)]. 이와 같이 장기설에 입각해서 깨끗한 음식과 식품위생에 관련된 보건활동이 전개되어 왔다.

(1) 상고시대

고조선시대 『삼국지』 위지 동이전에는 우리나라는 예로부터 더러운 것을 기피하고 깨끗한 것을 숭상하여 깨끗한 옷과 음식에 관심을 쏟았다고 한다. 역질을 사전에 방지하기 위하여 주술적인 방법을 쓰기도 하였으나 청결과 위생 및 깨끗한 식품을 위주로 하는 양생법이 강조된 흔적을 엿볼 수 있다. 뿐만 아니라 가축의 질병예방을 위한 수의제도가 일찍부터 생겨나 가축보호는 물론 식품의 위생문제를 다루었던 흔적도 있다.

(2) 고려시대

고려는 건국 이후에 신라시대의 구료제도(救療制度)와 방역사업 등의 각종 보건활동을 계속 전개하였다. 도시의 환경 및 식품위생에 관한 문제와 식품공급에 관련된 위생적인 측면에 대해서도 더욱 노력하였다. 이 시대에는 중앙에 사선서(司膳署)를 두고 식의를 별도로 두었다. 문종 때에는 식의 2인이 정9품의 지위에 있었다. 1356년(공민왕 5)에는 상식국(尙食局)으로 그 이름을 바꾸었다. 그러나 여전히 식의를 두어 식품의 조사・감시와 위험한 질병의 원인이 되는 부패식품의 감정과 식용금지 등 식품위생의 문제를 다루었다.

(3) 조선시대

조선에서는 전염병과 기근문제를 다루는 기관이 많이 생겨나고 본격화 되었다. 대부분의 전염병은 흉년이 들고 기근이 심할 때에 많이 발생했다. 또 역질이 돌면 기근이 생겨나는 경우가 많았다. 그래서 정부에서는 벽온방(辟瘟方)과 아울러 각종 구황본초서를 만들었다. 그리고 대용식품이 될 수 있는 초근목피에 관한 구체적인 상식을 보편화하는 데 힘썼다.

구황본초서는 흉년이 들었을 때에 유독식물을 먹어서 생겨나기 쉬운 위험을 제거하고 유용한 식품을 감별하는 방법을 알리기 위하여 널리 반포되었다. 세종 때에 만들어진 『구황촬요(救荒撮要)』나 1541년(중종 36)에 만들어진 『구황절요(救荒切要)』를 보면 기근이 심하고 흉년이 들었을 때에 대용식품을 안전하게 구하는 방법을 기록하고 있다. 그 뒤 계속적인 외적의 침입과 주기적인 역질의 유행에 따라 이와 같은 구황서는 여러 가지 형태로 자주 출판되어 반포되었고, 초목의 뿌리・꽃・잎・열매 등을 채집하게 하여 기근을 막도록 유도하였다.

정부에서는 경우에 따라 구황경차관(救荒敬差官)・진제경차관(賑濟敬差官)・진휼사(賑恤使)・재상어사(災傷御史)・구급경차관(救急敬差官) 등을 파견하여 구호와 위생문제에 힘썼다. 이밖에도 가축의 합리적 관리와 병역을 막아내려고 하였다. 사복시(司僕寺)・전구서(典廐署)・전생서(典牲署)・사축서(司畜署) 등의 부서를 두었다. 이들 부서는 가축의 관리와 함께 식품위생업무도 관장하였다.

(4) 일제 강점기

개화기 이후 일제하에서는 각종 보건위생관계 업무가 단속 위주의 경찰 행정으로 바뀌었다. 우선 식품관계 각종 법령의 공포가 이루어졌다. 1910년 9월 <수도상수보호규칙>이 공포되었고, 1911년 10년에는 음식물 기타 취체(取締)에 관한 일본 법률 제15호 및 제30호의 일부가 적용되도록 칙령 제272호가 공포되었다. 같은 해 11월에는 <위생상 유해음식물 및 유해물품취체규칙>·<위생상 유해음식물 및 유해물품 시험방법>·<청량음료수 및 빙설영업취체규칙>이 공포되었다. 1914년에는 각 도에 위생시험기관이 설치되었다. 1934년 2월에는 <위생시험의뢰규정>이 공포되었다. 이와 같은 각종 법령의 제정에 따라서 점차로 경찰행정의 일환으로 식품위생 업무가 규제되기 시작하였다.

광복 이후 우리나라의 식품위생사업은 일제의 식민지정책의 일환으로 시작되었던 고식적인 차원에서 탈피하면서 점차 근대적인 공중보건사업으로 발전되기 시작하였다. 그러나 1961년 말까지는 일제시대의 각종 위생관계법령이 그대로 통용되거나 준용되는 실정이었고, 1961년 이후에 모든 구법이 정리되고 각종 위생관계법령이 새롭게 제정되었다. 1962년에 공포된 <식품위생법>은 식품위생사업의 골격을 이루는 법률이 되었다. 이 법은 식품으로 인한 위생상의 위해 방지와 식품영양의 질적 향상을 도모하였다. 국민보건의 향상과 증진에 기여하려고 식품과 첨가물, 기구와 용기·포장·표시·영업·조리사 및 영양사 등에 관하여 포괄적으로 규제하고 있다.

시대적 변화에 따라 부정식품과 위해식품의 규제가 사회적 과제로 문제되기에 이르러 1969년에는 <보건범죄단속에 관한 특별조치법>을 제정하여 부정식품의 제조와 판매에 관련된 사람들에 대한 가중처벌을 실시하면서 과정을 통하여 우리나라의 식품위생분야는 크게 발전하였다. 오늘날에 와서는 우리나라의 각종 가공식품은 세계적으로 인정을 받아 수출산업으로 확립되고 있다.

2. 식품포장

포장은 인류의 발생과 함께 생활의 지혜로서 생겨났고, 인간이 자연환경 조건에 적절하게 순응하며 인류가 생존하는 데 필요한 물자를 조달하고, 이것을 보호, 저장, 이동, 분배나 교환하기 위하여 이에 필요한 도구를 만들어 사용하면서 생활필수품의 개발을 촉진시키고 개선시켜 왔다. 초기에는 포장의 수단으로서 식물의 줄기나 껍질을 가공하거나, 동물의 모피, 토기 등을 사용하여 물자의 운반이나 저장을 용이하게 했다. 또한 이들 용기의 활용으로 식품재료를 건조시키거나, 끓이거나 태우기도 하고 발효시켜 보존기간을 연장시키기도 했다. 우리나라도 생활주변에서 쉽게 구할 수 있는 볏짚을 이용하여 계란꾸러미, 볏섬 등을 만들어 사용하였으며, 천을 이용한 보자기도 포장용도로서 역할을 충분히 발휘하였다. 옹기, 도기, 도자기, 대나무, 종이 등이 그러하다.

식품은 생명을 유지하기 위하여 인류의 시작과 함께 존재하였고, 시대의 흐름에 따라 발전되어 왔으며, 식품이 존재할 때부터 포장은 나뭇잎 등으로 단순히 담고, 운반하고 기능에서부터 시작하였으며, 식품저장 가공의 개념도 수확한 식품을 한꺼번에 섭취하고 남은 것을 보관하기 위해 말리거나(건조) 소금에 절이거나(염장), 삶거나 훈증처리 하는 등의 저장성을 향상시키기 위한 식품가공이 발전되기 시작하였다.

포장은 인류의 시작과 함께 했지만 산업화된 것은 약 50년 전부터 석유화학산업이 발전하면서 포장산업의 발전은 가속화되기 시작하여 최근에 와서 포장산업의 규모는 국민 총생산액의 약 3%인 15조원에 달하고 있다. 포장이란 물품의 유통과정에 있어서 그 물품의 가치 및 상태를 보호하기 위하여 적합한 재료 또는 용기 등을 시공한 기술 및 시행한 상태를 말하며, 이것을 「단위포장, 내부포장 및 외부포장의 3종으로 분류한다.」라고 정의했었으나 그 동안 많은 변천을 거듭해 왔다.

현대의 포장은 물품의 생산에서 소비에 이르기까지 수송, 보관, 하역, 판매, 사용, 폐기 및 재활용 등의 과정에서 물품의 가치를 보호·보전하고, 취급을 편리하게 하고, 물품의 정보의 전달, 판매를 촉진하며, 사회의 공익성과 함께 환경 친화적이며, 유통합리화를 위하여 경제적으로 시공한 기법 또는 시공한 상태로 정의하고 있다. 식품포장 역사는 인류의 식생활 역사와 함께 한다. 포장의 형태는 지금과는 사뭇 달랐지만 원시시대에도 식품포장이 있었다. 고기나 과일을 먹다 남으면 나뭇잎에 싸 두었는데, 이것 역시 식품포장의 한 형태로 볼 수 있기 때문이다. 근대적 식품포장은 1804년 나폴레옹 시대 때 통조림 원리가 밝혀지면서 시작됐다.

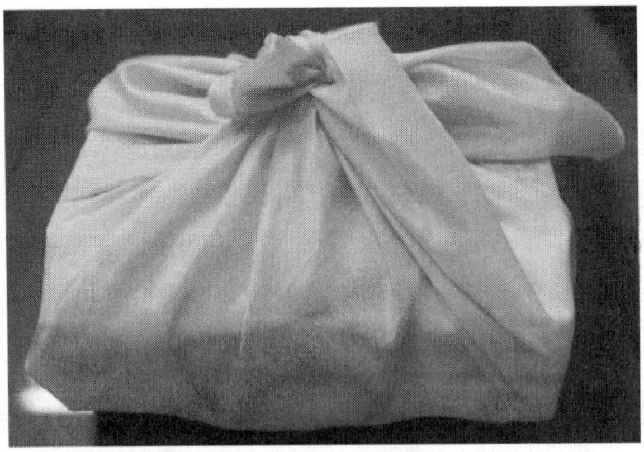

오늘날 식품포장재의 주류를 이루는 폴리에틸렌((PE)이나 폴리프로필렌(PP) 같은 플라스틱 포장재는 1930년대에 개발됐으며 레토르트 포장은 1977년 처음 상업화에 성공했다. 이처럼 식품포장 기술이 진화하는 데는 식품포장이 갖는 몇 가지 고유 기능이 있기 때문이다. 우선 포장은 식품을 담아서 운반하고 소비되도록 분배하는 기능을 갖는다. 예를 들면 주스를 병에 담아 포장하고, 이 병들은 다시 박스에 포장돼 소비자에게 전달된다. 또 식품포장은 식품에 보호성과 보존성을 부여한다.

보호성은 식품에 가해질 수 있는 외부 충격을 막아주는 것으로 부서지기 쉬운 과자를 포장할 때 내부에 질소가스를 충전, 외부의 충격으로부터 과자를 보호하는 것이 이에 해당한다. 보존성은 미생물 등 식품을 변질시키는 인자로부터 식품을 차단해 저장성을 높이는 것을 말한다. 또 다른 식품포장의 기능은 변조방지다. 소비자가 식품을 구매했을 때 포장만 봐도 변조 여부를 알 수 있다. 그 외 포장은 소비자에게 편의성을 제공하고 생산자에게는 판매촉진 기능을 부여하며 식품의 영양성분과 열량 등 소비자에게 필요한 다양한 정보를 전달하는 역할도 한다. 식품포장의 다양한 기능 때문에 기업에서는 이의 개선을 위해 수많은 노력을 하고 있다. 최근 식품에 보존성을 부여하기 위한 포장기술 중 활성포장(active packaging)이 각광받고 있다. 이 기술은 포장재나 포장 내부에 첨가제를 넣어 식품의 유통기간을 연장시키는 것으로 일본에서 많이 개발되었다.

대표적인 활성포장의 사례는 조미한 김을 포장할 때 흡습제인 실리카겔을 넣는 것이다. 맛김이 수분을 흡수하면 바삭한 맛이 없어지면서 상품가치를 잃는다. 그래서 맛김을 포장할 때는 항상 수분흡수제를 내부에 넣어 수분을 흡수시킨다. 이렇게 포장한 맛김은 항상 바삭한 조직감을 유지할 수 있게 된다. 산소흡수제 포장도 있다. 내부에 산소가 있으면 잘 변질되는 과자, 빵, 가공육류, 피자, 떡 등을 포장할 때 사용한다. 일반적으로 산소는 식품 중 지방, 비타민, 색소 등을 산화시켜 영양가를 떨어뜨리며 곰팡이나 세균을 증식시켜 유통기간을 단축시킨다. 그래서 포장 내부에 산소를 흡수하는 물질을 넣는다. 그러면 내부의 산소농도가 0.1% 이하로 줄어 산소에 의한 변질로부터 식품을 보호하게 된다. 일본의 한 회사에서 개발한 산소흡수제가 상업적으로 이용되고 있는데, 일본에서만 한 해 100억 개 이상이 판매되고 있다.

보존제를 방출시키는 활성포장이 있다. 식품의 산화방지제인 BHA나 BHT를 플라스틱 포장재를 만들 때 함께 넣어 만든다. 이 포장재에 식용유지, 버터 등의 식품을 넣으면 유통기간 내내 포장재에서 산화방지제가 방출돼 산화를 막아주므로 식품의 저장성이 높아진다. 일본에서는 와사비 추출물을 넣은 플라스틱 필름을 개발해 도시락 내부 덮개로 사용한다. 와사비 추출물이 도시락 안에서 미생물 성장을 억제시켜 식품이 빨리 변질되는 것을 막아준다.

포장 내부에 에틸렌 제거제를 넣어 과일이나 채소의 저장성을 높이는 기술도 널리 이용되고 있다. 에틸렌은 저장 중 과채류가 호흡할 때 발생되며 숙성호르몬 작용을 한다. 즉, 저장 중 포장 내부에 에틸렌이 많아지면 과채류의 숙성이 급격해져 빨리 상하게 된다. 따라서 과채류의 저장성 향상을 위해선 에틸렌의 제거가 필수적이다. 에틸렌 제거제로는 에틸렌 분해능이 높은 과망간산칼륨($KMnO_4$)을 사용한다.

미국에서 세계 각국으로 오렌지, 체리, 사과 등의 과일을 수출하거나 우리나라에서 일본으로 꽃을 수출할 때 컨테이너 안에 에틸렌 제거제를 넣어 이들 농산물의 신선도를 오랫동안 유지하고 있다. 그 외 이산화탄소를 제거하는 활성포장도 있다. 이산화탄소는 원두커피의 품질을 떨어뜨리므로 포장할 때 이산화탄소 제거제를 넣는다. 에탄올을 캡슐로 만들어 넣으면 캡슐에서 방출되는 에탄올이 식품표면의 미생물을 사멸시켜 저장성을 높이는 기술도 있다. 식품포장 기술은 신문지로 만든 봉지에 붕어빵을 담는 원시적인 포장에서 활성포장까지 진화해 왔다. 앞으로 과학기술이 발달함에 따라 식품포장 기술도 진화해 갈 것이 분명하다.

제 4 장

포장방법

「포장」이란 물품의 수송, 보관, 취급, 사용 등에서 그 가치 및 상태를 보호하기 위하여 적절한 재료 또는 용기 등을 시행하는 기술이나 시행한 상태를 말한다.

1. 식품의 포장

1.1 식품포장의 목적

① 물리적 보전 : 기계적 외력과 환경으로부터 보호
② 품질보전 : 외적환경 및 생물학적 환경으로부터 보호
③ 식품위생적 보전 : 생물적 환경으로부터 보호
④ 작업성의 향상과 간편성의 부여
⑤ 상품성의 향상

1.2 식품포장의 분류

① **기능적 분류** : 겉포장, 속포장, 낱포장 등

② **용도별 분류** : 산업포장, 소비자를 위한 상품포장 등

③ **포장 형태별 분류** : 경질포장, 유연포장 등

④ **내용 식품의 상태별 분류** : 생식품포장, 곡류 포장, 건조식품 포장, 냉동식품 포장, 액상식품 포장, 다수분 식품포장 등

⑤ **중점 기능별 분류** : 보호포장, 수송포장, 저장포장

⑥ **포장 방식별 분류** : 방습포장, 방수포장, 진송포장, 열수축포장, 가스충진포장

⑦ **포장 재료별 포장** : 나무상자 포장, 종이포장, 플라스틱 포장 등

⑧ **행선지별 분류** : 국내 포장, 수출포장

⑨ **사후 용도별 포장** : 재사용 포장, 일회용 포장

이상의 분류에서 가장 일반적인 것은 기능적 분류로서 가장 많이 사용하고 있다. 각각의 내용은 다음과 같다.

(1) 단위포장(낱포장) :

물건 개개의 포장을 말하며, 물품의 상품가치를 높이거나 물품을 보호하기 위하여 적합한 재료 및 용기 등으로 물품을 포장하는 방법 및 포장한 상태를 말한다.

(2) 내부포장(속포장) :

포장된 화물의 내부 포장을 말하며, 물품에 대한 수분, 습기, 광열 및 충격 등을 방지하기 위하여 적합한 재료 및 용기 등으로 물품을 포장하는 방법을 말한다.

(3) 외부포장(겉포장) :

화물 외부의 포장을 말하며, 물품 상자나 나무통 및 금속 등의 용기에 넣거나 용기를 사용하지 않고 그대로 묶어서 기호 또는 화물을 표시하는 방법을 말한다.

1.3 식품포장 재료의 구비조건

① **위생성** : 식품의 수분, 산, 염류, 유지 등에 의해서 부식 또는 용출해서 위생상의 문제를 야기하지 않아야 한다.

② **보호성** : 식품열화를 방지하는 기능이 있어야 한다.

③ **안정성** : 포장 재료의 규격이 일정하고, 작업 중 그 변화가 적고 강도나 유연성이 적정하며, 손상, 파손을 받지 않는 것이어야 한다.

④ **상품성** : 상품의 청결감을 주고, 구입의욕을 일으킬 수 있도록 형상과 표시 등이 디자인되어 있어야 한다.

⑤ **간편성** : 포장식품 섭취시 단시간에 가열 또는 냉각 될 수 있고, 간단히 개봉할 수 있어야 한다.

⑥ **경제성** : 적정한 가격이어야 한다.

2. 식품포장 재료의 종류와 성질

식품포장의 재료는 크게 종이, 유리, 금속, 셀로판, 플라스틱 등이 사용된다.

2.1 종 이

종이는 경제적이고, 사용하기 간편하며 용도가 다양한 것이 특징이다. 종이와 판지는 중량 100g/m^2 혹은 두께 1mm를 기준으로 구별한다. 즉, 중량 100g/m^2 이하 혹은 두께 1mm 이하는 종이로, 그 이상은 판지로 구분한다. 그러나 강도, 내수성, 내유성, 방습성 등이 약하여 다수분 식품이나 유지식품의 포장에는 부적합하므로 이러한 결점을 개선한 가공지(加工紙, processed paper) 형태로 사용한다.

2.2 유 리

유리는 병조림과 같이 식품저장용 용기로 사용한다. 위생성, 방습성, 방수성, 내약품성 및 가스 차단성이 우수하며, 내용물을 볼 수 있고, 가열살균이 가능하므로 장기저장이 가능하다. 그러나 온도의 급변이나 충격에 의해 쉽게 파손되며, 수송이나 취급이 불편하다. 무게와 부피 때문에 플라스틱 및 종이용기에 의해 많이 침식당하고 있으나, 환경문제로 인하여 서서히 회복하고 있다.

2.3 금 속

금속은 깡통의 재료로 사용되는 경우와 금속박의 재료로 사용되는 경우로 나누어진다.

1) 깡통(can) :

1810년에 통조림 깡통이 개발되었고, 철판에 주석을 도금한 주석관, 산화크롬 피막을 입힌 TFS관(Tin Free Steel Can), lacquer를 칠한 lacquer관, side seam의 주석도금면을 노출시킨 HTF(high tin fillet)관 등이 사용되고 있다. 재질별로는 석도관(Tin can), 비석도관, 알루미늄관(Aluminium can) 등으로 구분하고, 형태별로는 Two piece can과 three piece can으로 구분한다. 1962년에 Easy Open End(EOE)라는 tab 형태의 고리를 부착하였고, 1980년경에 눌러서 개봉하지만 몸체에서 분리되지 않는 Stay on Tab(SOT)이 개발되었다.

2) 금속박(metal foil) :

알루미늄박(Al-foil)이 가장 널리 이용되고 있다. 종이나 플라스틱 필름과 복층 성형한 laminate 방식으로 가공하여 사용한다. 가스 차단성, 내유성, 내열성, 방습성, 내한성 등이 우수하지만 인쇄성, 열 접착성, 열성형성, 기계적성 및 투명성 등의 결점이 있다.

2.4 셀로판

셀로판의 주성분은 재생섬유소이며, 장점과 단점이 명확하다.

1) 장 점 :

광택이 있고, 인쇄성이 좋으며, 건조 상태에서 가스투과성이 낮다. 대전성(帶電性)이 낮아 먼지가 잘 달라붙지 않는다.

2) 단 점 :

방습성, 내산성 및 내알칼리성이 낮고, 열접착성이 나쁘다. 따라서 이러한 결점을 보완하기 위하여 플라스틱을 코팅하여 보완한 방습 셀로판을 사용한다.

2.5 플라스틱 제품

대표적인 플라스틱 포장 재료의 특성은 표 4-1과 같다.

▣ 플라스틱은 크게 열에 대한 특성으로 열가소성 수지와 열경화성 수지로 분류한다. 각각에 포함되는 플라스틱은 다음과 같다.

(1) 열가소성 수지 :

Polyethylene(PE) / Polypropylene(PP) / Polystyrene(PS) / Polyvinylchloride (PVC) / Polyester(PET) / Polyamide(PA 또는 nylon) / Polyvinyl alcohol(PVA) / Polycarbonate(PC) / Polyvinylidene chloride(PVDC) / Cellulose

(2) 열경화성 수지 :

페놀수지(Phenol resin, Phenolformaldehyde, PF) / 요소수지(Urea resin ureaform-aldehyde, UF) / Melamine resin / Epoxy resin / Polyester

표 4-1. 플라스틱 필름의 포장성능

명 칭	투과 방지성				내열성	내한성	내유성	접착성
	수증기	산 소	질 소	향				
고압 PE	4	2~3	3	1	1~3	4~5	1~3	H, I
중압 PE	5	3~4	3~4	1	4~5	4~5	3~4	H, I
저압PE	5	3	3~4	1	4~5	4~5	3~4	H, I
PVC	2~3	3	2~4	2~4	4	1~4	3~4	I, U
PVDC	4~5	4~5	4~5	4	5	1~4	4~5	I, U
PA	1	4	4	4	5	4~5	5	I
PET	3	4	4	5	5	4~5	5	I
PP	5	3	4	4	5	4~5	4~5	H, I
PC	2	3	3~4	5	5	4~5	5	I

5 : 우수, 4 : 양호, 3 : 보통, 2 : 약간 불량, 1 : 불량
H : 열접착, I : impulse 접착, U : 고주파 접착

▣ 식품포장에 주로 사용하는 대표적인 플라스틱 포장 재료의 특징은 다음과 같다.

(1) Polyethylene(PE) :

가장 많이 사용하고 있는 플라스틱 필름이며, 저밀도(LDPE), 중밀도(MDPE), 고밀도(HDPE)로 구분한다. LDPE는 고압법으로 제조하며, 밀도 0.910~0.925로서 충격 및 인장강도가 우수하고, 유연하다. 주로 농업용 비닐온실, 섬유 및 잡화류 포장용 등으로 사용한다. MDPE는 중압법으로 제조하며, 밀도 0.926~0.940으로 LDPE와 HDPE의 중간 성질에 해당한다. HDPE는 저압법으로 제조하며, 밀도 0.941~0.965로서 탄성, 차단성, 포장작업성이 우수하여 주로 식품포장용으로 많이 사용하고 있다. 운반용 플라스틱백도 대부분 이에 속한다.

(2) 염화비닐리덴(Polyvinylidene chloride, PVDC) :

미국의 Dow Chemical 회사에서 1939년에 개발한 필름이며, 일명 Saran이라고도 한다. 공기, 수분 등의 차단성과 내열성, 투명성, 수축성 등이 우수하여 식품의 선도

보전에 많이 사용된다. 그러나 비교적 가격이 고가이어서 다른 필름과 lamination하여 사용한다.

(3) Polyester(Polyethyleneterephthalate, PET) :

인장강도가 극히 우수하고 내한성 및 내열성도 좋으며, 가스 차단성도 뛰어나지만 열접착성이 좋지 않은 것이 특징이다. 탄산음료 용기의 재료로서 유리병을 대체하고 있으며, 냉동포장, 내열 포장재로 많이 사용한다. 포장 이외의 용도로는 audio 및 video용 tape로 사용되고 있다.

(4) Polypropylene(PP) :

가볍고 투명성이 뛰어나며, 물리적 강도도 강하다. 특히 방습성과 가스투과성은 PE와 유사하다. 광택성 및 인쇄적성 등도 뛰어나지만, 열접착성이 우수하지 못해 포장의 내면에 사용되는 경우는 드물다.

연신(延伸)과 무연신(無延伸)의 차이에 따라서 OPP와 CPP로 분류한다. OPP는 담배케이스 포장을 비롯하여 빵, 과자, 라면 등의 식품포장에 광범위하게 사용하고 있다. 투명성 및 표면 광택도와 기계적 강도가 우수하여 각종 스낵류, 빵류, 라면류 등 각종 유연포장의 인쇄용으로 사용이 가능하다. CPP는 와이셔츠, 양말 등의 섬유제품 의 포장 등에 많이 사용한다. 열 봉합성이 있으며, 열 봉합온도는 150~160℃ 이상이 필요하다. 투명성과 방습성이 우수하고, 표면경도가 크고 내열성이 LDPE 등에 비해 높다. 자동포장기 적성이 우수하다.

(5) 염산고무 :

고무라텍스(gum latex)에 가황(加黃)을 한 다음에 염산을 반응시켜 만든 필름이다. Pliofilm(미국 내 상품명)은 투명하고, 열접착이 가능하며, 수축성이 없다. 라이탄(일본 내 상품명)은 반투명하며, 열접착성이 불능이며, 열수축성이 크고, 방습성이 있고 가스 불투과성이 우수하여 sausage와 ham 등의 포장에 이용한다.

(6) 염화비닐(Polyvinylchloride, PVC) :

PVC는 일반적으로 비닐로 불릴 정도로 플라스틱의 대명사이었으나, 근래 환경문제로 인하여 사용량이 감소하고 있다. 차단성, 물리적 강도, 열 접착성, 광택성, 경제성 등 거의 모든 특성이 우수하지만 태울 경우에 유독가스가 발생하고, 단량체(單量体, monomer)인 VCM(vinyl chloride monomer)이 FDA에서 발암위험 인자로 판정받아 사용이 제한되고 있다. 광택성과 차단성이 뛰어나고 저렴하므로 종이, 판지, 필름 등의 표면 코팅제로 많이 사용되어 왔으나, 1993년 발효된 환경법에 의해 코팅사용이 금지되어 OPP 등으로 대체되었다. 가정에서 사용하는 필름이나 중량물 고정을 위한 shrink pack 혹은 stretch wrapping용으로 많이 이용하고 있다.

(7) Polyamide(PA) :

일반인에게 잘 알려진 나일론(nylon)의 공식적인 명칭이며, 기체 차단성, 광택성 및 투명성이 뛰어나며, 물리적 강도도 우수하여 진공포장 재료로 많이 사용하고 있다. 흡습성은 셀로판, PVA에 이어 크기 때문에 흡습해서는 안 되는 물질의 포장은 다른 필름을 laminate 하거나 수지를 코팅하여 사용해야 한다. 소시지나 단무지의 진공포장에 이용한다.

(8) Polystyrene(PS) :

밀도가 1.04~1,05 정도로 비교적 가볍고, 투명성도 양호하며, 특히 저온에서 견디는 힘이 강하다. 요구르트 용기 등 저온저장 용기에 많이 사용되며, 흡습성이 없으므로 봉투나 상자 등의 투명창 재료로도 사용한다. 일명 스티로폴이라고 하는 발포 PS(Expandable polystyrene, EPS)는 완충재로 주로 사용되고, PSP(Polystyrene paper)는 과자류의 속포장 용기, 뜨거운 음식물의 보온 용기 등으로 이용한다.

(9) Polycarbonate(PC) :

독일 Bayer회사에서 1956년에 처음으로 합성한 열가소성 수지이다. 투명하고 뛰어난 기계적 성질(특히 내충격성), 내열성, 내한성, 전기적 성질 등을 균형 있게 갖추고 있으며, 무독하고 자기소화성(自己消火性)도 있다. 각종 스위치, 헤어드라이어, 선풍기 등의 전기부품, 각종 팬, 헬멧, 사진기 몸체, 소화기 커버 등의 기계부품에 사용한다.

3. 식품포장의 전처리 조작

식품포장에서 가장 대표적인 전처리는 포장 전에 시행하는 탈기작업이라고 할 수 있다. 탈기는 크게 세 가지 방식으로 실시한다. 먼저 진공상태에서 식품(액상)을 주입하는 방법이 있고, 두 번째는 식품을 충전한 다음에 가밀봉을 하고 탈기를 한 다음에 완전 밀봉하는 방법이다. 마지막은 탄산음료의 경우에 충전을 한 다음에 tapping 또는 초음파를 주어서 CO_2를 유리시키고 head space를 CO_2로 채운 다음에 밀봉하는 방법이 있다.

위와 같은 전처리를 실시한 다음에 식품의 특성에 따라 다음과 같이 포장을 한다.

(1) 열탕주입포장 :

식품을 85～90℃로 가열하여 용기에 주입한 다음에 즉시 권체 또는 열접착하여 밀봉하고 살균처리 하는 포장방식이다.

(2) 무균충전포장 :

포장하는 식품, 포장재료, 용기 등을 살균한 가음에 무균적으로 조작하여 충전 및 밀봉하는 방법이다.

(3) 가스치환포장 :

공기 대신에 CO_2와 질소를 이용하는 방식이 있으며, 먼저 CO_2 치환포장은 용기 내 head space의 CO_2 농도를 30～100%로 하여 미생물의 생육을 억제하는 방식이고, 질소가스 치환포장은 지방이나 지용성 성분을 가진 건조식품을 용기에 충전한 다음에 탈기처리하고, 질소가스를 주입하여 밀봉하는 방식이다.

(4) 산소흡수제 봉입포장 :

용기를 밀봉하기 전에 산소흡수제를 기체투과성 봉지에 넣어서 이것을 식품과 동봉하여 밀봉하는 방법이다. 산소흡수제로는 활성 산화철, sodium dithionate, palladium 등을 이용한다.

(5) 레토르트 파우치(retort pouch) :

110℃ 이상의 온도에 견디는 각종 플라스틱 필름을 laminate한 용기에 식품을 밀봉하고, 가압살균솥(retort)으로 살균하는 방법이다.

4. 식품의 통조림 병조림법

4.1 공관 및 공병의 종류와 형태

1) 공 관

공관의 종류는 다음과 같다.

① **쓰리피스 관**(Three piece can) : 동체, E.O.E(Easy open end), Steel End의 세 부분으로 구성된 관, 투피스 관에 대응하는 호칭이다.

② **투피스 관**(Two piece can) : 밑과 일체로 된 관 몸통 및 뚜껑의 두 부분으로 구성된 관, DI관, DRD관, Impact관 등이 있다. 스리피스 관에 대응되는 호칭이다.

③ **둥근관**(Round can, Cylindrical can) : 관의 상부에서 하부까지 원형의 단면을 갖는 원통형의 관, 네크인 관, 비드관 등도 둥근관의 일종이다.

④ **납땜관**(Soldered can) : 스리피스관으로 관 몸통의 사이드 심부를 납땜으로 접착한 관, 사이드 심 접합방식은 통상 로크심이다.

⑤ **용접관**(Welded can) : 관의 사이드 심부를 용접하여 접합한 관으로 용접방식에는 전기용접, 레이져 용접 등이 있고, 납땜 접합에 비해 접합부의 나비가 좁아 재료가 절약되고, 끝마무리도 좋다.

⑥ **접착관**(Cemented can) : 관 몸통에 틴 프리 스틸(T.F.S)를 이용하여 관 몸통의 사이드 심부를 합성 수지계 접착제로 접합한 관을 말한다.

⑦ **임팩트관**(Impact can) : 관 몸통에 알루미늄을 주원료로 하여 충격 압출하고, 프레스를 사용하여 냉간에서 급격히 고 하중을 가해 펀치와 다이스의 간격으로부터 재료를 소성 유동시켜 만든 관을 말한다.

⑧ **이지오픈 뚜껑**(Easy open end, E.O.E) : 개구용 도구를 사용하지 않고 쉽게 열 수 있는 기능을 가진 관 뚜껑을 말한다.

공관의 규격은 KSD 9004 통조림용 공관규격을 적용한다. 공관의 내부는 주석도금이 되어 있으나, 부식성이 강한 식품의 경우는 그에 적합한 도료를 칠하여 사용한다.

표 4-2. ISO 규격에 따른 공관의 규격

Nominal diameter		Internal (㎜)	Nominal diameter		Internal (㎜)
ISO(㎜)	USA		ISO(㎜)	USA	
52	202	52.27±0.07	99	301	98.99±0.11
63	209	62.41±0.08	105	404	105.16±0.12
65	211	65.28±0.08	127	502	126.56±0.15
73	300	72.80±0.10	153	603	153.35±0.15
78	303	77.5±0.10	189	709	188.90±0.15
83	307	83.33±0.10	230	903	229.67±0.15

캔의 크기는 KSD9004(통조림용 공관)에 나와 있는데 원형, 타원형, 사각형 등이 있다. 원형 금속캔의 치수 표시는 D(Diameter)×H(Height)로 표시한다. 사각 캔의 경우에는 L(Length)×W(Width)×H(Height)로 표시한다. 일반적인 국제 호칭은 다음과 같이 하고 있으며, ISO 규격에 비교되는 D의 비교는 표 4-2와 같다.

2) 공 병

병조림은 유리병에 식품을 넣고 금속판으로 만든 뚜껑으로 밀봉한 다음에 살균처리 한 것을 말한다. 주로 당분이나 염분이 많은 것과 pH가 낮은 것 등 비교적 가벼운 열처리로 살균이 가능한 식품에 적용한다.

병의 뚜껑을 밀봉하는 형식은 다음 세 가지가 일반적이다. Anchor jar는 컵모양의 병 둘레의 고무 packing에 의해 밀봉하는 형식이다. Pheonix jar는 뚜껑을 band를 이용하여 밀봉하는 방식이며, K.C. jar는 직경이 큰 병마개를 맥주병 마개처럼 밀폐하는 방식이다.

4.2 통조림, 병조림법의 원리

1) 탈기(Exhausting)

① **탈기의 효과** : 식품의 향미와 비타민 보존 / 통조림 내부의 부식방지 / 살균하는 통 내부의 압력을 감소시켜 내용물 팽창으로 인하여 통이 터지는 것을 방지 / 호기성 세균 및 곰팡이의 발육억제 / 단백질에서 유래된 gas 성분 제거 / 내용물의 건전성 여부를 식별할 수 있는 효과 / 가열 탈기의 경우 내용물 가열로 살균시간을 단축한다.

② **탈기의 방법** : 가열 탈기법 / 기계적 탈기법은 진공밀봉기를 이용하며, 증기분사법 / 가스취입법은 맥주, 청량음료, 분유, 녹차 등에 이용하며 CO_2나 질소가스를 취입한다.

③ **탈기와 진공도** : 진공도 = 관외 기압 - 관내 기압

2) 밀 봉

밀봉은 진공권체기를 이용하여 일시에 진공과 권체를 수행한다.

① **밀봉기계** : 권체기는 vacuum seamer, semitro seamer, home seamer 등을 사용한다.

② **밀봉기의 주요 부분** : 밀봉기는 lifter, 밀봉척과 밀봉롤로 이루어져 있다. Lifter는 관을 들어 올려 chuck에 접합시켜 주는 장치이며, 밀봉척(seaming chuck)는 lifter와 함께 can을 고정하는 역할을 하고, 밀봉롤(seaming roll)은 1롤과 2롤로 이루어져 있다. 제1롤은 2중으로 겹치게 하여 굽히는 작용을 하고, 홈의 폭이 좁고 긴 것이 특징이나, 제2롤은 이를 압착하여 단단히 밀착시켜 밀봉을 완성하는 작용을 한다. 홈의 폭이 넓고 얇은 것이 특징이다.

③ **병조림 밀봉기의 종류** : 뚜껑의 종류에 따라 다음과 같은 4가지를 주로 이용한다. 왕관타전기, 앵커(Anchor)병 타전기, 피닉스(Pheonix) 병마개 조임기, KC병 자동 타전기 등이다.

3) 살 균

살균온도와 시간은 내용물에 따라 다양하게 달라진다. pH가 낮고 당분이 많은 과일 잼 등은 100℃에서 20분 정도를 처리하고, pH가 중성 근처에 있는 섯은 115℃에서 80분 가열하는 것이 일반적이다.

4.3 통조림의 표시

통조림의 표시는 뚜껑이나 바닥면에 다음 세 가지를 3단으로 반드시 표시하여야 한다. 1단은 품명, 내용물 상태와 크기 등을 표시하며, 2단은 제조업체명을 기호로 표시한다. 3단은 제조 연월일을 표시한다.

4.4 통조림의 검사

통조림의 검사방법은 일반적으로 타검, 가온검사, 진공도 측정 및 관능검사로 실시한다.

(1) 타 검 :

통조림의 윗면이나 밑면을 타검봉으로 때려 소리와 손에 미치는 감촉에 의하여 내용물의 양부를 감정하는 방법이다. 탁한 소리가 감지되면 탈기 불충분, 내부의 가스 생성 또는 기온이나 기압의 변화 등에 의해서 발생한다.

(2) 가온검사 :

살균부족에 의한 사고예방을 위하여 단시일 내에 살균 결과를 확인할 목적으로 가온검사를 실시한다.

(3) 진공도의 측정 :

통조림용 진공계로 측정한다.

(4) 관능적 검사 :

관능검사는 화학적 검사와 세균학적 검사와 함께 품질판정에서 대단히 중요하다. 관능검사의 항목은 크게 향취, 색택, 조직, 미각, 혼탁, 껍질 벗겨짐 등을 조사한다.

4.5 저장중의 통조림 및 병조림의 품질 변화

1) 내용물의 변화 :

가장 대표적인 통조림의 품질 변화는 flat sour, 가스발생 및 금속관 성분의 용출을 들 수 있다. Flat sour의 생성은 가스의 발생 없이 산이 생성되는 경우이며, 특히 채소통조림에서 자주 발생하며, 내용물의 변질이 외관상으로 나타나지 않는 것이 특징이다. 원인은 주로 권체 불량 등으로 인하여 Bacillus속과 Lactobacillus속에 속하는 호열성 균과 관련이 있다. H_2S 등의 가스발생은 육류와 어패류 등의 가열과정에서 함황 아미노산의 -SH기가 환원이 되면서 H_2S를 발생하고, 이들이 통조림 관에서 용출된 철, 주석, 구리 등의 금속 용출성분과 결합하면서 생성되는 황화철, 황화주석 등이 흑변(黑變)하면서 발생한다. 주석의 용출은 식품성분 중에 포함된 질산이온($-NO_3$)에 의하여 주석의 용출이 촉진되는 현상이다.

2) 외형의 변화 :

대표적인 통조림의 외형 변화는 다음과 같이 분류한다.

① **Swell** : 통조림의 상하 양면이 부풀어 있는 상태이며, 주로 가스발생으로 인하여 팽창된 것이다. Soft swell은 양면이 팽창한 상태에서 손가락으로 눌렀을 때 약간은 되돌아가지만 정상의 위치까지는 되돌아가지 않는 상태를 말한다. Hard swell은 손가락으로 눌렀을 때 눌러지지 않을 정도의 상태를 말한다. 팽창 원인은 주로 가열살균 부족 또는 권체 불량으로 인한 가스발생이며, 유기산이 많은 과일통조림에서 통조림관의 침식으로 인한 H_2가스가 발생하는 경우와 함께 지나친 충전으로도 발생할 수 있다.

② **Flipper** : 통조림의 한쪽 면이 약간 두둑한 상태를 말하며, 누르면 소리를 내면

서 원상태로 되돌아가는 정도를 말한다. 원인은 탈기부족, 충전과다와 세균학적인 가스의 경시적인 발생이다.

③ **Springer** : 통조림의 한쪽 면이 flipper보다 심하게 팽창하여 손끝으로 누르면 팽창하여 있지 않은 반대쪽이 불룩해지고, 손을 떼면 다시 튀어 나오는 상태를 말한다. 원인은 충전과다, 탈기부족과 swell이 진행되는 과정에서도 나타난다.

④ **Leaker** : 내용물의 분해에 의하여 관의 상처나 못 등에 의하여 외부에 상처(pin hole)가 발생함으로써 내용물이 유출되면서 변질되는 현상을 말한다.

⑤ **Buckled can** : 통조림의 내부압력이 외압보다 커져서 통이 견딜 수 없는 한계를 넘어 권체 부위가 돌출형태로 변형된 관을 말한다. 주요 원인은 통조림관의 내압력이 약한 경우 탈기부족, 충전과다, 가열살균 후 증기의 급격한 배출, 살균 전 부패나 수소팽창 등에 의해서 발생한다.

⑥ **Panelled can** : Buckled can의 반대 경우로서 통조림의 내압이 외압보다 아주 낮을 때 통조림 관의 일부가 안으로 쭈그러져 있는 상태를 말한다. 주요 원인은 가압살균 시 수증기를 너무 급격하게 불어넣는 경우와 관의 외압이 내압보다 너무 큰 경우에 발생한다.

3) 영양가의 변화 :

통조림 제품의 저장온도에 따라 영양가가 변화되는 경우가 있다.

4) 육류 통조림의 변화 :

대표적인 육류 통조림의 변화는 struvite, adhesion, curd 및 honey comb 등이다.

① **Struvite**(magnesium ammonium phosphate, MAP) 생성 : 원료육 중의 마그네슘 및 인산화합물과 육분해산물인 암모니아가 살균 도중에 화합하였다가 냉각 도중에 육류 표면에 1차로 석출되고, 저장과정에서 결정화 되는 현상을 말한다.

② **Adhesion** : 어류 통조림을 개관하였을 때에 육편이 통조림의 몸통이나 뚜껑에 고착하여 있는 것(육 자체가 가지고 있는 호착성에 의해서 발생)을 말한다.

③ **Curd** : 통조림 표면에 부착된 두부모양의 응고물을 말하며, 주로 수용성 단백질이 열에 의해 응고되어 나타나는 현상이다.

④ **Honey comb** : 대형 어류를 통조림 했을 때 육 내부에서 발생한 가스의 방출

로 인하여 육면이 벌집모양으로 다수의 작은 구멍이 생성되는 현상을 말한다.

5) 과일, 채소 통조림의 변화 :

육류 통조림과 달리 과일과 채소 통조림의 변화는 비교적 단순하다. 가장 일반적인 변화는 색소물질과 통조림관의 금속물질 사이에 결합이 발생하면서 나타나는 변색현상이 대표적이다. 밀감 통조림의 백탁은 주로 헤스페리딘(hesperidin)에 의해서 발생하며, 헤스페리딘(hesperidin)은 flavonoid 계열의 물질로서 비타민 P의 활성물질이다. 과일의 처리에 사용된 알칼리 성분이 잔류하면 헤스페리딘 성분의 용출을 일으킬 수 있다.

5. 플라스틱 필름의 포장

5.1 플라스틱 필름의 밀봉법

대표적인 플라스틱 필름의 포장방법은 다음과 같다.

① **고주파 접착법** : 플라스틱 봉지를 제조할 때 사용하는 방법이다.

② **열 접착법** : 기름이나 물기가 다소 잔류해도 접착이 가능하며, polyethylene, 방습 셀로판, polyethylene의 접합제품에도 적용한다.

③ **Impulse 열 접착법** : 얇은 니크롬선에 저전압 고전류를 순간적으로 흐르게 하여 접착시키는 방법으로 거의 모든 필름의 접착에 적용할 수 있다.

④ **결뉴법** : 결뉴기를 이용하여 금속으로 묶는 경우와 사람의 힘으로 식물성 끈이나 플라스틱 끈으로 묶는 경우가 있다. 햄이나 소시지 및 과일과 빵류의 포장방법으로 사용한다.

5.2 각종 식품의 플라스틱 필름 포장

① **천연식품의 포장** : 천연식품을 포장하는 경우에 다음 세 가지 경우는 반드시 검토해야 한다.

㉠ 호흡이 왕성한 식품(청과류) : 탄산가스 및 산소의 선택적 투과성이 있는 포장 재료를 이용하며, 증산된 수증기가 포장재료 내부에 응결되는 것을 방지하기 위하여 적절한 투습성이 필요하다.

㉡ 휴면상태의 식품(곡류, 알류) : 곡류는 포장필름의 투습성과 가스 투과성을

고려해야 하고, 알류는 파손방지가 중요하므로 플라스틱 성형 내장재와 골판지를 이용한다.

㉢ 호흡을 하지 않는 천연식품(육류) : 필름의 산소 투과성, 빛 투과성과 저장온도 등에 의해서 색의 변화가 발생할 수 있다.

② **가열식품의 포장** : 저장성의 증가를 위하여 포장 또는 단순 용기로서 플라스틱 필름을 사용한다.

③ **건조식품의 포장** : 흡습, 지방산패, 변색, 풍미저하 등을 방지하기 위하여 플라스틱 필름 포장을 한다. 습기와 산소 투과력이 적고, 차단성이 있는 포장재인 Al foil과 PVDC의 증착 필름 등을 사용한다.

④ **냉동식품의 포장** : 식품을 냉동하면 주로 수분증발, 변색, 지방산화, 이취흡수 등 주로 표면에서 문제가 발생한다. 따라서 방습성이 좋고, 가스 투과성이 낮으며, 유연성이 있으며, 지온에서 경화하지 않고, 열수축성이 있는 포장 재료를 사용하는 것이 좋다.

⑤ **육제품의 포장** : 가스 불투과성 필름으로 포장하여 가열처리 하면 내부에 남아 있던 산소가 환원성 물질에 의해서 소비되면서 무산소 상태가 형성된다. 따라서 육제품에는 주로 가스투과성이 적은 플라스틱 필름인 PVDC나 염화고무 계열의 재료를 사용한다.

6. 통·병조림 식품의 규격

「통·병조림 식품」이란 식품을 관 또는 병에 넣어 탈기와 밀봉 및 살균 또는 멸균하여 상당기간 동안 내용물인 식품 고유의 품질이 보존되도록 제조·가공한 것을 말한다.

① **성 상** : 관 또는 병뚜껑이 팽창 또는 변형되지 아니하고, 내용물은 고유의 색택을 가지고 이미와 이취가 없어야 한다.

② **진공도(㎝Hg)** : 적당한 진공도를 가져야 한다. 다만, 원터치 캔의 경우는 제외한다.

③ **주석(mg/㎏)** : 150 이하일 것. 단 산성 통조림은 200 이하일 것

④ **납(mg/㎏)** : 0.3 이하일 것. 수산 통·병조림은 2.0 이하일 것

⑤ **세 균** : 세균 발육이 음성이어야 한다.

⑥ **고형량 및 내용량** : 표시량 이상이어야 한다. 단 잼과 같이 내용량과 고형량의 분리가 불가능한 것은 고형량 검사를 제외하며, kg과 l는 g과 mℓ로 환산하여 적용한다.

7. 포장 표준화

포장의 표준화는 크게 포장재료, 포장치수, 포장강도 및 포장기법의 표준화로 분류한다. 포장을 표준화하면 크게 다음과 같은 장점이 있다.

① 하역작업의 능률을 향상시켜 유통단가 절감
② 제조업체나 수출업체에서 발주 및 가공의 급속화 달성
③ 일정한 롯트(lot)에서 더 많은 생산비 절감
④ 균일한 포장으로 시장 진열하여 품위 향상, 유통원가 절감으로 경쟁력 강화

8. 적정포장

「적정포장」이란 합리적이면서 공정한 포장을 의미한다. 적정포장은 두 가지 측면에서 검토된다. 하나는 생산에서 수송포장 단계이고, 두 번째는 소비자의 선택단계를 말한다. 따라서 수송포장에서는 유통과정에서 발생 가능한 진동, 충격, 압축, 수분, 온습도 등에 의해서 물품의 가치와 상태의 저하를 가져오지 않는 유통실태를 적응한 포장을 해야 한다. 소비자 포장은 과대, 과잉포장, 속임포장 등을 시정하고, 동시에 결합 포장을 없애기 위하여 보호성, 안전성, 단위, 표시, 용적, 포장비, 폐기물 처리성 등에 대해서도 적절함을 유지해야 한다.

제 5 장

식품포장 용기의 영양소 표시법
- 식품표시제도(Food labeling) -

1. 식품표시제도

1.1 식품 및 영양표시제도의 정의

1) 식품표시제도(食品表示制度, Food labeling) :

「식품표시제도」란 식품에 관한 각종 정보, 즉 원재료명, 내용량, 제조일자 및 유통기한, 영양성분, 주의사항 표시 등에 관한 정보를 제품의 포장이나 용기에 표시하도록 함으로써 생산자는 소비자가 건전한 식생활을 할 수 있도록 정확한 구매정보를 제공하고, 소비자는 자신의 요구에 부합하는 식품을 선택하는 공정한 거래확보를 통하여 소비자를 보호하는 제도를 말한다.

2) 영양표시제도(榮養表示制度, Nutrition facts) :

식품표시항목 중의 하나로 '영양'에 대한 적절한 정보를 소비자에게 전달해 줌으로써 소비자들이 식품의 영양적 가치를 근거로 합리적인 식품 선택을 할 수 있도록 돕기 위한 제도를 말한다.

1.2 식품 등의 표시규정

1) 표시규정의 정의 :

소비자에게 판매하는 제품의 최소 판매 단위별 용기와 포장에는 표시사항을 표시해야 한다. 다만, 포장된 과자류 중 캔디류, 추잉껌, 초콜릿류 및 잼류는 최소 판매

단위 제품의 주표시면 면적이 30cm^2 이하이고, 여러 개의 최소판매 단위 제품이 하나의 용기와 포장으로 진열 및 판매할 수 있도록 포장된 경우에는 그 용기 및 포장에 대신 표시할 수 있다. 단 포장면적이 150cm^2 이하인 제품의 경우는 원재료명은 5포인트 이상의 활자 크기로, 영양성분은 6포인트 이상의 활자 크기로 표시할 수 있다.

2) 영양성분의 표시 :

식품포장 용기의 영양성분 표시라고 함은 제품의 일정량 함유된 영양소의 함량을 표시하는 것을 말한다. 표시대상 식품 등은 식품제조·가공업 및 동조 제2호의 규정에 의한 즉석판매 제조·가공업의 신고를 하여 제조·가공하는 식품을 말한다.

다만, 식용얼음의 경우에는 5kg 이하의 포장식품, 식품첨가물 제조업의 허가를 받아 제조·가공하는 식품첨가물, 식품 소분업을 신고하여 소분하는 식품 또는 식품첨가물, 방사선으로 조사처리 한 식품, 수입식품 또는 수입식품 첨가물, 유기가공식품 자연 상태의 식품 중에서 다음에 해당하는 식품이다. 다만 식품의 보존을 위하여 비닐랩(Wrap) 등으로 포장(진공포장 제외)하여 관능으로 내용물을 확인할 수 있도록 투명하게 포장한 것은 제외한다.

표 5-1. 표시 장소별 표시사항 및 활자 크기

표시 장소	표시사항	활자 크기
주 표시면	• 제품명	6 이상
	• 내용량(내용량에 해당하는 열량)	12 이상
일괄 표시면	• 식품의 유형	8 이상
	• 제조 연월일	10 이상
	• 유통기한 및 품질 유지기한	10 이상
	• 원재료명 및 함량	7 이상
	• 성분명 및 함량	7 이상
기타 표시면	• 업소명 및 소재지	8 이상
	• 영양성분	8 이상
	• 주의사항 표시	8 이상
	• 기타사항 표시	6 이상

(1) 원재료명 및 함량 :

식품의 제조·가공 시에 사용한 모든 원재료명(최종 제품에 남지 않는 정제수는 제외한다. 이하 같다)을 많이 사용한 순서에 따라 표시해야 한다. 다만, 식품의약품안전청 고시에서 정한 주원료의 원료명을 우선 표기할 수 있으며, 중량 비율로서 2% 미만인 경우에는 함량 순서를 따르지 아니하고 표시할 수 있다. 복합 원재료를 사용한 경우에는 그 복합 원재료 명칭을 표시하고, 괄호로 정제수를 제외하고 많이 사용한 5가지 이상의 원재료명 또는 성분명을 표시해야 한다.

다만, 복합 원재료에 포함된 식품첨가물이 해당 제품에 효과를 발휘하는 경우에는 그 첨가물의 명칭을 표시해야 한다. 또한 식품첨가물에 대한 표시는 식품을 제조·가공 시에 직접 사용·첨가하는 식품첨가물은 그 명칭과 용도를 함께 표시해야 하며, '식품첨가물 기준 및 규격'에서 고시한 명칭이나 같은 표에서 규정한 주용도(중복된 사용목적을 가질 경우에는 주요 목적을 주용도로 한다)로 표시해야 한다.

혼합 제제류 식품첨가물은 혼합 제제류의 구체적인 명칭을 표시하고, 괄호로 혼합 제제류를 구성하는 식품첨가물 등을 모두 표시해야 한다. 하지만 규정에 불구하고 아래와 같이 표현될 수 있는 것이 몇 가지 있다. 복합 원재료가 당해 제품의 원재료에서 차지하는 중량 비율이 5% 미만에 해당되는 경우와 복합 원재료를 구성하고 있는 복합 원재료의 경우에는 그 복합 원재료의 명칭 또는 해당 식품의 유형(가상의 제품명일 경우에 한한다)만을 표시할 수 있다.

식용유지는 "식용유지명" 또는 "동물성 유지, 식물성 유지(올리브유 제외)"로 표시할 수 있다. 다만 수소첨가로 경화한 식용유지에 대해서는 경화유 또는 부분 경화유임을 표시해야 한다. 전분은 "전분명(000전분)" 또는 "전분"으로 표시할 수 있다. 껌베이스 제조에 사용되는 식품첨가물 중에서 에스테르검, 폴리부텐, 폴리이소부틸렌, 초산비닐수지, 글리세린지방산 에스테르, 자당지방산 에스테르, 소르비탄 지방산 에스테르, 탄산칼슘, 석유왁스, 천연검, 탤크, 트리아세틴은 "껌기초제" 또는 "껌베이스"로 표시할 수 있다.

총 중량 비율이 10% 미만인 당 절임과일은 "당 절임과일"로 표시할 수 있다. 원재료 주에서 개별 원재료의 중량 비율이 2% 미만인 경우에는 분류 명칭으로 표시할 수 있다. 당해 제품에 직접 사용하지 않았으나, 식품의 원료에서 이행(carry-over)된 식품첨가물이 당해 제품에 효과를 발휘할 수 있는 양보다 적게 함유된 경우에는 그 식품첨가물의 명칭을 표시하지 않을 수 있다. 주 표시면의 면적이 $30cm^2$ 이하인 것은 정제수를 제외한 5가지 이상의 원재료명만을 표시할 수 있다. 식품첨가물 중에서 천연착향료를 사용한 경우에 "천연착향료" 또는 구체적인 명칭으로, 합성착향료를 사용한 경우 "합성착향료와 그 향의 명칭"으로 표시할 수 있다.

규정에 불구하고 한국인에게 알레르기를 유발하는 것으로 알려져 있는 난류(가금류에 한한다), 우유, 메밀, 땅콩, 대두, 밀, 고등어, 게, 새우, 돼지고기, 복숭아, 토마토를 함유하거나 이들 식품으로부터 추출 등의 방법으로 얻은 성분과 이들 식품 및 성분을 함유한 식품 또는 식품첨가물을 원료로 사용하였을 경우에는 함유된 양과 관계없이 원재료명을 표시해야 한다. 제품명의 규정에 의하여 원재료명 또는 성분명과 함량을 표시해야 하는 경우에는 그 함량을 백분율로 표시해야 한다. 식품의 원재료로서 사용한 가용성 성분(또는 추출물)의 함량을 표시하는 때에는 제품 중에 함유하는 각각의 원재료 고형분 함량(백분율)을 함께 표시해야 한다.

(2) 성분명 및 함량 :

제품에 직접 첨가하지 않은 제품에 사용된 원재료 중에 함유된 성분명을 표시하려고 할 때에는 그 명칭과 실제 그 제품에 함유된 함량을 중량 또는 용량으로 표시해야 한다. 다만, 이러한 성분명을 영양소 강조표시에 준하여 표시하고자 하는 경우는 영양소 강조표시 관련 규정을 준용할 수 있다.

(3) 표시대상 성분 :

열량, 탄수화물(당류), 단백질, 지방(포화지방, 트랜스지방), 콜레스테롤, 나트륨, 그 밖에 강조표시를 하고자 하는 영양성분이 포함된다.

(4) 표시단위 및 1회 제공량 산출기준 :

영양성분 함량은 1회 제공량당, 100그램(g) 당, 100미리리터(mℓ)당 또는 1포장 당 함유된 값으로 표시한다. 이 경우 영양성분 함량단위는 영양소 기준치의 영양소 단위와 동일해야 하고, 1회 제공량과 총 제공량을 함께 표시하는 경우는 그 단위를 동일하게 표시해야 한다.

영양성분 함량은 식품에서 가식부위를 기준으로 산출한다. 이 경우 가식부위는 동물의 뼈, 식물의 씨앗 및 제품의 특성상 품질유지를 위하여 첨가되는 액체 등으로 통상적으로 섭취하지 않는 비가식 부위는 제외하고, 실제 섭취하는 양을 기준으로 한다. 한 번에 먹을 수 있도록 포장·판매되는 제품은 총 내용량을 1회 제공량으로 한다. 2회 제공량 이상으로 나누어 먹을 수 있도록 포장·판매되는 식빵, 피자, 과자 등의 제품은 해당 식품별 1회 제공 기준량의 3분의 2(67%) 이상 2배(200%) 미만의 범위(이하 "1회 제공량 범위"라 한다)에서 컵, 개 또는 조각 등으로 나눌 수 있는 단위(이하 "단위"라고 한다) 내용량을 1회 제공량으로 산출해야 하며, 그 외 범위에 해당하는 경우는 다음의 기준에 따라 산출해야 한다.

단위 내용량이 1회 제공량 범위 미만에 해당되는 경우는 2단위 이상을 1회 제공량으로 하되, 1회 제공 기준량에 가장 가까운 값이 되도록 단위의 수를 정한다. 단위 내용량이 1회 제공량 범위 이상에 해당하는 경우는 그 내용량을 2회 제공량 이상으로 하되, 총 제공량은 1회 제공 기준량으로 나눈 값에 가장 가까운 값으로 정한다.

규정에도 불구하고 각각 단위 내용량이 통상적으로 1명이 한 번에 먹을 수 있는 내용량인 경우는 식약청장에게 통보하고, 그 내용량을 1회 제공량으로 할 수 있다. 1회 제공 기준량이 설정되지 않은 식품도 또한 같다. 서로 유형 등이 다른 2개 이상의 제품이라도 1개의 제품으로 품목제조 보고한 제품이라면 그 전체의 양을 1회 제공량으로 산출한다.

(5) 표시방법 :

영양성분 표시대상 식품은 열량, 탄수화물, 당류, 단백질, 지방, 포화지방, 트랜스지방, 콜레스테롤 및 나트륨에 대하여 그 명칭, 함량 및 영양소 기준치에 대한 비율(%)을 표시해야 한다. 다만 열량, 당류, 트랜스지방에 대해서는 영양소 기준치에 대한 비율(%) 표시를 제외한다. 영양소 함량이 없는 경우(영양성분별 세부 표시방법에 따라 "0"으로 표시하는 경우는 제외한다)에는 그 영양소의 명칭과 함량을 표시하지 않거나, 영양소 함량을 "없음" 또는 "-"으로 표시해야 한다.

영양소 기준치에 대한 비율(%)은 각 영양 성분의 표시 함량을 사용하여 영양소 기준치에 대한 비율을 산출한 다음에 이를 반올림하여 정수로 표시한다. 다만 함량이 "00g 미만"으로 표시되는 경우는 그 실제 값을 그대로 사용하여 영양소 기준치에 대한 비율을 산출해야 한다. 영양성분 표시는 소비자가 알아보기 쉽도록 바탕색과 구분되는 색상으로 다음의 기준에 따라 표시서식 도안을 사용하여 표시해야 한다.

1회 제공 기준량이 설정된 식품은 1회 제공량에 대한 영양성분을 표시해야 하고, 그 단위는 컵, 개 또는 조작 등으로 표시하며, 그 양에 대한 중량(g) EH는 용량(mℓ)을 괄호로 표시해야 한다. 이 경우 중량 등을 표시할 때 10g(mℓ) 미만은 그 값에 가까운 0.1g(mℓ) 단위로, 10g(mℓ) 이상은 그 값에 가까운 1g(mℓ) 단위로 표시한다. 2회 제공량 이상인 제품은 총 제공 횟수를 표시해야 한다. 그 횟수가 3회 이상 5회 미만은 그 값에 가까운 0.5 단위로 표시해야 하고, 그 외에는 그 값에 가까운 정수로 표시해야 한다. 이때 반올림한 값에는 "약"을 함께 표시해야 한다.

1회 제공 기준량이 설정되지 않은 밀가루, 간장, 소금, 설탕 등 식품의 경우는

100g(mℓ)당 함유된 값으로 표시하되, 총 내용량이 100g(mℓ) 미만의 제품은 해당 제품의 포장량 당으로 표시한다. 다만, 영 · 유아(0~36개월)를 대상으로 하는 영아용 조제식, 성장기용 조제식 또는 특수 의료용도 등 식품은 먹이는 방법에 따라 100 · 당 함유된 값으로 표시할 수 있다. 2회 제공량 이상으로 나누어 먹을 수 있도록 포장 · 판매되는 제품은 최소 판매단위별 용기 · 포장에 1회 제공 기준량에 대한 영양성분 표시를 해야 하고, 내포장한 제품에는 그 내용량에 대한 영양성분을 표시할 수 있다. 1회 제공 기준량이 설정되지 않은 식품 중 100g(mℓ) 이상으로 포장된 제품 또는 2회 제공량 이상으로 나누어 먹을 수 있도록 포장 · 판매되는 제품은 각각 100g(mℓ)당 또는 1회 제공량에 대한 영양성분 표시와 총 내용량에 대한 영양성분을 함께 표시할 수 있다.

3) 영양 성분별 세부 표시방법 :

열 량 : 열량의 단위는 킬로칼로리(kcal)로 표시하되, 그 값을 그대로 표시하거나 그 값에 가장 가까운 5kcal 단위로 표시해야 한다. 이 경우 5kcal 미만은 "0"으로 표시할 수 있다.

열량의 산출기준은 다음과 같다.

영양성분의 표시함량을 사용("00g 미만"으로 표시되어 있는 경우에는 그 실제 값을 그대로 사용한다) 하여 열량을 계산할 때 탄수화물은 1g당 4kcal, 단백질은 1g당 4kcal, 지방은 1g당 9kcal를 곱한 값의 합으로 산출하고, 알콜 및 유기산은 알콜은 1g당 7kcal, 유기산은 1g당 3kcal를 곱한 값의 합으로 한다.

탄수화물 중에 포함된 당 알콜 및 식이섬유의 함량을 별도로 표시하는 경우에 탄수화물에 대한 열량산출은 당 알콜은 1g당 2.4kcal(에리스리톨은 0kcal)를, 식이섬유는 1g당 2kcal, 당 알콜과 식이섬유를 제외한 탄수화물은 1g당 4kcal를 곱한 값의 합으로 한다.

(1) 탄수화물 :

탄수화물에는 당류를 구분하여 표시해야 한다. 탄수화물의 단위는 그램(g)으로 표시하고, 값을 그대로 표시하거나, 그 값에 가장 가까운 1g 단위로 표시한다. 이 경우에 1g 미만은 "1g 미만"으로, 0.5g 미만은 "0"으로 표시할 수 있다.

(2) 단백질 :

단백질의 단위는 그램(g)으로 표시하고, 값을 그대로 표시하거나, 그 값에 가장 가까운 1g 단위로 표시한다. 이 경우에 1g 미만은 "1g 미만"으로, 0.5g 미만은 "0"으로 표시할 수 있다.

(3) 지 방 :

지방에는 포화지방 및 트랜스지방을 구분하여 표시해야 한다. 지방의 단위는 그램(g)으로 표시하고, 5g 이하는 그 값에 가장 가까운 0.1g 단위로, 5g을 초과한 경우는 그 값에 가장 가까운 1g 단위로 표시해야 한다. 이 경우에 0.5g 미만은 "0"으로 표시할 수 있다. 트랜스지방은 0.5g 미만은 "0.5g 미만"으로 표시할 수 있으며, 0.2g 미만은 "0"으로 표시할 수 있다. 다만, 식용유지류 제품은 100g당 2g 미만일 경우 "0"으로 표시할 수 있다.

(4) 콜레스테롤 :

콜레스테롤의 단위는 밀리그램(mg)으로 표시하되, 그 값을 그대로 표시하거나, 그 값에 가장 가까운 5mg 단위로 표시해야 한다. 이 경우 2mg 이상 5mg 미만은 "5mg 미만"으로, 2mg 미만은 "0"으로 표시할 수 있다.

(5) 나트륨 :

나트륨의 단위는 밀리그램(mg)으로 표시하되, 그 값을 그대로 표시하거나, 5mg 이상 120mg 이하인 경우에는 그 값에 가장 가까운 5mg 단위로, 120mg을 초과하는 경우는 그 값에 가장 가까운 10mg 단위로 표시해야 한다. 이 경우 5mg 이하는 "0"으로 표시할 수 있다.

(6) 그 밖에 영양성분에 대한 표시 :

영양소 기준지표의 비타민과 무기질(나트륨은 제외한다)을 표시하거나 강조 표시를 하는 경우는 해당 영양소의 명칭, 함량 및 영양소 기준치에 대한 비율(%)을 표시해야 한다. 비타민과 무기질의 명칭 및 단위는 영양소 기준치 표에 따라 표시하며, 영양소 기준치의 2% 미만은 "0"으로 표시할 수 있다.

영양소 기준치가 설정되지 않은 지방산류 및 아미노산류 등을 표시하거나 영양 강조 표시를 하려면 그 영양소의 명칭 및 함량을 표시해야 한다. 영・유아, 임신・수유부, 환자 등 특정 집단을 대상으로 하는 식품에 대하여 영양소 기준치에 대한 비율로 표시하거나 한국인 영양섭취기준 중에서 당해 집단의 권장섭취량 또는 충분섭취량을 기준치로 하여 기준치에 대한 비율(%)로 표시할 수 있다.

4) 미국 식품의약품안전청(FDA)와 우리나라 식품의약품안전청(KFDA)

(1) 미국의 영양표시제도 :

미국은 1990년 '영양표시 및 교육법(Nutrition Labeling and Education Act)'의 제정과 함께 식약청에서 식품표시를 위한 새로운 규정이 제정되었다. 1994년 중반부터 육류, 생선, 닭고기, 우유, 달걀과 채소 및 과일을 제외한 미국에서 생산되는 모든 포장된 식품에 영양정보를 일정한 규칙대로 명시하도록 법으로 규정하고 있다. 아울러 미국인들이 지나치게 많이 섭취하고 있어 문제가 되는 지질, 콜레스테롤, 포화지방, 나트륨, 그리고 적게 섭취해서 문제가 되는 섬유소, 탄수화물 등을 의무표시 항목으로 정하여 1인 1회 분량당 이들 영양소 함량을 표시함으로써 각 제품 간의 영양소 함량에 대한 비교를 가능하게 하였다.

한편, 미국의 농무부(USDA)는 2012년부터 육류제품에도 영양정보 표시제도를 실시하고 있다. 최근 비만에 대한 우려가 증가하는 상황에서 각종 육류의 영양소(열량, 지방, 콜레스테롤, 나트륨, 단백질 등) 함량에 관한 상세한 정보가 제공되면 육류 구매 시에 소비자들이 합리적인 선택을 할 수 있게 될 것으로 기대한다.

(2) 우리나라의 영양표시제도 :

1994년 전까지만 해도 우리나라의 식품 표시기준은 주로 식품위생 차원에서 운영되었으며, 함량 규제에 치우쳐 있었다. 1995년 1월 처음으로 영양표시제도가 실시되면서 영양성분의 표시방법이 정해지고, 표시대상 품목 및 기준이 마련되었으며, 1996년 1월부터 더욱 세분화되어 현재까지 시행되고 있다.

5) FDA와 KFDA 비교 개선에 대한 내용

(1) 과즙 100% 주스 표기에 대한 개선 요구사항 :

시중에 유통되고 있는 농축환원주스는 농축원액 외에 기타의 여러 가지 첨가물이 들어가 있는데도 100%라는 표현을 사용하고 있어 소비자들이 혼란스러워 하고 있으며, 100%라고 정해진 주스의 당도 기준은 하한선은 있지만 상한선은 실제로 존재하지 않고 있다. 이러한 법 때문에 여러 회사에서는 농축주스를 만들 때 물을 덜 타서 100%라고 표기되어 있지만, 훨씬 그 양을 상회하는 농축환원주스를 만들고 있다. 사실 100%라는 표현은 정해진 기준에 대비해 10% 이상이 크면 사실상 100%라고 표현하는데 문제가 있다고 생각한다. 또한 기존 원료 이외에 다른 물질이 첨가되었는데도 100%라고 표현하는 것도 문제가 있다.

표 5-2. 과실, 채소류 음료의 100% 착즙액 기준 당도

명 칭	기준 당도(Brix)
포도, 서양배	11 이상
사과, 라임, 파인애플	10 이상
귤, 그레이프 후르츠, 파파야	9 이상
배, 구아바	8 이상
복숭아, 살구, 딸기, 레몬	7 이상
자두, 멜론, 매실	6 이상

사실 농축액을 정제수 등으로 희석시켜 주재료의 농도가 100% 이상으로 환원되었기 때문에 농축 100%라는 표현은 맞는 사실상 정당한 표현이라고 생각할 수 있으나, 소비자 입장에서는 순수 원료만으로 100%로 채워져 있다는 것(생 착즙주스)으로 착가하기 쉽다. 외국의 법규를 비교해 본 결과 미국의 FDA에서는 우리와 같은 법규를 사용하고 있으나, 일본 후생성(厚生省)에서는 농축액에 물을 탄 주스는 전면에 농축환원이라는 표현을 쓰게끔 법으로 정해져 있다.

일본과 같이 농축환원주스라는 표현을 사용하는 것은 사실 중복된 표현일 수는 있지만, 우리나라의 경우에 원재료에 농축액으로 표시하는 방법도 있다. 그러나 광고를 위하여 생 착즙주스 전면에 생 착즙주스라고 표시하는 것보다, 농축환원주스 전면에 농축환원주스라고 표시하는 방법이 소비자들의 현명한 선택을 도와주는 더욱 효과적인 동시에 정당한 방법으로 판단된다.

결국 100% 과실이라고 표현된 주스는 기준 당도를 초과하기만 하면 100%라고 표시하는데 문제가 없기 때문에 사실상 100%를 훨씬 초과하는 농도의 주스가 만들어지고 있고, 순수 원료만 들어간 것처럼 착각하기 쉽기 때문에 100% 순수과즙이라고 표시된 제품의 표기방법에 대한 검토가 필요하다. 또한 100%라고 표현된 문구를 보면 소비자들은 대부분 생 착즙주스라고 착각하는 경우가 많으므로 우리나라 식약청에서도 국민들의 현명한 선택을 돕기 위해서라면 아직 다른 나라에서 시행하고 있지 않은 제도라도 100% 과실주스의 표기법에 대한 진지한 검토가 필요하다고 판단한다.

2. 영양소 함량 강조표시(Health clame)

열량, 탄수화물, 당류, 단백질, 지방(포화지방, 트랜스지방), 콜레스테롤, 나트륨은

표 5-3. 영양소 함량 강조표시 세부기준

영양 성분	강조 표시	표 시 조 건
열 량	저	식품 100g당 40kcal 미만 또는 식품 100mℓ당 20kcal 미만일 때
	무	식품 100g당 4kcal 미만일 때
지 방	저	식품 100g당 3g 미만 또는 식품 100mℓ당 1.5g 미만일 때
	무	식품 100g당 또는 식품 100mℓ당 0.5g 미만일 때
포화지방	저	식품 100g당 1.5g 미만 또는 식품 100mℓ당 0.75g 미만이고, 열량의 10% 미만일 때
	저	식품 100g당 0.1g 미만 또는 식품 100mℓ당 0.1g 미만일 때
트랜스지방	저	식품 100g당 0.5g 미만일 때
콜레스테롤	저	식품 100g당 20mg 미만 또는 식품 100mℓ당 10mg 미만이고, 포화지방이 식품 100g당 1.5g 미만 또는 식품 100mℓ당 0.75g 미만이며, 포화지방이 열량의 10% 미만일 때
	무	식품 100g당 5mg 미만 또는 식품 100mℓ당 5mg 미만이고, 포화지방이 식품 100g당 1.5g 미만 또는 식품 100mℓ당 0.75g 미만이며, 포화지방이 열량의 10% 미만일 때
당류	무	식품 100g당 또는 식품 100kcal당 1.5g 이상일 때
나트륨	저	식품 100g당 120mg 미만일 때
	무	식품 100g당 5mg 미만일 때
식이섬유	함유/급원	식품 100g당 3g 이상 또는 식품 100kcal당 1.5g 이상일 때
	고/풍부	식품 100g당 6g 이상 또는 식품 100kcal당 3g 이상일 때
단백질	함유/급원	식품 100g당 1일 영양소 기준치의 10% 이상, 식품 100mℓ당 1일 영양소 기준치의 5% 이상일 때 또는 100kcal당 1일 영양소 기준치의 5% 이상일 때
	고/풍부	식품 100g당 1일 영양소 기준치의 20% 이상, 식품 100mℓ당 1일 영양소 기준치의 10% 이상일 때 또는 100kcal당 1일 영양소 기준치의 10% 이상일 때
비타민/무기질	함유/급원	식품 100g당 1일 영양소 기준치의 15% 이상, 식품 100mℓ당 1일 영양소 기준치의 7.5% 이상일 때 또는 100kcal당 1일 영양소 기준치의 5% 이상일 때
	고/풍부	식품 100g당 1일 영양소 기준치의 30% 이상, 식품 100mℓ당 1일 영양소 기준치의 15% 이상일 때 또는 100kcal당 1일 영양소 기준치의 10% 이상일 때

영양성분 표시의 의무표시 항목이므로 이 9가지 영양소는 모두 표시해야 한다. 그 외에 추가하여 영양소 함량을 강조하거나, 표시하려는 영양소를 결정하는데 영양소 함량 강조표시 기준에 적합한 경우에만 '저', '무', '고' 또는 '함유' 등으로 표시할 수 있다. 또한 열량을 비롯하여 다량 영양소 함량이 다른 제품의 표준 값과 비교하여 최소 25% 이상 차이가 있고, 미량 영양소의 경우 최소 1일 권장량의 10% 이상 차이가 있는 경우에는 '덜', '더', '감소', '라이트', '강화', '첨가' 등으로 표시할 수 있다.

2.1 영양소 함량 강조표시 세부기준

영양소 함량 강조표시에 관한 세부적인 기준은 다음 표 5-3에 정리하였다.

2.2 영양소 표시량과 실제 측정값의 허용오차 범위

열량, 당류, 지방, 포화지방, 트랜스지방, 콜레스테롤 및 나트륨의 실제 측정 값은 표시량의 120% 미만이어야 한다. 비타민, 무기질 단백질, 탄수화물, 식이섬유의 실제 측정 값은 표시량의 80% 이상이어야 한다. 이러한 두 가지 규정에도 불구하고, 법 제7조의 규정에 의한 식품의 기준 및 규격의 성분규격이 "표시량 이상"으로 되어 있는 경우는 실제 측정값은 표시값 이상이어야 하고, 성분 규격이 "표시량 이하"로 되어 있는 경우는 표시값 이하여야 한다.

실제 측정값이 앞에서 규정한 범위를 벗어나더라도 그 양이 영양 성분별 세부 표시방법의 단위 값 처리규정에서 인정하는 범위 이내인 경우에는 허용오차를 벗어난 것으로 보지 않는다.

3. 영양소 분석방법

3.1 단백질 분석

1) Kjeldahl 질소 정량법에 의한 조단백질(crude protein) 정량

단백질은 C(약 52%), H(약 7%), O(약 23%) 외에 일정한 비율로 N(약 16%)를 함유하고 있다. 이 외에도 단백질은 S(약 2%), P, 그 외에도 미량의 금속을 함유하고 있다. 특히 질소는 지방이나 탄수화물 등 식품의 다른 중요 성분에는 포함되어 있지 않으므로 식품 중에서 단백질 정량은 전 질소량을 정량하고, 그 값에 일정량의 계수를 곱하여 단백질 함량으로 하는 것이 일반적이다. 평균적으로는 100/16, 즉 6.25의 계수를 적용한다.

식품 중에 존재하는 질소화합물의 형태는 단백태질소(단백질)와 비단백태질소(아미노산류, amide류, purine류, creatine류)가 있으며, 전 질소량에 일정한 계수를 곱하여 산출한 단백질을 조단백질(crude protein)이라 한다. 비단백태질소를 시료에서 추출하고 단백질만의 질소를 정량하여 계수를 곱하여 산출한 단백질을 순단백질(pure protein)이라고 한다.

2) Kjeldahl 질소 정량법의 원리

일정량의 시료에 진환 황산과 분해 촉진제를 가하고, 가열하면 분해 및 산화・환원 반응이 동시에 일어나고, 시료에 포함되어 있던 질소는 일단 NH_3로 변해서 H_2SO_4와 반응하여 황산암모늄($(NH_4)_2SO_4$)을 만들고 분해액 속에 남게 된다. 이 때 탄수화물이나 지질 및 진한 황산 등도 분해하여 CO_2, CO, SO_2 등을 발생한다.

분해액에 과잉의 알칼리를 가하여 수증기로 증류시키면 암모니아가 다시 방출되며, 이 암모니아 가스를 일정 규정 농도의 황산용액에 흡수시키고, 남은 과잉의 산을 규정 알칼리 용액으로 역적정하여 전 질소량을 산출한다. 한편, 산화제로서 K_2SO_4를 가하면 반응온도가 높아지면서 SO_3가 생성되어 유기물의 분해를 더욱 촉진시킨다.

$$K_2SO_4 + H_2SO_4 \rightarrow 2KHSO_4$$
$$2KHSO_4 \rightarrow K_2SO_4 + H_2O + SO_3$$

이상과 같이 Kjeldahl법은 실제 다음과 같은 4단계의 반응이 진행된다.

① 분해반응 : 질소화합물(시료) + $H_2SO_4 \rightarrow (NH_4)_2SO_4 + SO_3\uparrow + CO_2\uparrow + CO\uparrow + H_2O$

② 증 류 : $(NH_4)_2SO_4 + 2NaOH \rightarrow 2NH_3 + Na2SO_4 + 2H_2O$

③ 중화반응 : $2NH_3 + H_2SO_4 \rightarrow (NH_4)_2SO_4$

④ 적 정 : $H_2SO_4 + 2NaOH \rightarrow Na2SO_4 + 2H_2O$

3.2 지방분석

1) Soxhlet 추출법에 의한 조지방 정량

지방질은 물에 녹지 않고 에테르(ether), 클로르포름(chloroform), 아세톤(acetone), 벤젠(benzene), 헥산(hexane), 알콜(alcohol) 등의 유기용매에 녹는 화합물이다. 식품 중의 지방질 함량은 일반적으로 에테르 추출로 정량한다. 그러나 실제로 에테르에 녹아 추출되는 것은 순수한 지방만이 아니고 유기산, 알코올, 왁스, 색소(chlorophyl, carotenoid, flavonoid), 지용성 비타민(A, D, E, K) 등이 포함된다. 따라서 이 방법으로 정량된 지방질을 조지방(crude fat) 또는 에테르 추출물(ether extract)이라고 한다.

한편, 우유와 유제품의 지방질은 Gerber법이나 Rose-Gottlieb법이 일반적으로 사용되고 있으며, 난류, 마요네즈, 유제품 및 치즈의 지방실은 Rose-Gottlieb의 편법이라고 할 수 있는 산분해법에 의해서 정량한다. 식용유와 버터의 지방질은 에테르 불용물을 칭량하여 정량한다.

2) Soxhlet 추출법의 원리

이 방법은 가장 일반적인 에테르 추출법이며 Soxhlet 지방추출기를 사용한다. 곡류, 종실류, 두류 등의 분말이 쉬운 식품, 식용유 증 주로 중성지질로 구성된 식품에 적용한다. 다만, 가열조리 등의 가공과정을 기치지 않은 식품에 적용된다. 시료를 추출관에 넣고, 에테르를 수기에 넣어 가열하면 에테르는 증발되어 위의 냉각기에서 응축되어 다시 원통 여과지의 시료에 떨어져 침지되며, 사이폰 작용에 의하여 수기에 떨어진다. 가열에 의해서 수기의 에테르는 다시 기체가 되어 상승되고, 냉각되어 다시 돌아와 연속적으로 추출이 이루어진다. 추출물에서 에테르를 휘발시킨 다음에 그 건조물의 중량을 달아 조지방의 양으로 한다.

에테르를 수기에 넣고 가열하면 증발되어 위의 냉각관에서 응축되어 시료 중에 침지되며 siphon 작용에 의해서 수기에 다시 돌아와 연속적으로 추출된다. 추출물에서 에테르 및 소량의 수분을 휘발시킨 다음에 그 건조물의 무게를 달아 조지방량으로 한다.

3.3 탄수화물 분석

1) Bertrand 법에 의한 조지방 정량

탄수화물은 단백질 및 지질과 함께 식품의 품질과 성질에 큰 영향을 미친다. 그러므로 식품의 탄수화물을 정량하는 것은 중요한 의미가 있다. 그러나 탄수화물에는 많은 종류의 단당류, 소당류 및 다당류가 있어 이들을 따로따로 분별 정량하기가 쉽지 않고, 또한 이들의 성질이 각각 다르기 때문에 이들 탄수화물을 모두 하나의 탄수화물로 정량하기도 어렵다.

그러므로 식품성분표나 칼로리 계산을 위한 분석표에서는 탄수화물의 양을 시료의 양(100%)으로부터 수분, 단백질, 지질 및 회분의 양을 뺀 값으로 표시한다. 그리고 식품성분표에서 말하는 당질(유용성 탄수화물)의 양은 탄수화물의 양으로부터 조섬유의 양을 뺀 값이다. 당질이란 설탕, 전분과 같은 소화성 탄수화물을 의미한다. 식품 중에 존재하는 여러 종류의 당질은 화학적으로 크게 환원당과 비환원당으로 나누어진다. 환원당이란 다른 물질을 환원시키는 성질이 있는 당질을 말하며, 포도당, 과당, 젖당, 맥아당 등이 해당된다. 비환원당은 다른 물질을 환원시키지 못하는 당질을 말하며, 설탕과 전분이 대표적이다.

2) Betrand 법의 원리

시료 중에 한 종류의 환원당이 존재하면 Bertrand 법을 사용하여 그 양을 정확하게 정량하는 것이 가능하다. 그러나 여러 종류의 환원당이 섞여 있으면 Bertrand 법으로 이들을 분별 정량하는 것이 어렵고, 그 결과도 정확하지가 않다. 그러므로 Bertrand 법을 적용하여 식품에서 환원당을 분석할 경우는 일반적으로 전체의 환원당을 하나의 환원당으로 나타내는 것이 보통이다.

Bertrand 법의 기본적인 원리는 Fehling 용액에 환원당을 가하고, 일정한 조건에서 가열하면 아산화구리의 침전이 생성되는데, 이 침전물의 양은 환원당의 양에 비례한다. 그러므로 이 침전물의 양에서 환원당을 정량할 수 있다.

제 6 장

포장식품의 미래

1. 포장식품의 전망

1.1 21세기의 인기식품

'유기농'은 21세기 식품의 키워드로 대두되고 있으며, 웰빙바람을 타고 친환경산업으로 급성장하고 있고, 2006년도 매출 6,700억을 초과하였고, 2010년도 매출 1조를 초과하여 계속 시장규모가 확대되고 있다. 웰빙이 사회 전반을 강타하면서 '유기농'이 21세기 식품의 대안으로 떠오르면서 유기농산물과 이를 이용한 유기가공식품이 급성장하고 있다. 특히 식품의 중심축이 유기농으로 옮겨가고 식품 대기업이 유기농식품 시장에 속속 진출하면서 친환경식품 시장이 2001년 3000억 원에서 2006년에는 6,700억 원으로, 2010년대에는 1조원을 초과하여 급팽창할 것으로 업계는 전망하고 있다. 특히 이들은 소비자들이 쉽게 다가갈 수 있는 대형 유통점과 유기농전문점을 중심으로 진출하면서 시장 성장이 가속화하고 있다.

올가홀푸드, 삼양사, 동원 등 대기업들이 속속 진출하고 있으며, 대형 유통점, 할인점은 물론 전문점과 온라인까지 가세하고 있다. 특히 생산자인 직영농장과 관광농원들도 인터넷을 이용한 직접 재배하며 유통하는 방식도 한몫하고 있다.

소비자들의 안전한 먹거리에 대한 욕구와 웰빙 바람이 맞물려 식품시장에 유기농 바람이 거세다. 유기농식품이 식품시장의 새로운 키워드로 부상하자 대상, 올가홀푸드, 삼양사, 동원 등 식품대기업이 유기농식품시장에 속속 진출하면서 급성장 곡선을 그리고 있다. 특히 이들은 기존에 백화점의 수입코너나 전문매장 등을 통해 이루어져 왔던 판매방식에서 벗어나 소비자들에게 쉽게 다가갈 수 있는 백화점과 할인점 전문점 등 새로운 유통망을 통해 판매하면서 유통구조마저 바꾸며 시장 성장을 부채질하고 있다. 특히 농촌에서 고소득 특화농업을 선도하는 농민들이 인터넷을 이용하여 소비자와 직접 거래를 통해 친환경 고품질 농수축산물의 시장규모가 날로 급증하고 있다. 식품대기업이 유기농식품시장에 뛰어들면서 200~300억 원대의 시장을 형성하고 있으며, 친환경제품을 포함하면 2003년도 4,070억 원에 이어 2006년에는 6,700억 원대에 달할 것이라는 전망이다. 이는 지난 2001년 3000억 원에 비하면 5년 만에 2배를 넘어서는 수치이다.

세계적으로도 친환경 식품시장은 매년 40% 이상 고성장하는 추세다. 미국 농업부(USDA)산하 경제연구소(ERS)는 미국이 1999년 65억 달러, 2000년 80억 달러, 2010년에는 450억 달러를 형성할 것으로 내다봤다. 유럽과 일본은 지난 2000년에 각각 53억 달러, 30억 달러 규모에 이어 오는 2010년에는 460억 달러, 110억 달러 선까지 늘어날 것으로 전망된다.

대기업도 속속 진출하고 있다. 대상은 지난 8월 유기농제품군 브랜드인 O'food(오푸드)로 유기농 가공식품 시장에 본격 진출했다. 대상은 기존 청정원 브랜드 이미지 제고를 위해 상품개발 방향을 100% 유기농 원료를 사용한 프리미엄 식품을 만든다는 전략이다. 특히 기존 유기가공식품이 값이 비싸고 구입할 수 있는 장소의 한정으로 구매 시에 겪었던 불편했던 점을 해소하는 데 주안점을 둔다는 방침이다. 이에 따라 백화점, 할인매장, 수퍼마켓 등에 제품을 진열, 판매할 계획이다. 30대 중산층 이상 주부 및 전문직 여성을 주 구매 타깃으로 잡고 O'food 브랜드 인지도 강화를 위해 명품잡지, 멤버쉽 잡지, 웰빙 잡지 위주로 광고를 할 예정이다. 2004년도에 45억 원, 2005년에는 100억 원의 매출을 올린다는 계획이다.

올가홀푸드는 풀무원 계열사로 친환경식품전문점 '올가홀푸드' 직영점 5개점과 가맹점 2개점 등 총 7개의 오프라인 매장과 온라인 매장(www.orga.co.kr)을 함께 운영하고 있다. 지난 8월과 9월에는 각각 이마트 수지점 숍인숍과 이마트 월계점을 오픈했다. 2008년까지 수도권에 직영점 11개를 비롯 숍인숍을 확대 운영한다는 계획이다. 올가의 매장은 지역밀착형 전문매장으로 유기·건강식품 프리미엄 스토어 컨셉으로 매장 내에는 유기농통밀 등 고급원료로 만든 '올가 베이커리'와 밑반찬에서 일품요리까지 여러 가지 즉석요리가 구비된 '올가키친' 등 테마코너를 마련하고 있다. 1차 농산물부터 가공식품까지 3000여 가지의 상품군을 갖추고 지난해 120억 원에 이어 올해에는 300억 원의 매출을 목표로 하고 있다.

삼양사는 지난 2002년 말부터 백화점 등에 숍인숍 형태와 온라인 매장과 함께 지난 8월에는 반포 서래마을에 로드숍 1호점을 오픈했다. 해외의 100여 개 유기농 전문 브랜드와 제휴, 야채, 곡류, 두부 등 생식품과 2차 가공식품, 천연비타민을 비롯한 각종 건강식품, 화장품 등 1200여 가지의 상품을 구비하고 2003년도에 15억 원 매출을 올렸다.

동원그룹 식품부문 지주회사인 동원엔터프라이즈는 지난해 친환경 유기농 전문회사인 '이팜'을 인수, 유기농사업에 진출했다. 목동과 용인에 직영점 2곳을 비롯해 숍입숍 1곳, 제휴점 2곳과 온라인매장(www.efarm.co.kr)을 운영하고 있다. 2004년도 1월부터는 인터넷 종합쇼핑몰인 LG, 다음, 인터파크 등 10여 개 사와 제휴했다. 곡류, 과일, 야채 등 1000여 종의 친환경유기농제품을 판매하고 있다. '이팜'은 매년 직영점 2개점을 추가로 개점하고 가맹점화로 매장을 확대하면서 내형 도매유통과 제휴, 숍입숍을 확장한다는 전략이다. 또 물류 공급기반을 확대하고, 직영농장 사업과 관광농원화 사업을 전개할 계획이다.

한겨레플러스의 초록마을은 전국에 9월 말 현재 162개점에서 국내산 원료의 가공식품, 자연화장품, 무공해세제 등을 600여 가지의 상품을 갖추고 수퍼마켓 개념의 매장을 운영 중이다. 연말까지 200호점을 목표로 하고 있다. 초록마을은 두 달에 한 번씩 카달로그를 제작해 소비자들에게 발송하고 있으며, 상품소개는 물론 산지 취재, 기획, 요리페이지 등 다양한 코너를 마련해 유기농에 대한 정보를 제공하고 있다. 2003년도에 150억 원의 매출을 올린 초록마을은 올해 450억 원, 내년에는 350개 가맹점에서 1000억 원의 매출을 목표로 하고 있다.

여성민우회 생협은 1989년 12월 생활공동체운동의 일환으로 시작됐다. 취급상품을 '상품'이 아니라 '생활재'라 부르며, 쌀, 공제품 축산물을 '세상을 바꾸는 생활재'로 선정해 홍보하고 있다. 서울 목동, 방학동, 경기도 고양 등 3곳의 매장을 운영하고 있다. 2003년도 58억 원에 이어 2004년에는 80억 원의 매출을 기대하고 있다. 이 외에 경실련의 정농생협, 자연과식품의 유기농하우스, 녹색세상의 신시, 에코파크의 유기농닷컴 등에서 유기농식품 전문점을 운영하고 있다.

최근 웰빙 바람을 타고 유기농식품의 소비가 급증하고 있는 것은 소비의 트랜드이며, 당연히 이런 방향으로 나아가야 한다. 유기농산물이 전체 농산물에서 차지하는 비율은 아직 미비하나 안전한 식품을 찾고자 하는 소비자들의 욕구에 따라 유기농식품은 지속적으로 성장해 나갈 것이다. 하지만 웰빙 트랜드에 힘입어 유기농식품이 인기를 얻고 있으나 이와 함께 부작용도 심각하게 나타나고 있다.

유기농 함량이 미달하거나 일반 농산물을 유기농산물로 허위 표시해 소비자들이 피해를 보는 사례가 빈번히 발생하고 있다. 특히 유기 가공식품은 유기농 인증제조차 실시하고 있지 않아 함량 미달의 제품을 임의로 유기농 표시를 할 가능성이 농후하기 때문에 농산물만이 아니라 가공식품에도 유기농 인증제를 도입해야 한다고 주장했다. 아울러 수입된 유기가공식품은 해당 국가에서 받은 인증을 그대로 사용하고 있으며, 한글로 인증기관의 명칭, 인증내용을 표시하지 않고 외국어로 표시하고 있어 소비자가 이해하기 어려운 문제가 있다. 따라서 외국에서 유기농 인증을 받았어도 국내에서 철저한 검사를 통해 다시 인증을 받는 제도가 도입돼야 하고, 제품의 외국어 표시는 한글로 상세히 기술돼야 한다. 2004년도 현재 우리나라의 친환경식품은 약 4,000억 원 규모로 알려져 있으며, 매년 17% 이상 높은 성장률을 보이고 있고, 2006년도에는 6,700억 원 규모로 성장이 예상될 정도로 폭발적인 인기를 얻고 있다.

1.2 녹색기술 환경에 적합한 기능성 포장재

새로운 포장의 역할이라는 시점에서 포장을 보는 때, '기능성 포장' 혹은 '기능성 포장재'라는 것은 무엇일까? 우선 그 개념에 관해 설명한다.

'기능성 포장재' 혹은 '기능성 포장'이라는 말이 1985년경부터 왕성하게 쓰여지게 되었다. 따라서 '기능성 포장'이라는 용어는 정의와 적용범위에 이렇다 할 확실한 정설은 없으나, 관용적으로 넓게 사용되어 점차 정착하게 되었다.

포장의 다양한 기능에 관해서는 포장의 근대화가 진행되는 와중에 포장재료와 포장기법의 진보와 함께 오랫동안 논의되어 왔으나, 일반적으로는 구태여 '기능성'이라는 말을 사용하지는 않았다. 따라서 여기서 말하는 '기능성'이란 포장의 용도 측면에 있어서, 특히 우수한 지금까지는 없었던 새로운 기능을 나타내는 경우 혹은 일반적인 포장기능에 대해 더욱 효율적인 부가가치 기능이 부여되어 있다고 인정되는 경우를 더욱 강조하기 위한 의미를 지니고 있다. 이러한 개념에 상응하는 포장이 '기능성 포장' 즉 액티브 패키징(Active Packaging)로, 포장 재료로 말하자면 '기능성 포장재(機能性 包裝材)'가 되는 것이다.

한편, 1990년대에 들어와 폭넓은 관심을 모은 '기능성 식품'이라든가 '기능성 음료'가 등장하였으나, 이 기능성 식품의 '기능성'은 당초부터 명확한 정의가 내려져 있어 비교적 이해하기 쉽다.

식품에는 3가지 기능이 있다. 첫 번째는 생명을 유지하는 이해 필수불가결한 영양을 공급하는 기능이며, 두 번째는 맛있음이라는 생체의 오감에 호소하는 기능, 세 번째는 생리조정(활성)의 기능으로, '기능성 식품'이란 이 「생리조정(활성) 기능을 충분히 발휘할 수 있도록 제조된 식품을 기능성 식품이라고 한다」고 정의하고 있다. 결국 식품이 가진 생체방어, 체조조정, 생리활성 등이 생체에 대해 십분 발휘될 수 있도록 설계, 가공된 식품이 '기능성 식품'으로, 법률적으로는 영양 개선법에 정의된 '특허보건용 식품'으로 나라에서 허가(표시)된 것이라고 되어 있다. 따라서 다른 기본적인 기능과는 확실히 구별된다는 점에서, 기능성 포장에서 말하는 '기능성'의 개념과는 다소 차이가 있다고 말할 수 있다. 그러나 '기능성 포장'이라는 문구가 오늘날처럼 다용되어 정착된 것은 기능성 식품에 있어서 '기능성'과 결코 관련이 없다고 할 수 없다.

단, 앞서 말한 '기능성 포장'의 개념은 더욱 확대 해석되어, 우수한 포장성능과 개량된 포장기능을 포함해서 '기능성'이라는 문구가 범용적으로 사용되는 경향도 있다. 단순한 차별화의 목적으로 '기능성'을 사용하는 데에는 주의가 필요할 것이다. 포장에 요구되는 기본적인 기능으로는 전항에서 밝힌 것처럼 내용물의 보호성, 안전·위생성 및 판매상의 편리성이 중요하나, 최근에는 포장이 해야 할 새로운 역할로서, 환경보호에 대한 포장의 적합성 혹은 소비자와 유통사업자에 대한 정보전달 기능 등의 사회성에 있어서도 포장 기능에 덧붙여 논해지게 되었다.

2. 보호성 기능

포장이란「물품의 운송, 보관, 매매, 사용 등에 있어서 그 가치 및 상태를 보호하기 위해 적절한 재료, 용기 등을 실시한 기술 또는 실시한 상태, 이것을 개장, 내장 및 외장의 3종류로 크게 구분한다」고 정의한다.

그리고 포장은 소비자의 손에 건네기 위해 실시하는 포장을 소비자 포장 혹은 상업포장(소매를 주로 하는 상품 매매를 위해 실시하는 포장) 및 물품을 운송, 보관하는 것을 주목적으로 하여 실시하는 포장을 공업포장 또는 운송포장(내장 및 외장)이라고 분류하고 있다. 결국 취급, 목적에 맞추어 포장형태는 다르나 제품(상품)을 보호하는 기능이 가장 중요하다는 것은 말할 것도 없다.

포장의 보호기능은 물리적 보호성과 화학적 보호성으로 크게 구별된다.

① **물리적 보호성** : 물리적 보호성은 화물운송의 과정에서 받는 진동 또는 충격, 혹은 보관중의 적재 압축 하중 등의 외력으로부터 내용물은 물론 포장 자체의 파손, 손상, 변형을 방지하는 기능으로, 통상적으로 물리적인 강도 성능에 의해 평가된다. 운송의 과정에서 받는 충격, 진동, 압축 등의 응력의 완화에 대해서는 보조자재로서 각종 완충재(쿠션재)가 이용되고 있는데, 종래부터 발포폴리스틸렌 및 발포폴리에틸렌이 다용되어 왔으나, 최근에는 폐지를 효율적으로 사용한 펄프몰드가 주목되고 있다.

② **화학적 보호성** : 대기 중의 습기와 산소에 민감한 특히 식품, 의약품 또는 기호품 등의 포장에서는 방습 보호성 및 산소 차단성(가스배리어성)이 필요하다. 제품의 수분 변화가 변질, 변패를 앞당기는 상품에서는 특히 방습포장이 중요하다. 예를 들면, 건조식품이나 의약품 등의 유통과정에서 흡습되면 유지, 비타민 또는 색소성분 등의 산화, 분해, 갈변을 동반하는 고결, 경화가 진행되어 상품가치를 손상할 우려가 생긴다. 거꾸로 다수분계의 식

품에서는 건조에 의한 가치하락 및 변패가 일어난다.

유지식품(지방 함유량이 많은 식품)에서는 공기 중의 산소의 영향을 받아 과산화물(POV)가 증가해 기름 그을림이 일어난다. 이에 더해 산화가 진행되면 알데히드와 케톤 등의 유해물이 생성(변패)된다. 따라서 포장된 식품의 유지성분, 비타민류 및 색소성분 등의 산화에 의한 품질 열화를 방지하기 위해서는 용기포장의 산소가스에 대한 차단성이 우수한 이른바 '하이배리어 재료(저 가스투과성 재료)'에 의한 포장이 특히 요구된다. 식품의 산화는 자외선에 의해서도 촉진되기 때문에 차광 혹은 자외선 컷트의 포장이 바람직한 경우도 많고, 또한 가스치환(질소가스 충전)에 의해 포장 내의 산소를 제거하는 포장도 다용되고 있다.

(1) 산소차단 포장 :

식품의 품질열화 또는 선도의 저하는 산소에 의한 영향을 차단함으로써 방지할 수 있다. 포장식품에 있어서 일반적으로 행해지고 있는 함기포장, 즉 대기 중에서 충전 밀봉하는 경우, 포장 내에 들어간 산소는 탈산소제, 즉 산소흡수제의 봉입포장에 의해, 거의 흡수제거할 수 있으므로 포장밀봉한 후는 외기(外氣) 중의 산소(공기 중에 20% 포함)가 투과해서 포장 내에 침투하지 않도록 가스 차단성이 우수한 포장 재료를 이용해서 포장한다. 또한 질소가스를 사용한 가스치환포장에 있어서도 약간의 산소는 잔류하기 때문에 이 잔류 산소(0.5～1%)를 완전히 제거할 목적으로 탈산소제의 봉입포장은 극히 효율적이기 때문에 넓게 보급되어 있다.

탈산소제의 봉입에 의한 기능성 포장의 등장(1974년)과 새로운 하이배리어 포장재의 개발은 식품의약품포장에 있어서 보호기능을 한층 높이는 효과를 낳는다고 할 수 있을 것이다. 탈산소제에는 다양한 타입이 개발되어 있으나, 아스코르빈산(비타민 C) 등을 이용한 유기계의 것과 무기계의 활성철을 이용한 것이 있으며, 최근에는 철분계열의 것이 대부분이다.

탈산소제는 분말화 되어 통기성 있는 작은 파우치(1～3g들이)에 담아 포장용기 내에 봉입되나, 산소의 흡수가 자기반응형과 수분(습기) 의존형의 2종류가 있다. 전자는 산소흡수 반응에 필요한 수분이 미리 포함되어 있는 것으로, 공기에 닿음과 동시에 산소의 흡수가 시작된다. 그리고 후자의 수분 의존형은 식품에서 휘산하는 매우 적은 습기에 의해 산소의 흡수반응이 시작된다. 탈산소제의 봉입포장에서는 통상적으로 포장내의 산소는 약 24시간에서 0.01% 정도까지 흡수제거 된다.

(2) 하이배리어성 필름 :

수증기와 산소를 차단하여 제품의 품질보호를 행할 경우, 이들 기체에 대한 배리어 기능, 즉 투과성이 낮은 재료가 요구된다. 특히 식품, 의약품포장에서 유통과정에 있어서 내용품의 흡습 혹은 산화를 철저히 방지할 필요가 있는 경우, 예를 들면 상품의 광역유통이나 판매촉진을 위한 품질 향상, 유통기한 혹은 품질 유지기한의 설정조건 등에서 고도의 배리어 성능을 가지는 포장 재료 연포장 또는 반강성(半剛性)용기가 선정되는 일이 많다.

플라스틱필름 포장재의 식품포장에 요구되는 조건으로, 일반적으로 열거되는 ① 투명성, ② 하이배리어성, ③ 레토르트 적응, ④ 전자레인지 적응, ⑤ 환경적응 등의 모든 면에서 향상효과를 기대할 수 있어 세라믹 증착 필름이 주목을 모으고 있다.

(3) 방담성 필름 :

신선식품의 선도 유지를 목적으로 한 기능성 포장재로 방담성 필름이 청과물의 수분의 증산을 억제하고 또한 투습상태에 있어서 결로를 방지하는 목적으로 이용되어 왔으나, 특히 절단 채소 등의 포장이 보급되면서부터 방담성 필름의 수요가 확대되었다. 청과물 중에 포함되어 있는 수분은 분위기의 상대습도가 85～95% 이하가 되면 증산하고 점차 시들어 선도를 잃고, 가치가 떨어지기 때문에 상품가치를 잃게 된다.

선도 유지용 방담필름은 주로 지방산 에스테르계의 계면활성제를 PE 혹은 PP필름의 포면에 코팅하거나 또는 이들 수지에 소량 연입한 필름으로, 필름 표면을 친수성으로 유지하여 청과물부터 증산하는 수증기가 필름의 내면에 결로하여 내용물이 보이지 않는 것을 방지하고, 물방울의 응집이 원인으로 부패가 시작되는 것을 방지하는 효과가 있다. 이들 방담필름은 선도유지용 기능성 포장재로서 가장 많이 보급되고 있으며, 많은 메이커가 상시하고 있다.

(4) 가스투과성 필름 :

청과물의 밀봉 포장계에 있어서 호흡, 대사작용을 억제하여 선도를 길게 유지하기 위해 간편한 CA효과를 목적으로, 가스투과성을 가지는 필름 혹은 에틸렌 가스의 호흡기능을 가진 필름이 사용되고 있다. 청과물의 밀봉계에 있어서 호흡, 대사작용에 의해 포장 내의 산소가 감소하고, 탄산가스의 농도가 상승하나 호흡, 대사작용을 될 수 있는 한 억제하여 선도를 유지하기 위해서는 산소(3～5%)와 탄산가스(5～10%) 농도의 밸런스가 적당한 범위로 유지되도록 포장 내의 산소결핍의 방지 및 탄산가스를 확산시키기 위해 가스 투과성을 높인 가공필름이 개발되고 있다. 또한 비관통 구멍으로 일종의 엠보스 가공에 의해 가스 투과량을 갖가지 조절할 수 있는 기능성 필름(PE, CPP, PET 등)도 상시하고 있다.

청과물의 밀봉은 식물 호르몬의 대사에 의한 에틸렌 가스가 생성하기 때문에 이 에틸렌가스를 흡착제거할 목적으로는 제오라이트 등의 다공질(多孔質)계 광물의 분말을 연입한 PE필름이 이용되고 있다. 각종 청과물 각각에 적합한 이들 기능성 필름을 선택함으로써 간편한 CA효과를 기대할 수 있다고 예상된다.

3. 포장식품의 안전성

「Farm to table」, 농장에서 식탁까지 안전한 식품을 제공하자는 함축적인 말이다. 즉 안전한 식품을 만들기 위해 농・축・수산물이 생산・출하되는 단계부터 가공・유통까지 많은 단계를 거치는 전 과정을 통해 식품안전을 위협하는 요소들을 제어・관리하는 활동을 필요로 한다. 이를 위해 정부는 생산단계에서는 GAP, 이력추적제, HACCP 등의 제도를 도입하여 안전한 식품을 공급하기 위해 노력하고 있다. 그러나 아무리 원료에서부터 가공까지 철저한 관리를 통해 생산된다 하더라도 용기・기구・포장에서 유해물질이 유입된다면 「안전한 식품」은 기대할 수 없다.

식품위생법에 식품・식품첨가물 외에 용기・기구・포장까지 관리 대상으로 포함시킨 이유는 이와 같다. 최근 식품안전 문제가 지속적으로 제기되고 식품안전관리에 대한 사회적 요구가 강화됨에 따라 식품의약품안전청은 국내 유해물질 관리체계를 주요 선진국 수준으로 향상하기 위해 「조리기구 및 용기. 포장의 재질규격 강화와 가소제 규격 추가」 등 식품 중 유해물질 기준・규격 관리 중장기 계획을 수립하고 올해부터 본격 시행에 들어간다.

용기포장에 대한 현행법의 정의는 다음과 같다. 용기포장은 식품 또는 식품점가물을 넣거나 싸는 물품으로서 식품 또는 식품첨가물을 수수할 때 함께 인도되는 물품을 말한다. 현재 우리나라에서는 식품과 직접 접촉하여 식품으로 이행될 우려가 있는 유해물질에 대하여 기준규격을 설정하여 운영함으로써 국내 유통 중인 식품용 기구 및 용기 포장의 안전성을 확보하고 있다. 그 내용은 <참고 1>과 같다.

그리고 기술의 발달로 새로이 개발되는 신소재 재질의 기준 규격 신설을 통한 식품용 기구 및 용기포장 제품개발 및 산업 활성화에 기여하고 있다. 또한 국내 제조 기구 및 용기 포장류에 대하여는 동일 재질별로 3개월마다 1회 이상 기준규격 적합 여부에 대한 자가 품질검사를 실시하도록 관리하고 있으며, 수입되는 기구 및 용기 포장류에 대해서는 수입신고 시 마다 해당 지방 식약청장이 기준규격 적합여부에 대

〈참고 1〉 기구 및 용기 · 포장 기준 · 규격 관리

기구 및 용기 · 포장의 기준 및 규격 일부 개정고시(안) 행정예고

1. 개정 이유

기구 및 용기 · 포장의 효율적인 안전관리 체계 구축을 위하여 총칙, 공통기준 및 규격을 신설하여 분류체계를 개선하고, 국제기준과의 조화를 통한 기구 및 용기 · 포장의 안전 확보를 위하여 기구 및 용기 · 포장제조 시 사용되는 원료 유래 유해물질에 대한 안전기준을 강화하고자 함.

2. 주요 내용

가. 기구 및 용기 · 포장의 기준 및 규격 분류체계 개선(안 Ⅰ ~ Ⅳ)

(1) 수요자 중심의 공전신설을 위하여 기구 및 용기 · 포장에 대한 총칙 및 공통기준 및 규격 신설을 통한 분류체계 개선 필요

(2) 기구 및 용기 · 포장에 대한 “총칙”을 신설하고, 공통제조기준, 공통규격, 기준 및 규격의 적용, 적부판정 등이 포함된 “공통기준 및 규격”을 신설

(3) 현행 기구 및 용기 · 포장의 기준 및 규격 중 일반기준, 제조기준을 공통제조기준 및 공통규격으로 재분류

(4) 합성수지제(38종), 셀로판제 등 재질별 규격에 있던 항목별 시험법을 “기구 및 용기 · 포장의 시험법”으로 재분류하고, 시험법에 대한 “용어의 정의 및 단위” 신설

(5) 기구 및 용기 · 포장에 대한 총칙, 명확한 적부판정 기준 신설 등을 통한 효율적 안전관리 체계 구축

나. 합성수지제 등에 대한 안전기준 강화(안 Ⅲ. 1. 1-1, 1-4, 1-11, 1-29, 5, 7)

(1) 일부 합성수지제, 법랑, 금속제 제조 시 사용되어 식품으로 이행될 우려가 있는 유해물질에 대한 안전기준 마련 필요

(2) 폴리아미드 등 4종 합성수지제 기구 및 용기 · 포장제조 시 사용된 일차방향족아민 등 원료유래 유해물질에 대한 용출규격 추가 신설 · 강화

(3) 법랑 제조 시 유약성분으로 사용되는 안티몬에 대한 용출규격 추가신설

(4) 실리콘수지로 코팅된 금속제 기구 및 용기 · 포장에 대한 아연 용출규격 추가 신설

(5) 원료유래 유해물질에 대한 안전기준 강화 및 국제 기준과의 조화를 통한 국민 불안감 해소

다. 셀로판제, 종이제, 전분제 기구 및 용기・포장에 대한 납, 카드뮴 등 재질규격 재정비(안 Ⅲ. 2, 4, 8)

(1) 셀로판제, 종이제, 전분제에 공통적으로 규정되어 있는 납, 카드뮴 등에 대한 재질규격 재정비 필요

(2) 현행 셀로판제 등 3종 재질에 대한 재질규격 중 납, 카드뮴, 수은 및 6가 크롬 규격을 일반 기준으로 분리

(3) 재질 규격 재정비를 통한 효율적 안전관리에 기여

라. 주류를 담는 기구 및 용기・포장에 대한 침출용매(50% 에탄올) 추가(안 Ⅳ. 2. 2-6, 2-8, 2-19)

(1) 주류에 함유된 알코올 함량에 따라 기구 및 용기・포장으로부터 주류로 이행될 수 있는 유해물질 양이 상이할 수 있으므로 주류의 알코올 함량에 따른 침출용매의 세분화 필요

(2) 주류용 기구 및 용기・포장의 용출시험 용액 조제 시 알코올 함량이 20% 초과하는 주류에 대해서는 침출용매로 50% 에탄올을 사용하도록 개정

(3) 주류에 대한 침출용매 세분화를 통한 주류용 기구 및 용기・포장의 안전관리 강화

마. 합성수지제 등에 대한 재질규격 및 용출규격의 유효숫자 정비(안 Ⅲ. 1. 1-1∼1-38, Ⅲ. 2∼6, 8)

일관된 규격 적용을 위하여 재질규격 및 용출규격의 유효숫자 재정비

바. 목재류, 금속제 등 일부 재질에 대한 정의 자구수정(안 Ⅲ. 1. 1-18, 1-28, 3, 4, 5, 6)

3. 의견제출

「기구 및 용기・포장의 기준 및 규격」 일부 개정고시(안)에 대하여 의견이 있는 단체 또는 개인은 2012년 5월 14일까지 다음 사항을 기재한 의견서를 식품의약품안전청장(우편번호 : 363-700, 주소 : 충청북도 청원군 강외면 연제리 643번지, 참조 : 첨가물기준과, 전화 043-719-2506, 팩스 043-719-2500)에게 제출하여 주시기 바랍니다.

가. 예고사항에 대한 항목별 의견(찬・반 여부와 그 이유)

나. 성명(단체의 경우 단체명과 그 대표자의 성명), 전화번호 및 주소

다. 기타 사항

표 6-1. 국내 용기 · 포장재 생산 현황 (단위 : 출하액 10억원, 수출액 백만 불)

연도	식품				건강기능식품				식품첨가물				기구 및 용기 포장			
	업소수	품목수	출하액	수출액	업소수	품목수	출하액	수출액	업소수	품목수	출하액	수출액	업소수	품목수	출하액	수출액
02	19,253	24,157	30,864	1,510	0	0	0	0	402	752	586	164	1,172	1,210	2,680	207
03	17,672	22,885	18,548	1,328	0	0	0	0	432	807	676	217	1,179	1,217	2,540	242
04	19,638	25,044	27,186	1,409	236	869	226	20	480	892	669	225	1,219	1,254	2,733	318
05	21,623	27,340	26,934	1,632	283	1,279	633	41	514	1,071	664	219	1,237	1,275	2,834	321

※ 출처 : 2005년도 식품 및 식품첨가물 생산실적(식품의약품안전청)

한 정밀검사 등을 실시하여 시중에 유통 중인 제품에 대하여도 정기 또는 특별 수거 검사를 통하여 기준규격에 적합한 제품만이 유통되도록 관리하고 있다.

한편, 국내 용기·포장재 생산현황은 표 6-1과 같다.

수입식품에서도 안전성과 관련된 주의가 필요하다. 최근 수입식품이 크게 늘어나 동네의 작은 슈퍼에서도 쉽게 찾아볼 수 있다. 수입식품은 수출국에서 국내까지 들어오는데 시간이 많이 걸리므로 구입 시 특히 포장상태와 유통기한을 꼼꼼히 살펴야 한다. 수입식품의 포장이 파손되어 있으면 미생물 등이 침투해 내용물이 상했거나 고유의 풍미를 잃었을 가능성이 크다. 식품은 판매지의 형식에 따라 제조연월일 또는 유통기한을 반드시 표기하도록 하고 있으나 이를 따르지 않거나 스티커가 떨어져 나가 식별이 어려운 경우가 많다. 따라서 소비자들이 수입식품의 독특한 표시방식을 알고 사야 피해를 막을 수 있다.

국가별 또는 지방별로 각기 다른 수입 식품 유통기한 표시방식의 읽는 방법을 살펴본다.

표 6-2. 기구, 용기, 포장지 생산현황

품목명	생산현황		
	생산능력	생산량	생산액
합성수지	2,077,340	1,411,094	1,454,632,605
셀로판	4,252	3,547	4,209,843
고무제	1,020	950	5,405,551
종이 가공지	766,492	371,404	505,200,259
금속제	165,818	65,043	295,235,201
금속판	392,801	134,857	368,595,089
목재류	553	409	953,800
유리 도자기 법랑	530,103	444,780	228,063,231
전분제	1,220	116	6,744,678
소 계	3,939,599	2,432,200	2,869,010,257

생산능력, 생산량 : 톤, 생산액 : 천원

표 6-3. 옹기류 생산현황

품목명	생산현황		
	생산능력, 톤	생산량, 톤	생산액, 천원
독 항아리	7,135,983	1,546,002	750,685,532
뚝배기	84,399	5,397	2,104,467
기타	349,723	12,668	502,578,755
소계	7,570,105	1,564,067	1,255,368,754

■ 1097LJ23

처음 두 자리는 월, 두 번째 두 자리는 연도, 영문글자는 제조 코드, 그 뒤의 숫자는 날짜를 나타낸다. 유통기한은 97년 10월 23일까지이다.

■ M9609411

M은 제조일, "9 6"은 1996년, "094"는 1년 중 94번째 날인 4월 4일을 나타내고, 11은 11번째 생산라인에서 제조했다는 뜻이다. 제조일로부터 언제까지 유효한지 별도 표기를 살펴봐야 한다.

■ PRO02FEB96, EXP01FEB97

PRO(P)는 제조일, EXP(E)는 유통기한을 나타낸다. FEB는 2 월의 영문표기 약자다. 즉 96년 2월 2일이 제조일이고, 97년 2월 1일이 유통 기한이다.

■ I6H30

I는 알파벳 순서로 9번째이므로 9월을 뜻하고, 6은 1996년, H는 공장표시다. 이 표기는 96년 9월 30일이 제조일이다.

4. 식품포장의 이유

"질소를 샀는데 과자가 따라 왔어요." 여러분들도 이런 우스갯소리를 들으신 적 있으신가요? 커다란 과자봉지에 비해 터무니없이 양이 적은 과자의 과대포장을 나타내는 말입니다. 그렇다면 대체 과자 봉지에 질소 충전이 필요한 이유는 무엇일까? 우리는 무심코 이용하고 있지만, 사실 식품 포장에도 안전과 과학이 숨어 있다.

(1) 콜라와 주스의 페트병이 다른 이유 :

주스는 고온에서 살균한 다음 페트병에 채우기 때문에 병의 변형을 막기 위해 병 입구 부분을 열처리한다. 따라서 병의 입구 부분이 흰색을 띠게 된다. 그리고 고온에서 살균된 주스가 병 속에서 냉각될 때 병이 수축될 우려가 있기 때문에 보다 두꺼운 재질의 페트병을 이용한다. 하지만 주스병과 달리 탄산음료의 페트병은 내부의 압력을 견디면서도 내부의 탄산가스가 외부 온도의 상승에 따라 팽창하면서 병이 변형되는 것을 방지하기 위해 유선형 몸체와 울룩불룩한 바닥을 가지고 있다.

(2) 과자봉지의 질소충전 이유 :

과자 봉지 속 질소의 역할은 과자가 부서지는 것을 방지하고, 내용물의 산화를 막는 것이다. 봉지에 담긴 과자는 기름에 튀긴 것이 많아 공기를 만나면 쉽게 산화 반응이 일어나 맛과 색이 변질될 수 있다. 하지만 질소는 비활성 기체로써 반응성이 매우 낮아 화학반응을 잘 일으키지 않기 때문에 과자 고유의 맛을 오래 유지할 수 있다. 하지만 과유불급이란 말도 있듯이, 2013년 7월부터 과자 봉지의 빈 공간이 전체의 35%를 넘으면 과태료를 부과한다.

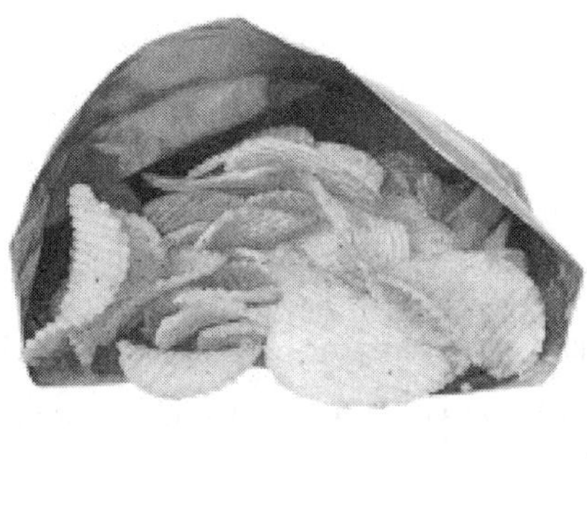

(3) 참기름 병이 갈색인 이유:

참기름 병이 갈색인 이유는 기름의 산화와 관련 있다. 갈색 병은 직사광선을 차단시켜 빛에 의한 참기름의 산화를 억제시켜 기름의 변질을 막아주기 때문이다. 사실 참기름은 다른 기름에 비해 불포화지방산이 높아 산화에 대한 안정성이 아주 높기 때문에 투명한 병을 사용해도 큰 문제가 없다. 하지만 혹시 모를 산패로 인해 안전성이 떨어질 우려가 있기 때문에 갈색 병을 많이 이용하고 있다고 한다. 그리고 참기름은 직사광선을 받지 않는 서늘한 곳에서 보관하는 것이 좋다.

(4) 레토르트식품은 포장상태로 가열해도 안전한 이유:

레토르트 식품이란 식품을 밀폐용기에 담아 레토르트라는 기계를 이용해 고온 살균한 것으로 소비자가 즉석에서 간편하게 데워 먹을 수 있다. 보존성이 높고 휴대성이 높아 다양하게 이용되고 있다. 대표적으로 즉석 카레, 수프, 죽 등이 있다. 이 때 레토르트 식품을 가열하기 위해 포장된 채로 끓는 물에 넣거나 전자레인지에 넣더라도 그 온도가 100℃를 넘지 않아 레토르트 용기의 내열 한계를 넘지 않기 때문에 안전하게 이용할 수 있다. 또한 포장지에 이용된 합성수지는 전자레인지의 마이크로파에 영향을 받지 않기 때문에 안심해도 된다.

(5) 껌과 초콜릿의 은박지포장 이유:

껌과 초콜릿을 싸고 있는 알루미늄 은박지는 내열성과 내구성이 강하기 때문에 제품의 안정성을 높일 수 있다. 껌의 주원료인 껌 베이스는 습기에 노출되거나 열을 받게 되면 물렁물렁해지는데, 은박지로 싸게 되면 이를 방지하면서 껌의 향이 빠져나가는 것을 막을 수 있다. 그렇기 때문에 자일리톨 껌은 표면이 딱딱하게 코팅되어 있어

따로 은박지 포장을 하지 않아도 된다. 초콜릿 역시 습기를 막아주면서 열 전달율을 높여 초콜릿이 녹는 것을 막아 초콜릿을 최적의 상태로 유지하기 위해 은박지를 이용한다.

제 7 장

식품포장(Food packaging)

'식품포장(食品包裝)'이란 식품의 수송, 보관, 진열 등에 있어서 그 가치 및 상태를 보호하기 위하여 플라스틱 필름, 성형병, 용기, 나무상자, 종이, 지함, 유리병, 금속캔, fiber-board 관, 종이포대, 봉합재료, 결속재, 접착재, 완충재, 인쇄재료, 기타 포장재료에 의한 식품의 포장을 말한다. 현재 포장식품의 대부분은 플라스틱 재료가 많이 사용되고 있다. 또한 식품의 수송(유통성), 식품의 보존(변패 및 품질보존), 작업적 성질(취급성), 위생, 간편한 성질(편리성), 경세성 등 상품의 질을 높여 주는 데 그 목적이 있다. 즉, 식품포장의 목적은 첫째로 내용물의 보호이며, 두 번째가 판매촉진 기능이지만, 최근에는 판매촉진 기능이 더욱 부각되고 있다. 포장은 흔히 "말없는 세일즈맨"으로 일컬으며, 보통 소비자가 한 가지 제품을 눈으로 보는 시간은 1/100초 정도에 불과하다는 실험결과가 있다.

1. 포장방법

일반적으로 포장의 목적을 달성하기 위하여 포장을 낱포장, 속포장, 겉포장의 3가지로 구분한다.

① **낱포장**(個裝, 單位包裝, unit package) : 물품 각각의 포장을 말하며, 식품의 상품가치를 높이거나 보호하기 위하여 적합한 재료 및 용기 등으로 물품을 포장하는 방법 및 상태를 말한다.

② **속포장**(內裝, inner package) : 포장된 화물(貨物)의 내부포장을 말하며, 물품에 대한 수분, 습기, 광선, 열, 충격 등을 방지하기 위하여 적합한 재료 및 용기 등으로 물품을 포장하는 방법 및 상태를 말한다.

③ **겉포장**(外裝, outer package) : 화물의 바깥포장을 말하며, 물품을 포장, 포대, 금속 등의 용기에 넣거나, 사용하지 않고 그대로 묶어서 기호 또는 화물 표시하는 방법 및 포장한 상태를 말한다.

2. 포장의 3대 기능

일반적으로 근대적인 의미의 포장은 목적, 기능과 사명이 부여되고 있지만, 요약하면 다음과 같은 3가지로 구분된다.

(1) 내용물의 보호기능(protection)
(2) 취급의 편리(handling convenience)
(3) 판매의 촉진기능(sales promotion)

3. 식품포장의 의식

식품포장은 근래에 학문으로 확립되었으나, 예전에는 포장이라기보다는 식품을 어떤 용기에 넣어 보관(保管)하거나 또는 저장(貯藏)하는 하나의 생활수단으로 인식되었다. 그러나 소득이 늘어가면서 우리의 생활이 의식주의 순서에서 식의주의 순서로 질적인 향상을 이루게 되었다. 식생활에서는 전분계(澱粉系)에서 우유, 육류와 지방으로 변화되는 경향이 식량통계나 FAO 등의 자료에서도 쉽게 찾아 볼 수 있다. 이것을 유통 측면에서 보면 국지적에서 광역화로, 상온에서 저온으로, 무포장에서 보존포장으로 발전되고 있다. 보전포장의 개발은 식품의 광역유통을 가능하게 하였고, 유통에 있어서 위생적인 상태를 유지할 수 있게 되었다.

식품포장은 두 가지 분야의 전문적인 지식과 학문이 필요한 데, 첫째가 식품(food)에 대한 학문이고, 두 번째가 포장에 대한 학문이라고 할 수 있다. 그러므로 식품을 포장하기 전에 식품에 대한 충분한 성질을 알아야 하며, 이에 대한 구체적인 분야인 식품재료학, 식품가공학, 식품화학, 식품미생물학, 발효학, 영양학, 식품위생학, 식품분석학, 식품공학 등을 알아야 포장에 임할 수 가 있다.

4. 포장의 방법개선 및 상품전략

포장의 3대 기능 중에서 전통식품에서 중요하게 취급되어야 할 내용의 중심은 ① 안전성, ② 작업성, ③ 수송 적합성 등이 우선적으로 고려되어야 한다. 그러나 역시 소비자의 기호와 전통식품에 대한 인식을 높이기 위해서는 판매촉진 기능 중심의 ① 식별성, ② 광고, ③ 판매효율, 브랜드 이미지 및 sales promotion이 중점적으로 취급되어야 한다. 따라서 두 개의 기능(보호기능 및 판매촉진 기능)을 합하여 제품의 ① 판매목적, ② 판매대상, ③ 제품특성, ④ 포장형태에 따라서 효과적인 포장설계를 적용하는 것이 가장 바람직하다.

5. 포장재료

5.1 플라스틱류

(1) 폴리에틸렌(Polyethylene, PE)

- LLDPE(선상저밀도 폴리에틸렌)
- LDPE(저밀도폴리에틸렌)
- MDPE(중밀도폴리에틸렌)
- HDPE(고밀도폴리에틸렌)

대표적인 종류는 위와 같으며, 특징은 공기(산소와 이산화탄소 등)에 대한 차단성이 아주 낮지만, 수분 차단성이 매우 우수하며, 가격이 저렴하다. 특히 부드럽고, 인체에 거의 무해하다.

(2) 폴리프로플렌(Polypropylene, PP)

- 무연신 PP : 폴리에틸렌과 유사한 특징을 갖고 있다.
- CPP : 일축연신 PP라고도 하며, 필름을 압출하여 롤에 감을 때, 감는 방향 한 방향으로만 연신시키는 것이 특징이다.
- OPP : 이축연신 PP라고 하며, 필름을 압출하여 롤에 감을 때, 가로와 세로 두 방향으로 연신시키는 것이 특징이다.

PP는 PE에 비교하여 투명도는 높지만, 저온에서 쉽게 파손이 발생하며, 핀홀이 쉽게 발생한다.

(3) 폴리비닐크로라이드(Polyvinylchloride, PVC)

용기와 랩(wrap)에 사용하는 PVC는 VCM(vinyl chloride monomer)가 발암성물질로 밝혀져 사용이 금지되었다.

(4) 폴리스틸렌(Polystyrene, PS)

- EPS(expendable polystyrene): 발포폴리스티렌이라고 하며, 보온성, 신선도 유지, 차단성으로 인한 보습효과 등이 우수하다. 장기저장용 과채류의 포장재로 적극적으로 고려되고 있으며, 상품성을 더욱 향상시키기 위하여 골판지대신에 EPS 상자로 대체가 이루어지고 있다.
- OPS : oriented PS
- CPS : casted PS
- PSP : PS paper

가공식품 분야의 용기(구운 김, 한과, 과자류, 스낵류, 요구르트병 등)로 다량이 사용되고 있다. 특히 농산물 박스, 수산물, 축산물 박스와 슈퍼 등에서 진열용 트레이(상추, 마늘, 과일, 호박, 딸기 등)는 물론 선물용 상자와 내부 성형용기에 사용하고 있다. 따라서 국내 식품포장산업의 실태를 고려할 때 PS계열, 특히 EPS의 적극적인 용도 개발, 대국민 홍보(무해성, 안전성, 환경에 대한 문제점 등)가 필요하다.

(5) 나일론(Nylon)

- 무연신 N : 공기 차단성이 아주 높으며, 가격이 아주 비싼 것이 특징이다.
- CN : 일축연신 나일론
- ON : 이축연신 나일론

(6) 폴리에스테르(Polyester)

- PET : 용기와 필름의 재료로 광범위하게 사용되고 있으며, 나일론과 비슷한 특징을 갖고 있고, 투명성이 아주 우수하다.

(7) 폴리비닐리덴크로라이드(Polyvinylidene chloride)

- 공기와 수분의 차단성이 매우 높지만, 가격이 다소 비싸다.

(8) 에틸렌비닐알콜(Ethylene vinyl alcohol, EVA)

- 공기와 수분의 차단성이 매우 높고, 유연성도 높은 것이 특징이다.

(9) 폴리카보네이트(Polycarbonate, PC)

(10) 셀로판(Cellophane)

- 플라스틱이 아니며, 목재에서 가공한 원료로 제조한다.

5.2 포장재의 최신 세계 동향

기능성 포장재 개발이 활발하게 추진되고 있으며, 주요 기능으로는 신선도 유지, 기능성 소재, 생리활성물질의 보호기능 등이 강조되고 있다. 따라서 새로운 포장재에 요구되는 특성은 위생안정성을 부여하는 포장, 환경에 친화적인 포장, 자원 절감형 포장 및 재활용이 가능한 포장 등으로 요약할 수 있다.

1) 금 속

19세기 초에 프랑스의 Appert 등이 양철판을 원통형으로 가공하여 통조림 용기를 제조하면서 금속이 식품의 포장 재료로 사용되기 시작하였다. 주로 강철, 알루미늄, 주석과 크롬 등이 사용되고 있다.

- 양철관
- TFS관
- Al foil관
- Three piece can
- Two piece can(타발관)
- Al tube

2) 유 리

제조공정에 따라 다음과 같은 두 가지 제조방법이 적용되고 있다.

① 원료배합 → 용해 → 성형 → 서냉 → 검사 → 제품

② 원료배합 → 용해 → 성형 → 서냉 → 인쇄 → 소부 → 검사 → 제품

Parison formation 공법은 blow and blow 방법과 press and blow 방법으로 나누어진다. 유리를 강화시키는 방법은 여러 가지가 알려져 있으며, 대표적인 방법은 다음과 같다.

- 산처리법 : 크리스탈 유리, 황산, HF
- 표면 도공법 : 주석이나 계면활성제를 도공함.
- 화학처리법 : 소다성분과 리듐을 이온교환법으로 첨가함.
- 연처리법 : 압축강도와 인장강도를 부여함.

표 7-1. 대표적인 종이의 분류와 특징

대분류	중분류
판 지	골판지 원지, 백판지, 색판지, chip board, 건재원지, 지관원지
양 지	인쇄용지, 포장용지, 박엽지, 필기 및 도화용지, 신문용지, 잡종지 등
화 지	창호지, 반지, 선화지, 휴지, 지견 등
기 타	화학섬유지, 합성지 등

3) 종 이

종이는 크게 판지, 양지, 화지와 기타로 분류한다. 대표적인 종이의 분류와 특징은 표 7-1에 정리하였다.

몇 가지 대표적인 종이의 특징은 다음과 같다.

(1) 판 지

골판지 원지 : 평량은 180～440g/m^2 정도의 원지를 사용하며, 라이나 및 중심원지로 사용한다.

① **백판지** : 마닐라판지와 백판지로 나누며, 전자는 접는 상자, 식품 및 화장품 등의 포장에 사용한다. 평량 200～300g/m^{2}의 원지를 사용한다. 백판지는 세제, 장난감, 과자 등의 상자, 유리병, 마개, 승차권 등에 사용되고, 평량 200～400g/m^{2}의 원지를 사용한다.

② **황판지** : 볏짚과 펄프를 원료로 제조하며, 값이 싼 조립상자와 표지 등에 사용한다.

③ Chip board : 신문이나 잡지 등의 헌 종이를 원료로 제조한 재생종이로 만들고, 조립상자나 지관 등에 사용한다. 평량 310～600g/m^2 정도의 원지를 사용한다.

④ **지관원지** : 종이, 금속박, 직물 등을 말아 감기위하여 사용하며, 평량 300～700g/m^{2}의 원지를 사용한다.

(2) 양 지

① **인쇄용지** : 인쇄용지는 배합종류에 따라 상질지, 중질지, 하급지로 분류한다.

② **포장용지** : 포장용지의 종류는 크라프트지, 로울지, 모조지 등이 있다. 크라프트지는 지질이 극히 질기며, 유연성과 인쇄적성이 좋아 공업용 포장 재료로 사용된다. 로울지는 한쪽 면에 광택이 나도록 처리한 것으로, 종이포대나 포장지용으로 사용한다. 모조지는 화학펄프에 백토를 섞지 않고 만든 종이로서 지면의 평활도(平滑度)가 좋으며, 지질강도도 있으며, 광택이 우수하다. 주로 사무용지와 약봉지 등으로 사용한다.

③ **박엽지** : 박엽지는 글라이신지, 라이스지, 타이프지, 카본지, 콘덴서지 등이 있다. 글라이신지는 반투명성 광택이 있으며, 핀홀이 적고, 내유성이 우수하기 때문에 식품포장지로 많이 사용되고 있다. 25～30g/m^2 정도의 평량을 갖고 있으며, 양과자, 비스킷, 빵, 냉장식품, 약품포장, 용기의 내부포장 등에 사용한다. 내습성 글라이신지는 어류와 채소류의 포장에도 사용한다.

④ **가공지** : 황산지, 파라핀지, 아스팔트 가공지, 각종 플라스틱 가공지, 금박 및 은박지 등이 있다.

(3) 골판지(板紙)의 종류

골판지의 시트를 나누면 편면(片面) 골판지, 우면(雨面) 골판지, 이중우면(二重雨面) 골판지 등 3가지로 분류된다.

① **편면 골판지** : 파상(波狀)의 골을 만들어 골 심지(芯紙)의 한 쪽에 라이너 원지(原紙) 한 장을 붙여서(첨합, 添合)된 형태의 종이를 편면 골판지라고 한다.

② **우면 골판지** : 양면 골판지는 편면 골판지의 붙어 있지 않은 쪽에 또 하나의 라이너 원지를 접합하여 제조한다.

③ **이중우면 골판지** : 일반적으로 A골과 B골을 조합하여 만든다. 그 외에 AE골 조합과, B, E골 조합이 있으나, 우리나라에서는 아직까지 생산되지 않고 있다. 또한 이중양면의 한 쪽에 편면 골판지를 접합하여 만든 골판지를 삼중골 판지라고 하는데, 이것은 초중량물의 수송용으로 사용한다.

(4) 골판지의 구조적 비교

① **A골 우면** : 골의 수가 적고, 두께가 B골에 비해 두껍기 때문에 완충성(緩衝性) 및 내압력성(耐壓力性)이 강하여 20kg 이내의 비교적 경량인 내용물에 대해서는 대부분 A골 양면을 사용하고 있다.

② **B골 우면** : 골의 수가 많고, 두께도 얇기 때문에 완충성은 적지만 견고한 촉감이 있으며, 골의 찌그러짐이 어렵기 때문에 특히 상자의 치수에서 오차(誤差)가 적고, 내용물이 움직이면 문제가 되는 통조림 등의 제품을 포장하는 상자를 제조할 때 사용한다. 또한 요구되는 강도(强度)를 유지하기 위하여 치수의 정확성을 필요로 하는 속포장, 낱개포장 상자 등에도 B골을 사용하는 것이 효과적이다.

③ **이중우면(A, B골)** : 주요 용도는 다음과 같다.

- 대형상자 및 중량물용 상자
- 깨지기 쉬운 물건
- 상자의 내압력이 필요한 물건

이중우면은 특수한 경우를 제외하고는 B골 쪽을 외부로 향하게 한다. 이것은 외부에 대해서 B골이 견고하고, 내부에는 A골의 완충성으로 내용물을 보호하기 위해서이다.

(5) 골판지의 사용상 분류

① **속 포장용 골판지** : 골판지 상자를 겉 포장 재료로 사용할 때는 KS A 1531(겉 포장용 골판지 상자)에 규정되어 있는 포장규정을 기준으로 재질을 선택하고, 수출용인 경우는 수출검사법(법률 제2514호) 규정에 따르는 것이 바람직하다.

② **상자의 형식 및 부속구조** : KS에서 지정한 골판지 상자의 형식은 KS A 1003(골판지 상자와 합판지 상자의 형식)에 따라서 A형, B형, C형, D형으로 분류하고 있다. A형은 A-1부터 A-5까지 5종류, B형은 B-1에서 B-6까지 6종류, C형은 C-1에서 C-3까지 3종류, D형은 D-1에서 D-3까지 3종류로 다시 세부적인 분류가 되어 있다.

6. 유연포장

가장 일반적인 포장방법인 유연포장(flexible packaging)의 종류는 다음과 같다.

① **함기포장** : 대기가스의 조성이 그대로 포함된 상태로 포장하는 방식이며, 건조채소, 나물류 일부, 라면 및 스낵류가 포함된다.

② **진공탈기포장** : 포장재료 내부에 포함된 공기의 절대량을 줄이는 방식이다.

③ **가스충진포장** : 포장재 내부에 포함된 공기를 외부로 방출시키고, 질소나 이산화탄소 또는 이들의 혼합가스를 대신 채워 넣는 방식을 말한다. 감자, 양파링, 소시지, 햄류, 가공식품이나 1차 산물 같은 스낵류에 적용하고 있다.

④ **탈산소제 봉입포장** : 포장 내부에 잔류하는 산소로 인하여 발생 가능한 산화와 산패를 줄이기 위하여 적용한다. 약과 등의 한과류와 구운 김 같은 지용성 식품과 발효식품에 주로 적용하고 있다.

⑤ **가열살균포장** : 대부분 진공포장과 병용하고 있으며, 레토르트 포장 및 통조림류에 적용하고 있다.

⑥ **냉장포장** : 포장한 식품을 5℃ 이하, -1℃ 이상의 온도에서 유지시켜 미생물과 효소의 활성을 낮추어 식품의 신선도를 유지하기 위한 포장방식이다.

⑦ **냉동포장** : -15℃ 이하의 온도에서 포장한 식품을 유지시켜 미생물과 효소의 반응을 정지시키고, 기타 식품의 변질을 초래하는 물리화학적인 반응도 정지시켜 비교적 장기간 저장 유통하는 방식이다.

⑧ **무균포장** : 식품제조의 초기에 미생물의 농도나 오염도를 낮게 유지하여 유통기간 및 품질 유지기간을 연장하는 포장방식이다.

6.1 농산물 포장

1997년도에 한국은 과실류 2,207천 톤, 과채류는 579천 톤, 엽채류 3,156천 톤, 근채류 1,711천 톤, 조미채소 1,803천 톤을 생산하였으나, 급속하게 증가하고 있다.

(1) 국내 유기가공품 인증 실적 및 수입 현황

최근 국민소득 증가와 식품 안전에 대한 소비자의 관심이 높아지면서 유기 가공품에 대한 수요도 증가하고 있다. 또한 친환경 농가의 새로운 소득 기반으로 친환경 농산물 생산뿐만 아니라 가공식품 생산을 통한 부가가치 창출이 부각되고 있다.

농림부가 추산하고 있는 국내 유기 가공식품의 시장 규모는 2005년 기준으로 약 1106억 원으로 유기 농산물 시장의 약 3.5배 규모로 추산되고 있으며, 앞으로 유기가공식품 시장이 지속적으로 성장할 것으로 전망된다.

유기 가공식품 관련 제도는 농산물가공산업육성법에 근거한 유기 농산물 가공품 품질 인증제와 식품위생법에 근거한 일반 유기 가공식품 표시제로 이원화되어 있다. 우선 농산물가공산업육성법에 근거한 유기 농산물 가공품 품질인증 제도는 친환경농

표 7-2. 국내 유기 가공품 품질인증 실적[단위 : 건, 톤(%)]

구 분	2004년		2005년		2006년	
	건 수	출하량	건 수	출하량	건수(비중)	출하량(비중)
다 류	7	10	15	14	44(22.7)	472(42.8)
음료류	5	1,045	9	143	13(6.7)	425(38.5)
김치절임류	15	80	34	56	41(21.1)	25(2.2)
조미식품	7	0	16	4	36(18.6)	14(1.3)
기 타	4	204	25	20	60(30.9)	167(15.2)
계	38	1,340	99	235	194(100.0)	1,103(100.0)

*주 :1) 기타 품목에는 참기름, 들기름, 고춧가루, 청국장가루, 식초 등 다수를 포함함.
자료 : 국립농산물품질관리원(2007)

업육성법에 의해 유기 재배 인증을 받은 국내산 농산물(원재료의 95%)로 제조・가공된 녹즙 또는 주스류, 녹차류, 분말류, 기타 품목을 대상으로 하고 있다.

(2) 유기 가공품 품질 인증 194건에 1103톤으로 다류가 가장 많다.

2006년 말 기준 국내 유기 가공품 품질인증 실적은 총 194건에 1103톤이다. 한편 국내 유기 가공품 인증 실적은 2004년 1340톤에서 2005년 235톤으로 급격하게 줄어들었다가 2006년에 다시 회복세를 보이고 있는데, 그 이유는 2005년에 풀무원의 유기 가공품 인증을 취소하면서 인증 물량이 급격하게 줄어들었기 때문이다(표 7-2).

품목별로 보면 다류가 44건에 472톤(42.8%)으로 출하량이 가장 많고, 다음으로 음료류가 13건에 425톤(38.5%), 김치・절임류가 41건에 25톤(2.2%) 등의 순으로 나타났다.

■ 유기 가공식품 수입 급증, 국내 유기 가공품 인증 물량의 10배

식품위생법 제10조 관련 '식품 등의 표시기준'에서 정한 규정에 의거한 유기 가공식품의 수입 현황을 보면 2001년에 169건, 746톤, 181만 달러(약 17억 원) 규모에서 2006년에 2690건, 1만1469톤, 2664만 달러(약 253억 원)로 연평균 71~73%의 급격한 성장세를 기록하고 있다(표 7-3).

유기 가공식품 수입 물량은 국내 유기 가공품 인증 물량의 10.4배에 달하는 것으로 파악되어 앞으로 국내 유기 가공식품 개발 및 육성을 통해 수입품 위주의 유기 가공

표 7-3. 유기 가공식품 수입현황

연 도	건 수	물량(톤)	금액(만 달러)	주요 수입국
2001	169	746	181	미국, 뉴질랜드, 일본, 프랑스
2002	395	1,102	319	독일, 미국, 일본, 오스트리아, 프랑스
2003	796	1,819	519	미국, 독일, 영국, 프랑스, 일본
2004	1,801	4,674	1,313	미국, 독일, 프랑스, 영국, 일본
2005	2,398	7,469	3,287	미국, 프랑스, 이태리, 독일, 오스트리아
2006	2,690	11,469	2,664	미국, 오스트리아, 프랑스, 이태리, 독일

*주 : 식품위생법 제10조 '식품 등의 표시기준'에서 정한 규정에 따르면 최종 제품에 유기농산물이 95% 이상 함유되어 있어야 제품명에 "유기" 또는 이와 유사한 용어를 사용할 수 있도록 되어 있음. 따라서 유기 가공식품 수입현황은 제품명에 "유기"가 포함된 것을 기준으로 작성된 것으로 실제 수입현황과는 차이가 있을 수 있음.

자료 : 식품의약품안전청(2007).

식품 시장을 재편할 필요가 있다. 우리나라는 2003년 처음으로 수입 유기 농산물을 인증한 이래 수입 유기농산물 인증 물량이 급속도로 증가되고 있다. 2006년 수입 유기 농산물 인증 면적은 2003년 2327ha에서 4만9374ha로 21배나 증가하여 국내 친환경 농산물 인증 면적의 65.8% 수준에 이르렀다. 그러나 사료용을 제외한 실제 유기 농산물 수입량은 6843톤으로 2005년 대비 19.5% 정도 감소했고 이는 국내 친환경 농산물 인증물량의 0.6% 정도로 미미한 수준이다.

인증기관별 실적을 보면 (주)코악스가 1만 276ha에 3629톤으로 전체 수입량의 53%를 차지하였으며, 돌나라유기 인증이 2만 2546ha에 2309톤(33.7%) 오씨케이 765톤(11.2%) 등으로 조사됐다.

수입국별 유기 농산물 수입 현황은 중국에서 수입하는 물량이 전체 수입 물량의 57.3%인 3,919톤으로 대부분을 차지하며, 그밖에 키르키스탄 1235톤(18.0%) 뉴질랜드 924톤(13.5%) 등의 순으로 조사되었다. 주요 수입 품목은 대두가 2479톤으로 전체 수입 물량의 36.2%를 차지하고, 그 밖에 밀 1235톤, 옥수수 955톤, 키위 924톤, 바나나 729톤 등으로 나타났다.

■ 친환경 농업인의 46.9%가 주로 농협 및 농업 법인과 거래

2006년 말에 공표된 '2005 농림어업총조사'에서는 친환경 농업을 실천하고 있다고

응답한 경영주의 주요 거래처를 조사하였다. 이 조사에서 친환경농업 실천 경영자 수는 친환경 농산물 인증 농가 7만 9635가구보다 많은 총 8만 7199명으로 파악되었다. 비록 이 조사를 통해 친환경 농가와 거래처 간의 정확한 친환경 농산물 거래 물량을 파악할 수는 없지만 생산된 친환경 농산물의 유통경로를 파악하는 데 도움이 될 수 있다.

친환경 농업 실천 농업인의 주거래처 조사 결과 농협 및 농업 법인의 거래 비중이 46.9%로 가장 높았고, 통신 및 방문판매 등 개인 소비자와의 거래가 19.6%로 뒤를 이었다. 한편, 도매시장과의 거래 비중도 10.6%로 친환경농산물 전문유통업체 6.6%보다 많은 것으로 나타나, 친환경 농산물 생산량이 급격히 증가하면서 도매시장이 친환경농산물 취급에 중요한 역할을 담당하고 있는 것으로 보인다.

■ 2006년 국내 친환경 농산물 시장규모 1조 3106억 원

친환경 농산물 시장 규모는 친환경 농법별 재배 면적에 단수를 적용해 생산량을 추정하고, 농법별로 시장으로 판매되는 양을 추정한 후 유통업체의 수수료, 유통 비용, 판매 가격 등을 고려해 개략적으로 추정했다.

2006년 기준 친환경 농산물의 시장 유통 규모 추정 결과 곡류의 유통 규모는 약 3678억 원으로 전체 친환경 농산물 유통 규모의 28.1%를 차지했고, 이 중에서 쌀이 2923억 원으로 추정됐다. 또한 채소류는 4081억 원으로 전체 유통 규모의 31.1%로 가장 큰 비중을 차지했고, 과실류가 전체 유통 규모의 24.2%인 3178억 원으로 뒤를 이었다. 그밖에 특작류의 경우 버섯의 친환경 농산물 인증이 급격히 증가하면서 1953억 원(14.9%)으로 비교적 많은 비중을 차지하였고, 서류가 216억 원(1.6%)으로 추정되었다. 따라서 2006년도 우리나라 친환경 농산물 시장에서 거래되는 총 규모는 1조 3106억 원에 달하는 것으로 추정된다(표 7-4).

표 7-4. 친환경인증 농산물의 시장 유통규모(2006년 기준, 단위 : 억원, %)

구 분	곡 류		채소류	과실류	서류	특작류	계
		쌀					
유통규모	3,678	2,923	4,081	3,178	216	1,953	13,106
비중(%)	28.1	22.3	31.1	24.2	1.6	14.9	100.0

자료 : 한국농촌경제연구원(2007)

■ 2020년 국내 친환경 농산물 시장 규모 8조8,633억 원

친환경 농산물의 향후 시장 유통 규모는 친환경 농업의 발전 속도에 따라 크게 달라질 것이다. 따라서 향후 2020년까지의 친환경 농산물 시장 유통 규모 전망치는 친환경 농산물 시장(소매 단계)은 지속적으로 성장하되 생산량이 증가함에 따라 성장세가 점차적으로 둔화될 것이라는 가정 하에 추정했다.

이 경우 2007년의 친환경 농산물 거래 규모는 2006년 대비 27% 정도 증가한 1조 6651억 원, 2010년에는 2006년 대비 2.4배 정도 증가한 3조 1974억 원으로 추정되었다. 또한 2013년에는 4.1배 정도 증가한 5조 4,050억 원, 2015년에는 5.4배 증가한 약 7조208억 원, 2020년에는 6.8배 증가한 8조 8633억 원으로 나타났다(표 7-5).

2050년 세계 인구는 100억 명을 초과할 것으로 예상하고 있다. 한국도 GNP의 증가와 아마도 통일이 이루어질 것으로 전망하며, 이에 따라 인간의 식생활문화, 특히 음식물 소비문화가 급격한 변화를 맞이할 것으로 분석한다. 앞으로 음식은 지금보다 더 맛을 추구할 것이고, 건강추구, 미의 추구와 위생안전을 요구하면서 고품질 및 고품위의 식품을 요구하게 될 것이다. 1950년대와 60년대는 식량이 절대적으로 부족한 시기였기 때문에 포장의 중요성이나 포장의 현대화 대신에 식량의 증산이 가장 중요한 국가적 이슈였다.

쌀을 자급하기 시작한 1970년대에서 80년대 중반까지 급속한 속도로 식생활이 서구화되면서 인스턴트 식품용 포장재가 개발되었다. 또한 다양한 가공식품이 개발되면

표 7-5. 친환경농산물 시장규모 전망 (단위 : 억 원, %)

구 분	2006	2007	2010	2013	2015	2020
곡 류	3,678	4,683	9,045	15,368	20,016	25,331
(쌀)	2,923	3,749	7,385	12,736	16,707	21,280
채소류	4,081	5,249	10,423	18,093	23,814	30,425
과실류	3,178	3,985	7,376	12,087	15,450	19,215
서 류	216	272	507	837	1,074	1,340
특작류	1,953	2,462	4,623	7,664	9,855	12,322
총 계	13,106	16,651	31,974	54,050	70,208	88,633

*주 : 친환경농산물 시장 전망은 2020년을 목표 연도로 설정하고 종류별로 증가율이 체감하는 것으로 가정하여 추정하였음.

서 이에 필요한 포장 재료가 개발되었다. 1980년대 중반부터 90년대 까지는 제품의 차별화를 위한 용기의 차별화, 인쇄색상 및 포장재질의 차별화가 이루어졌다. 이 시기부터 레토르트 포장, 전자레인지 포장이 일반화 되었고, 냉동식품포장도 전자레인지의 보급과 함께 보편화 되었다. 90년대는 위생, 안전, 영양, 저농약, 유기농 제품과 함께 채소와 과일에서 절단제품(cut produce)가 다량 판매되기 시작하였다. 대량 생산 제품은 물론 소량의 수제품 포장을 위한 새로운 포장기법은 물론 무균포장 기술도 도입되었다. 2000년대 이후로는 식품의 포장 측면에서 전 세계 어느 국가와 비교하도 손색이 없을 정도로 대한민국의 식품가공 및 제조기술은 놀라울 정도로 발전하였다.

6.2 식품의 품질이란 무엇인가?

현재 중요한 키워드는 '고품질'이며, 이를 정확하게 이해하기 위하여 먼저 품질(品質)의 의미에 대해서 알아보자.

품질은 먼저 품질이 갖고 있는 성질과 특성이 있으며, 식품에서는 그림 7-1과 같이 영양성분이 안전하게 유지되도록 하는 것이 품질의 '기본적인 특성'이다. 또한 식품을 인간의 감각기능과 생리현상에 미치는 작용과 운동도 품질의 '기본적인 특성'이라고 한다. 기능적 특성은 ① 인간의 감각기관에 부여된 작용, 즉 '먹어서 맛있고, 보기에도 좋은' 것이라고 할 수 있고, ② 혈압 조절작용과 콜레스테롤 저하작용 등을 갖는 '기능성 식품'이 포함되는 '생체 조절기능'이라는 특성이 있다.

기호 특성은 외관상 색, 맛, 향, 역학적 특성이 있고, 이들은 식품의 품질지표(品質指標)로서 대단히 중요하며, 소비자의 구매의욕을 자극하는 중요한 요소로 작용한다. 그러나 기본적인 특성 및 기호특성의 2차 특성으로는 ① 유통 과정상 '성분 특성의 안정성'에 대해 경시적 변화를 평가하는 유동특성과 ② 풍요로운 생활에 기여하는 간편성, 문화성, 합리성 및 경제성 등이 있으며, 이러한 가치를 인간의 가치관으로 평가한 부가특성이 있다.

6.3 식품의 품질유지 기술의 동향

최근에 공개된 식품의 품질유지 기술 관련 특허 중에서 청과물의 보존, 숙성, 식품의 보존 일반 및 식품제조를 정리하면 물리적 살균(정균) 기술관련, 화학적 살균, 정균기술 관련, 포장 및 포장기술 관련, 청과물의 선도유지 관련, 식품 및 식품제조 관련의 5가지 분야로 정리할 수 있다. 식품 및 식품제조 관련분야를 제외하고, 포장과 관련된 항목에 대하여 그림 7-1과 같이 각각의 특징을 소개한다.

<table>
<tr><td rowspan="10">식품의 품질</td><td rowspan="2">기본 특성
(1차 특성)</td><td colspan="2">영 양</td><td>단백질, 효소, 지방, 탄수화물, 펙틴,
무기질, 기타 고분자 성분</td><td>영양가
건강</td></tr>
<tr><td colspan="2">안정성</td><td>잔류농약, 천연독, 중금속, 유해미생물,
미생물 독소 등</td><td>필수
지표</td></tr>
<tr><td rowspan="8">기능 특성
(2차 특성)</td><td rowspan="5">기호</td><td>색</td><td>천연색소, 카로티노이드, 크로로필,
안토시아닌, 미오글로빈 등</td><td>품질
구매</td></tr>
<tr><td>형상</td><td>외관, 크기, 두께, 부피, 균일성, 균질성,
팽창성, 손상 등 내부상태</td><td>품질</td></tr>
<tr><td>맛</td><td>정미성분, 당, 유기산, 아미노산, 지방산,
핵산, 신맛, 짠맛, 매운맛, 청량미, 떫은맛,
이상한 맛</td><td>맛,
기호</td></tr>
<tr><td>향</td><td>향기성분, 에스테르류, 알데하이드류,
산류, 테르펜류, 과실향, 플로랄향, 동물향,
불쾌취, 이취, 건조취 등</td><td>기호</td></tr>
<tr><td>조직</td><td>단단함, 끈적거림, 붕해성, 용해성 등</td><td>기호</td></tr>
<tr><td colspan="2">생리활성</td><td>생리활성물질, 호르몬, 기능성 지질,
항변이원성, 항종양성, 항산화성, 항균성,
혈압조절, 항비만성</td><td>건강</td></tr>
<tr><td colspan="2">공 통</td><td>수분, 성분, 미생물, 호흡, 색 등 변화량</td><td>저장,
물류</td></tr>
<tr><td colspan="2">가 치</td><td>합리성, 경제성,</td><td></td></tr>
</table>

그림 7-1. 식품의 품질요소와 평가지표

(1) 청과물의 선도유지 기술 :

① 예냉, 저온유지, 축냉제, 냉장고, ② 수분조정, 흡수시트, ③ 방운제(결로방지), ④ 가스제어(포장, 장치, 시설), 감압저장, ⑤ 에틸렌 제거, ⑥ 유기물 이용(유기산, 비타민 C, 히노키 치올, 계면활성제), ⑦ 무기물 이용(제올라이트 등), ⑧ 침적, 분무제, ⑨ 원적외선, 광선, ⑩ 저선량 방사선, ⑪ 추숙, 탈삽

(2) 물리적 살균 및 정균기술 :

① 레토르트 살균, HTST(high temperature short time) 살균, ② 무균포장, 무균저장, ③ 저온살균, 가열살균, ④ 마이크로파 살균, 고주파, ⑤ 원적외선 살균, ⑥ 초

고압살균, ⑦ 전기저항가열, 고전압 등, ⑧ 전장, 자장, ⑨ 저온유통, 동결살균, ⑩ 방사선 살균, ⑪ 초음파 살균, ⑫ 과열수증기 살균

(3) 화학적 살균기술 및 정균기술 :

① 오존, ② 에타놀, ③ 산소, ④ 유기산, 아미노산, ⑤ 키토산, 키틴, ⑥ 슈가 에스테르, 계면활성제, ⑦ 합성보존료, ⑧ 은 및 구리이온, 천연석, ⑨ 염소화합물, 염장, ⑩ 이산화탄소, ⑪ 당알콜, 당, 프로필렌글리콜

(4) 포장 및 포장관련기술 :

① 진공포장 저장, 가압저장, ② 가스치환포장, ③ 탈산소제 포장, 탈산소제, ④ 산화방지제, ⑤ 갈변방지제, ⑥ 흡수제, 건조제, ⑦ 흡수시트, ⑧ 노화방지제, ⑨ 탈취, ⑩ 풍미유지제, 싸이클로덱스트린, ⑪ 위생관리, ⑫ 방충, 방충제, ⑬ 초장방법, ⑭ 병, ⑮ 플라스틱 포장재 용기, ⑯ 코팅, ⑰ 가식성 필름, 시트, ⑱ 일반 원적외선 방사용기, 자재, ⑲ 바이오그린 등의 정보수, 기능수, ⑳ 플라스틱 필름이나 발포스틸렌(EPS: 과실 및 채소류 등 1차 산물에 적당) 등에 의한 호흡조절, 수분증산 방지 등

6.4 물리적 방법과 화학적 방법의 복합기술

앞에서 소개한 화학적 살균과 정균기술 분류의 중간에는 대단히 많은 천연항균성 물질이 포함되어 있다. 그 대표적인 것은 에탄올, 글리신, 수가에스테르, 키틴 및 키토산, 프로타민, 히노키 치올, 아릴이소시아네이크 등이 있지만, 이러한 천연물들의 항균작용이 반드시 강력한 것만은 아니다.

6.5 항균성 포장재

최근 의류, 위생용품, 세정용품, 수처리 장치, 농수산물 포장재, 식품포장재 등의 각종 자재에 항균성 물질을 혼입시켜 유해미생물의 생육을 억제하는 기술이 주목을 받고 있다. 금속이온 중에는 은이 가장 강한 항균작용을 갖고 있지만, 금속상태로는 이온화가 어렵기 때문에 항균성이 강하지는 않지만 안전성이 높아서 식기류, 의치 등에도 많이 사용하고 있다.

6.6 식품포장재의 향기보존

플라스틱 필름은 정도의 차이는 있으나, 휘발성 물질을 투과하여 투과의 전단계로

서 식품이 갖는 휘발성 물질을 플라스틱표면에 흡착하여 용해한다. 플라스틱 포장 재료에는 히트씰 특성을 부여하기 위하여 내부 표면에 폴리올레핀계열 화합물을 적층하는 경우가 많으나, 폴리올레핀은 일반적으로 휘발성 물질을 흡착 및 용해하기 쉬워

표 7-6. 각종 플라스틱 필름의 산소 및 수증기 투과도

필 름	약 칭	두께 (㎛)	산소 투과도 (cc/m²·24h· atm)	수증기 투과도 (g/m²· 24h · 40℃)
폴리부타디엔	BDR	30	13,000	200
에틸렌, 초산비닐공중합	EVA	30	10,000~13,000	극미
연질폴리염화비닐	PVC	30	변화가 큼	
폴리스티렌	PS	30	5,500	133
저밀도 폴리에틸렌	LDPE	30	6,000	18
고밀도 폴리에틸렌	HDPE	30	4,000	7
미연신 폴리프로필렌	PP	30	4,000	8
연신 폴리프로필렌	CPP	20	2,200(습도영향이 큼)	5
폴리에틸렌 텔레프탈레이트	PET	12	120	25
연신 나일론	ON	15	75	134
(폴리염화비닐렌 도포)				
연신 폴리프로필렌	KOP	22	8~20	5
폴리에스테르	KPET	15	8~12	6
연신나일론	KON	18	8~12	12
세로판	Kcell	22	8~20	10
폴리염화비닐리덴 적층	PVDC	30	5	2
폴베르	PVA	15	(습도영향 큼)	
에틸렌비닐알콜 공중합필름	EVOH	15	1~2	
이축연신 비닐론	BOV		<0.5	
K 코팅 연신 비닐론	OV		<0.5	
알루미늄 증착 적층필름	VM		1~5	1
산화알루미늄 증착 적층필름	siox		3	4
제올라이트 증착 적층필름	Al		0.1~0.6	0.2
알루미늄박 적층필름			0	0

풍미를 중요시하는 식품의 포장에 적용하는 경우에 포장 이후에 자주 풍미가 조금씩 감소되는 현상이 나타난다. 특히 오렌지 주스향의 주성분인 리모넨 같은 탄화수소계열의 향기 성분은 폴리올레핀층에 용해되기 쉬워서 현저하게 향의 감소가 발생한다.

6.7 품질유지와 고차단성 연포장재

플라스틱 포장재가 갖고 있는 가스투과성이란 결점을 개선하여 산소, 이산화탄소, 수증기, 휘발성 물질 등에 대해서 우수한 차단성을 갖고 있는 일군의 기능성 포장 재료가 있다. 비교적 최근에 실용화되어 우수한 기능으로 주목받고 있는 것으로는 S_iO_x 증착(유리증착, 세라믹증착, 제올라이트 증착), 알루미늄 증착 및 에틸렌 비닐알콜 코폴리머(EVOH)와 폴리염화비닐리덴(PVDC)의 공압출 다층필름 및 시트 등을 들 수 있다(표 7-6).

고차단성 포장재 외에도 식품의 품질유지에 관련한 기능성 포장재가 대단히 많이 개발(bio green, 정보수, 가스흡착, MA효과를 갖고 있는 EPS)되고 있다. 식품의 품질 유지용 기능성 포장재에 대해서는 표 7-7에 정리하였고, 연포장재는 표 7-8에 각각 정리하였다.

청과물의 품질 저하는 주로 ① 증산에 의한 위조, ② 호흡에 의한 성분 감소, ③ 대사에 의한 숙성(후숙) 등에 의한다. 그러므로 청과물을 수확한 다음은 신속하게 냉각하여 호흡을 억제하고, 포장으로 증산을 방지하면 상당한 수준으로 품질저하를 방지할 수 있다. 플라스틱 필름으로 청과물을 밀봉 포장한 경우 청과물 자체의 호흡으로 인하여 포장재 내부의 산소농도가 낮아지고, 이산화탄소의 농도가 증가되어 MA효과가 나타나면서 다시 호흡이 억제된다.

청과물을 플라스틱필름으로 포장하면 내부에 결로가 발생하기 쉬워지면서 세균증식의 원인이 된다. 이것을 방지하기 위해서는 과도한 수분을 흡수하여 포장재 내부를 적당한 습도를 유지하는 수분조정제가 개발되어 있으므로 선도유지에 사용하고 있다.

이러한 사항들을 바탕으로 청과물의 선도유지(표 7-9)를 위하여 최적의 조건을 설정하는 것은 대단히 까다로운 작업이다. 선도유지 기술개발로 개발된 기능성 필름, 기능성 시트, 기능성 골판지, 단열용기(EPS), 축냉제, 온도 및 시간 관리용 감열라벨, 에틸렌 제거제, 코팅된 항균 및 제균제, 정보수 바이오그린 등이 있다. 또한 청과물의 신선도 유지포장은 산지별, 품종별, 숙도별, 수확시기별, 재배조건별, 수확 직후의 각종 처리여부에 따라 신선도 유지기간과 생리대사에 큰 차이가 나타나므로 세심한 주의가 필요하다.

표 7-7. 식품용 기능성 포장 재료의 종류

기 능	포장재료, 부재료
차단성	
산소 차단성	S_iO_x, Al증착, Al박 증착, EVOH계, PVDC 코팅제 공압출, OV,
이산화탄소 차단성	BOV
수증기 차단성(방습)	OPP, PVDC, siox 증착, Al 증착, Al박 증착
휘발성물질 차단성	PET, PVDC, EVOH, OV, Al 증착, Al박 증착
광차단성(자외선)	자외선 방지제 혼입 PVC, 자외선 차단 인쇄, 필름
단열성	EPS용기(저발포, 고발포)
휘발성물질 비흡착성	EVOH, PAN, 히트씰 PET-G
무취성	무취성 씰란트(PE, CPP, 저발포, 고발포)
투과성	무기다공질 혼입 LDPE, 고투과성 포장재 등
산소 투과성	청과물 선도유지 포장재, 산소부화막 등
이산화탄소 투과성	청과물 선도유지 포장재, 감 탈삽포장재
수증기 투과성	청과물 선도유지 포장재
통기성	미세핀홀 필름, 세공 필름
휘발성물질 투과성	스모커블 합성폴리머
흡수성	흡수시트, 수분조정 포장재
흡습성	흡습성 포장재(건조제 혼입, 적층)
수용성	수용성 포장재(PVA)
방운성	방운성 포장재(계면활성제 혼입 OPP 등)
휘발성물질 방출성	
승화성 산화 방지제	산화방지제 BHT 혼입 등
향료	보향, 착향 포장재(향기성 물질 혼입)
생리활성 물질	바이오그린, 히토키 치올 등
항균성	바이오그린, 은 제올라이트, 제4암모니움염 혼입 등
휘발성물질 흡착성	가스흡착 포장재 재료(CO_2 가스 흡착 등)
흡착제 :	활성탄, 제올라이트, 실리카 겔, 활성알루미나
효과 :	휘발성 황화합물, 함질소화합물, 알데하이드 등 - 탈취

표 7-8. 식품의 품질유지 측면에서 본 적정 연포장재

레토르트파우치 식품	내열성 강도	기재	PET, ON, PVDC, siox, Al박, EVOH공압출, PVDC 공압출
		접착층	CPP
다수분 중간수분 식품으로 열탕살균 (변패방지)	내열성 강도	기재	OPP, PET, ON, CN, PVDC, KN, KOP, KPET
		접착층	LDPE, EVA
다수분 중간수분 식품으로 무가열 (산화 갈변방지)	산소 차단성 강도	기재	KOP, KPET, KON, PVDC, OV, PVA
		접착층	LDPE, EVA
다수분 중간수분 식품으로 대용량 (돌기가 있는 식품)	고강도	기재	ON
		접착층	두꺼운 LDPE
진공포장, 밀착포장 (산화방지포장)	산소 차단성 강도	기재	KOP, KPET, KON, PVDC, EVOH, OV, PVA, VM, Al박, BOV
		접착층	LDPE
질소 치환포장 (산화방지포장)	산소차단성	기재	KOP, KPET, KON, VM, EVOH, OV, PVA, BOV
		접착층	LDPE
탈산소제 봉입포장 (산화, 곰팡이억제)	산소 차단성	기재	KOP, KPET, KON
		접착층	LDPE
이산화탄소 치환포장 질소 치환포장(저산소)	가스차단성	기재	EVOH, OV, PVA, Al박, BOV
		접착층	LDPE
보향포장	휘발성물질 차단성, 비흡착성	기재	PET, PC, KPET, PVDC, EVOH, Al박, PVA, OV, VM
		접착층	PET- G, PAN, EVOH
방습포장	수증기 차단성	기재	HDPE, OPP, KOP, VM, Al박
		접착층	CPP, LDPE
청과물	가스 투과성	단체	LDPE, 제올라이트 혼연, LDPE, OPP, 연질 PVC, PS, EVA, MST, BDR, EPS

표 7-9. 청과물 선도유지의 원리, 목적, 기술, 재료

원 리	목 적	기 술	재료 및 설비
저온보존 저온유통	호흡억제 증산억제	예냉 저온유지	EPS, 예냉시설, 예냉상, 단열용기, 보냉고, 냉동차, 보냉콘테이너, 축냉제, 온도관리 라벨
수분조절	위조방지 결로 부패방지	포장 코팅	포장재료, 수분조정제, 방운제, 포장재의 수분 투과성, 항균성 포장재 약제분무, 침적, EPS
가스조절	호흡 대사억제 갈변 이취억제	MAP 포장 가스보냉고 감압	포장재질, 두께, 핀홀, 산소 · CO_2 농도조절 EPS, 환경 온습도 조절 감압 콘테이너
에틸렌 제거	대사 추숙억제	흡착분해 제거	에틸렌 흡착제, 분해제
에틸렌 생성억제	대사 추숙억제	생리활성물질	바이오그린, 제올라이트 포장, 선도 유지제
원적외선 방사선	생제활성화	포장	세라믹 혼연 포장재, 기능수 등

6.8 품질유지를 중심으로 한 문제점 및 향후 동향

식품가공 품질유지 기술이 개발되어 실제적으로 널리 사용되고 있으나, 기술 수준은 크게 다르다. 기능상으로 나누어 보면 ① 기능의 원리도 모르고, 효과에 대한 재현성이 없는 것에서부터, ② 원리는 잘 판명되어 있지 않으나 효과는 확인된 것, ③ 원리는 명확하고 적정한 기술을 개발하고 있는 것, ④ 효과의 메커니즘도 이용기술도 확립되어 있는 것, ⑤ 원리 및 기능을 개발하고 있는 것 등이 있다(표 7-10).

식품가공기술은 일반적으로 원리는 명쾌하고, 이용기술 및 응용기술을 개발하는 것이 많지만, 품질유지 기술에 관해서는 관련자재와 기술자재의 효과가 명확한 경우에도 효과에 대한 메커니즘이 판명되지 않는 경우가 적지 않다. 그래서 품질유지 효과와 기능성 자재는 과대한 효과를 기대하여 '무엇이나 효과가 있다'고 하게 되었고, 이론적으로는 이해가 어려운 효과를 말하고 있기도 하다. 그러나 이용상의 문제를 일으키지 않기 위해서도 효과의 메커니즘을 충분히 해명해서 기술과 기능성 자재의 결점과 한계를 잘 살펴 효과적인 이용법과 응용기술을 개발할 필요가 있다.

표 7-10. 식품의 가공 및 품질유지 기술의 개발수준

원리 및 기능	장치 및 자재	효과 재현성	실용화 기술개발
원리불명			
선도유지 필름 등	유	미확인	개발중
저선량 방사선 효과	유	확인중	"
원리 해명중			
전 자장 선도유지효과	유	확인중	개발중, 일부 실용화
농축 등의 효율화			
선도유지포장(히노키 치올)	유	재현성 확인중	〃
기능 해명중			
가스조절 선도유지 필름	유	재현성 높음	개발중, 일부 실용화
원리 및 기능 꽤 명확			
항균포장재(은제올라이트)	유	유	개발중
향기 비흡착성 포장재	유	유	개량중
알콜제재 봉입포장	유	유	기능의 다양화
원리해명			
고차단성포장재 가스치환포장	유, 개량중	유	일부 개량중
탈산소제 봉입포장	〃		기능다양화
흡수시트 이용가공	〃	유	"
초고압 가공 및 살균	〃	유	일부 개량중
전기저항 가열살균	〃	유	응용 다양화
마이크로파 살균	〃	유	실용화
원적외선 가열	〃	유	응용기술의 개발
초임계 가스추출	〃	유	"
원리 명백			
세라믹 증착필름	〃		
내열성 포장재	〃		
원리 및 기능 개발			
생분해성 포장재	"		시험중
가스흡착 이취성 포장재	유		용도개발
가식성 필름	유, 개량중		개발중
간편기능 및 쾌적기능	유		개발중

제 8 장

식품포장의 새로운 기능

전통적인 식품포장의 기능과 목적은 대체적으로 운반수단의 역할, 식품에 대한 보호성 부여, 변조방지, 편의성 부여, 판매촉진 등을 포함한다. 즉, 포장은 식품을 담아서 운반하고, 소비되도록 분배하는 취급 수단인 동시에 제조시설에서 소비자가 소비할 때까지 저장하는 기능을 갖고 있다. 일반적인 액상식품들이 병에 담겨 포장되고, 이들을 박스단위로 담고, 다시 박스들은 운반을 쉽게 할 수 있도록 팔레트(pallet) 단위로 수송한다. 포장에 의하여 식품의 유통과 저장에 도움을 주는 것이다. 따라서 포장은 식품의 유통범위를 확대시키고, 유통 중에 발생하는 손실을 최소화하며, 물리적인 손상에서 제품을 보호하는 기능을 한다. 또한 우리는 포장을 보고 어떤 음료수가 200㎖인지 아니면 250㎖인지를 알 수가 있다.

포장은 또한 식품에 보호성과 보존성을 주며, 나아가 이러한 목적을 달성하기 위한 식품가공 공정이 가능하도록 도와준다. 외부에서 산소, 수분, 빛을 차단하여 식품에 저장성을 부여하는 기능도 있다. 또한 포장이 완성되면 곤충이나 오염물질로부터 보호하여 적절하지 못한 취급과정에 노출되는 경우에서도 식품의 위생성을 확보하는 수단이기도 하다. 대부분의 살균식품에 적용하는 금속 통조림포장은 구조적인 견고성으로 보호기능을 수반하면서 살균공정에서 열전달 계산이 가능하고, 동시에 저장성 확보를 위한 밀봉 및 차단기능을 달성할 수 있다.

포장이 갖고 있는 다른 측면의 보호성은 변조방지 기능이다. 소비자가 포장식품을 구매하여 소비하는 과정에서 포장의 상태를 확인하여 변조되었거나 또는 내용물이 오염되었는지를 확인할 수 있다. 포장은 소비자에게 편의성을 제공한다. 대표적인 예로서 캔맥주와 다양한 음료수들을 들 수 있다. 이러한 음료수들은 포장 자체가 보호성과 운반성 등의 기능을 제공하면서 동시에 소비자가 쉽게 열어서 마실 수 있는 편리함을 제공한다.

포장이 갖고 있는 중요한 기능의 하나가 판매촉진 기능이다. 많은 가공식품이 시장에서 성공할 수 있는지에 대한 여부는 광고와 판매 전략에 따라서 결정된다. 최종 소비단계인 슈퍼마켓에서 소비자가 직접 진열대의 상품을 선택할 때 포장에 의해서 상품을 선택하는 것이 일반적이다. 따라서 이러한 판매방식에서 포장식품은 포장의 디자인이나 표시를 통하여 소비자와 대화하고, 자신을 과시하며 나타내게 된다.

위에서 소개한 전통적인 포장의 기능은 포장이 단순하게 외부에 대한 차단성을 부여하고, 물리적 강도를 갖는 것에 집중하였다. 최근에 이러한 전통적인 포장의 기능에 여러 부가적인 기능이 첨가되거나, 다양성이 확대되고 있다. 여러 가지 보존성을 증진시키는 플라스틱 포장의 차단성이 향상되면서 조리와 소비에서 편의성을 향상시킨 즉석식품들이 가능하게 되었다. 한편, 냉장고와 전자레인지의 광범위한 보급에 의하여 소비자들의 식품소비 유형이 변화되고, 이에 따른 방향으로 포장의 기능성이 확대되거나 또는 변화되고 있다. 가장 대표적인 사례들로서 레토르트 식품, cook-chill 식품, 전자레인지 식품포장, 자기 가열형 식품 등을 들 수 있다. 몇 가지 대표적인 사례에 대해 소개한다.

1. 레토르트, cook-freeze 및 cook-chill 식품의 포장

가정에서 끓는 물이나 전자레인지에 쉽게 가열하여 먹을 수 있는 플라스틱 포장의 즉석 조리식품이 다양하게 등장하고 있다. 이들은 즉석 카레와 같이 식품조리의 일부 과정을 간편하게 해주는 것에서부터 밥, 만두, 죽, 스파게티와 같이 식사대용으로 이용이 가능한 것도 있다. 이와 같이 즉석 조리식품은 대표적으로 레토르트 용기에 포장되어 고온에서 살균된 레토르트 식품과 냉동조리식품(cook-freeze), 냉장조리식품(cook-chill)으로 나눌 수 있다. 이러한 식품들이 갖고 있는 공통적인 특징은 바쁜 현대생활에서 요구되는 편의성을 부여하고 있는 점이다.

레토르트 파우치에 포장된 식품은 카레, 짜장, 밥 등을 들 수 있다. 레토르트 파우치로 주로 사용되는 재료는 폴리에틸렌 테레프탈레이트(PET)/알미늄(Al)/폴리프로필렌(PP)으로 적층된 형태이다. 알루미늄은 빛과 가스에 대한 차단성을 제공하고, PP는 열접착 층으로 이용한다. 이 외에도 나일론이 PET층과 함께 사용되거나, 대체용으로 사용되기도 한다. 고온살균을 하므로 재질의 특성에서 높은 살균온도에 견디는 내열성이 중요하다. 알루미늄 호일 층이 포함된 포장은 주로 끓는 물에 데워서 먹는 형태이며, 전자레인지에서 가열을 위해서는 금속 성분인 알루미늄 층을 제거해야 하므로 최근에 알루미늄 호일이 재거된 레토르트 파우치를 이용하여 제조한 식품이 일본에서 생산되고 있다.

전자레인지의 보급이 증가되면서 직접 전자레인지에서 데워 먹을 수 있는 레토르트 식품이 세계적으로 많이 등장하였으며, 이를 위하여 공압출된 PP/에틸렌비닐알콜(EVOH)/PP 또는 PP/폴리비닐리덴클로라이드(PVDC)/PP로 제조한 성형용기가 일반적으로 이용되고 있다. EVOH와 PVDC가 식품의 저장성을 부여하기 위한 가스 차단성을 제공하고 있으며, 식품의 유통기한은 부분적으로 산소의 투과에 따른 품질변화에 의하여 결정된다. 한국에서는 주로 죽제품에 이용하고 있으며, 본체와 뚜껑이 같은 재질이거나, 뚜껑은 easy open형 알루미늄으로 본체와 이중권체 방식으로 결합된 형태가 있다. 용기의 본체는 공압출된 시트를 열성형하여 제조한다. 전자레인지용 포장은 뚜껑을 개봉한 다음 전자레인지에서 가열하는 과정에서 수분의 증발을 어느 정도 막을 수 있는 가열용 커버를 함께 제공하고 있다.

유럽에서는 레토르트 식품의 편의성을 더욱 증대시켜서 트레이 본체에 3개 정도로 분획하여 한 끼의 식사에 제공되는 다른 식품을 함께 포장한 제품이 등장하였다. 레토르트 식품은 살균에 의하여 상업적 살균도를 유지하는 식품이므로 상온에서 유통되고, 식품성분 사이의 화학변화, 외부의 산소투과로 인한 산화반응으로 발생하는 색택과 향미의 손실 등에 의하여 유통기한이 결정된다. 식품의 종류에 따라 다르지만, 일반적인 유통기한은 12～18개월이다.

조리냉동식품은 원료식품에 필요한 처리와 조리공정을 거쳐 동결하여 포장한 식품으로 간단한 가열이나 조리를 거쳐 바로 먹을 수 있는 식품이다. 식품의 종류에 따라 가공과 포장공정이 다양하지만, 일반적으로는 트레이에 담아서 급속 동결시킨 다음에 카톤이나 플라스틱 필름 파우치에 담아 포장한다. 어떤 경우는 동결공정을 포장한 이후에 수행하기도 하고, 동결 전에 가열공정이 수행되는 경우도 있다. 따라서 이러한 식품의 가공공정에서는 위생적인 공정의 운영과 작업관리, 기계시설의 살균과 소독

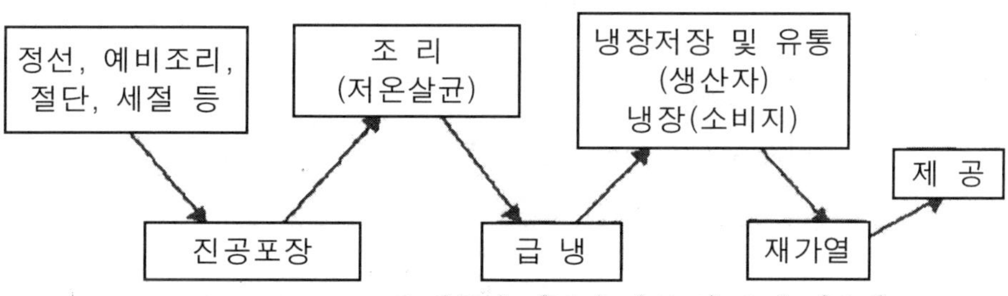

그림 8-1. Cook-chill 식품의 대표적인 가공 및 포장시스템

등이 특별히 중요한 의미를 갖는다. 대표적인 조리냉동식품은 만두, 햄버거, 피자파이, 고로케 등을 들 수 있다.

조리냉동식품의 포장용 트레이로 사용되는 재료는 PET 코팅 판지, 알루미늄, 열경화성 PET, 결정화 PET(CPET), PP 등이 사용되고 있다. 이러한 트레이는 플라스틱 필름으로 열접착을 사용하여 밀봉하기도 한다. 트레이에 담거나 포장한 냉동식품을 파우치나 카톤으로 외포장하는 것이 일반적이다. 외포장용 파우치는 다양한 적층필름이 사용되고, 외포장용 카톤에는 왁스나 플라스틱으로 코팅한 판지가 사용된다. 파우치 포장은 포장한 상태 그대로 EM거운 물에 담가 가열한 다음에 소비하기도 하며, 이러한 경우에는 내열성이 있는 재료가 필요하다.

또한 최근에 전자레인지의 보급으로 트레이에 담아서 전자레인지에서 가열하여 소비하는 것이 일반화되고 있으므로 트레이도 역시 내열성이 있는 재료를 사용해야 한다. 조리냉동식품의 편의성을 더욱 증가시킨 형태의 하나가 분획된 하나의 트레이에 고기, 감자, 채소 등의 여러 가지 조리식품을 한꺼번에 담아서 냉동시켜 포장한 식품으로 완전한 식사를 제공하며 미국에서 'TV dinner'라는 이름으로 유통되고 있다.

전형적인 cook-chill 식품으로는 약 2～15kg 단위로 진공포장하여 저온에서 가열살균 및 냉각한 다음에 저온유통 시스템을 거쳐 급식업소에 일관된 품질로 공급하는 반가공 식자재를 들 수 있다. 급식업소에서는 배식과정에서 필요에 따라 뜨거운 물에 포장을 담가 가열하여 식품을 제공한다. Cook-chill 식품의 포장에 사용하는 포장재료는 유연플라스틱 필름으로 우수한 기체 차단성과 적당한 내열성을 가진 필름이 사용된다.

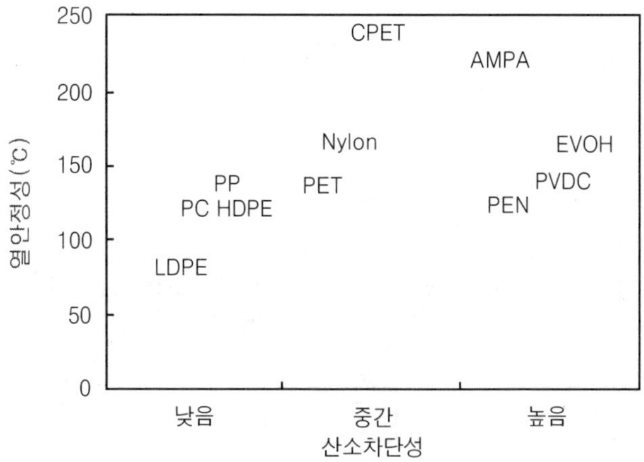

그림 8-2. 플라스틱 포장재료의 산소 차단성과 열안정성

보통은 저장기간이 길지 않기 때문에 어느 정도의 기체 차단성, 100℃ 이하의 저온살균과 열수침지가 적용되므로 이 정도에 견디는 열저항성 공압출 다층 폴리올레핀 필름을 사용하는 것이 일반적이다. 위에서 설명한 레토르트 식품, cook-freeze 식품, cook-chill 식품의 포장에서 요구되는 포장 재료의 특성은 기체 차단성과 내열성이다. 기체 차단성은 대표적으로 산소에 대한 투과를 막는 역할을 하므로 제품의 산화를 방지하는 역할을 수행한다. 열 저항성은 가공과정과 사용단계에서 가열조건의 온도에 따라서 결정된다. 그림 8-2에서는 대표적인 플라스틱 포장재료의 기체 차단성과 내열성을 정리하였다. 포장할 제품과 가공공정의 특성을 고려하여 적합한 플라스틱 포장재료의 선택에 중요한 참고자료가 된다.

2. 전자레인지 식품의 포장

전자레인지는 제2차 세계대전 직후에 상품화되어 식품의 소비유형에 많은 영향을 끼쳤다. 전자레인지 가열용으로 다양한 즉석식품이 개발되었으며, 위에서 설명한 레토르트 식품도 일부 포함된다. 마이크로웨이브는 종이와 플라스틱 포장을 투과하고, 금속에서는 반사되지만, 수분이 많은 식품과 발열체 포장재료에서는 흡수되면서 가열을 유발한다. 즉, 균일가열이 어렵고, 바삭바삭한(crispy) 조직감을 낼 수 없으며, 갈변반응을 일으키기도 어려운 특징이 있다. 따라서 마이크로웨이브의 가열특성을 잘 이용하여 적절한 가열속도와 특성을 얻을 수 있는 포장을 개발해야 하는 제한사항이 있다.

전자레인지 포장된 상품에서 사용된 포장재에 포함된 금속성분은 전자레인지 내부에서 불꽃(arc)을 유발할 위험이 있다. 따라서 금속은 가급적 포장성분으로 사용되지 않도록 해야 하고, 불가피한 경우는 날카로운 부분이 노출되지 않도록 세심한 구조적 설계가 필요하다.

초기의 전자레인지용 포장은 우유 카톤과 같은 0.5mm의 종이보드를 사용하였으나, 내수성을 위하여 내열성이 있는 PET와 같은 폴리에스테르로 약 25㎛ 정도로 코팅한 종이보드를 주로 사용하고 있다. 최근에 사용하는 포장소재는 이 결정성 폴리에스테르(CPET) 트레이와 폴리프로필렌 용기를 주로 사용하고 있으며, 재료의 강도를 높이기 위하여 약 30% 정도의 실리카 계통인 마이카를 첨가한 나일론 66이 있다. 가격이 저렴한 폴리프로필렌에 탄산칼슘과 같은 무기물이 첨가된 트레이도 사용하며, 불꽃방지를 위해 폴리프로필렌이나 폴리에스테르(PET) 등을 적층시킨 금속 트레이 용기도 사용한다.

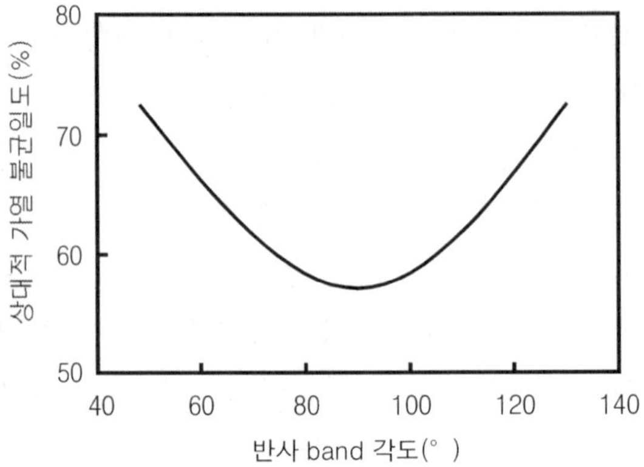

그림 8-3. 알루미늄 밴드의 각도에 따른 가열 불균일도

전자레인지에서 특정 부분의 빠른 가열을 얻기 위하여 아주 얇게(두께 약 30～60 Å) 알루미늄이나 철을 증착한 PET 필름을 사용한다. 이러한 증착필름은 일부 마이크로웨이브를 반사하지만, 상당한 부분을 흡수하여 더 넓은 파장의 열에너지로 재복사하여 기존의 열복사 오븐과 유사한 역할을 한다. 따라서 이러한 방식의 발열체를 적당하게 배열하면 특정 식품을 더 가열할 수 있고, 바삭바삭한 조직감, 표면의 갈색화 반응 및 내부까지 고루 자열할 수 있다. 현재 사용하고 있는 발열체는 주로 증착된 12㎛ PET 필름으로 종이보드 판에 라미네이션하거나, 팝콘 백 밑면 등에 부착한 것이다. 한편 불특정한 모양의 식품을 포장할 때 사용하는 필름타입도 있다.

전자레인지 식품의 균일한 가열을 얻는 방법의 하나로서 7㎛ 정도의 알루미늄 호일을 플라스틱에 적층한 다음 마이크로웨이브의 반사방향을 조절하여 가열패턴을 원하는 방향으로 제어하는 방법이 있다. 이러한 대표적인 사례가 MicroRite®이다. 그림 8-3에서는 이러한 방식으로 적용된 알루미늄 밴드의 경사 기울기에 따른 상대적인 가열 불균일도를 보여주고 있다. 따라서 이러한 설계변수의 변화로 균일한 가열을 얻을 수 있다. 한편, 최근에 제품 내부에 스팀을 발생시켜서 균일하면서도 빠른 가열을 발생시키는 전자레인지 포장기술이 등장하였다. 이 경우는 오랜 가열에 의해 포장이 팽창하여 폭발하는 것을 막기 위하여 자동으로 배기(venting)되는 기능이 부착되어 있다. 대표적인 제품으로 Cryovac®의 Thermipack®이 있다.

3. 자동가열 및 자동 냉각포장

즉석 가열식품의 편의성을 위하여 발열포장이 개발 및 사용되고 있으며, 대표적으로 다음과 같은 화학반응의 발열반응이 이용되고 있다.

$$CaO + H_2O \rightarrow Ca(OH)_2 + 65.2\,kJ$$

이 반응의 진행과정에서 CaO는 수분을 흡수하기 때문에 반응식에서 나타낸 것보다 2～2.5배의 많은 수분이 사용된다. CaO와 수분은 별도의 칸에 분리되어 있다가 사용할 때에 난추를 누르거나, 밴드를 뽑거니, 또는 줄을 잡아당기는 조작으로 두 성분이 섞이면서 발열반응이 진행된다. 가열의 속도와 온도는 CaO의 양과 포장의 물리적 디자인을 이용하여 제어가 가능하다. 특히 CaO에 CaO-MgO, MgO, $MgSO_4$, $MgCl_2$ 등을 혼합하면 가열속도를 낮출 수도 있다. 식품과 반응물질의 접촉면적을 크게 하고, 흔들어 주면 보다 균일한 가열을 얻는데 효과적이다. 포장의 외부는 가급적 단열을 적용하여 가열의 효율성을 향상시킨다.

현재 상업적으로 이용되는 가열포장은 청주, 커피, 밥 등을 들 수 있다. 일반적인 적용은 300mℓ 용량 이하의 조건이고, 10～15초 이내에 60～75℃에 도달하고 있다. 자동가열 식품포장은 군용으로 오래 전부터 이용되어 왔다. 즉석에서 냉각되는 식품에 대한 소비자의 요구가 크고, 이에 대한 많은 기술개발이 시도되어 왔으나 아직까지 상업적인 성공에 도달한 제품은 없다. 하지만 고습도 조건에 노출되면 수분을 흡수하여 냉각되는 봉지가 상업적으로 판매되고 있다.

현재 제안된 한 가지 시스템은 건조 질산암모늄과 염화암모늄의 혼합물을 수화시키는 반응에서 흡열조건을 이용하는 것이다. 또 다른 한 가지는 액화 CO_2를 급격하게 분출시킬 때 외부에서 열을 흡수하는 시스템을 사용하고 있다. 압축한 액화가스의 분출은 많은 양의 에너지를 흡수할 수 있지만, 고압을 유지하는 압력용기가 필요하다는 것이 문제로 지적되고 있다.

4. 지능형 포장을 적용한 기술적 혁신

포장의 정보전달 기능을 사용하여 식품의 유통과정에서 안전성과 품질을 유지 및 향상시키는 의사결정을 지원하는 기술적인 시스템으로서 지능형 포장이 최근에 등장하면서 식품의 생산에서 소비까지를 포괄하는 모든 유통단계를 정보화하는 데 적용되고 있다. 인터넷의 광범위한 보급과 정보통신기술의 발달로 현재는 과거에 상상할 수 없을 정도로 정보전달이 쉽고 빠르게 이루어지고 있고, 많은 센서기술의 개발로 식품 및 유통환경의 여러 가지 변수를 실시간으로 측정할 수 있게 되었다.

이러한 기술은 소비자에게 안전성과 품질을 보증하는 역할과 함께 유통물류의 과정을 보다 체계적이고, 원활하게 하는 역할을 수행할 수 있다. 이미 바코드(bar code)

는 지능형 포장의 일부 개념을 현실에서 실행하고 있는 것으로 볼 수 있다. 그리고 온도 지시계 등에 의하여 식품의 현재 품질을 나타내는 것도 하나의 현실적인 사례로 볼 수 있다.

현실적으로 인지되는 지능형 포장의 종류로는 시간온도 적산계(time temperature integrator, TTI), 바코드(bar code), RFID(radio frequency identification) tag 등을 대표적으로 들 수 있고, 이들은 이력추적, 품질보존성 표현, 도난방지, 브랜드보호, smart kitchen의 구현 등의 목적에 사용되고 있다.

TTI는 상품라벨과 비슷한 모양으로 포장 표면에 부착되어 저장과 유통과정에서 상품이 겪은 온도이력에 따라 변화되는 품질지표 변화에 상응하는 색변화를 일으키며, 이러한 색변화는 식품의 현재 품질을 나타내는 역할을 한다. TTI는 온도관리가 제대로 안되었을 경우에 경고를 나타내는 역할을 수행하고, 색변화는 라벨이나 tag에 담겨있는 물리적, 화학적 변화와 연계되어 나타난다. TTI는 단순하게 날짜로 표기되는 유통기한 대신에 실제 제품의 품질에 관한 정보를 제공하고, 온도관리의 건전성에 대한 확신을 부여한다. TTI 라벨은 현재 유럽에서 냉장식품의 포장에 광범위하게 사용되고 있다.

바코드는 대부분 일련의 막대와 공간의 넓이를 다르게 하여 숫자, 문자와 기호를 표시하도록 구성되어 있으며, 판독기로 정보를 읽어 재고관리, tracking 등의 기능을 갖고 있다. 바코드의 구조는 기호학(symbology)의 원리에 따라 부호화되어 저장되며, 부호화된 자료는 광학적으로 읽어내는 스캐너시스템을 거쳐 컴퓨터 호환이 가능한 디지털 데이터로 변환된다. 상품포장에 가장 많이 사용하는 1차원 직선 바코드는 EAN/UPC 시스템이며, 주로 재고관리, 주문 및 계산대 운영에 이용하고 있다.

2차원 바코드 시스템은 보다 많은 양의 데이터를 저장하기 위하여 개발되었다. EAN/UPC 바코드가 12 내지 13개의 숫자를 저장하지만, 2차원 바코드의 일종인 PDF 417은 1.1kilobite의 데이터를 저장할 수 있어 영양정보와 조리방법 등의 다양한 여러 가지 정보를 포함할 수 있다. 이러한 2차원 바코드가 지능형 포장에 이용된 사례는 최근에 국내의 한 전자회사에서 전자레인지로 식품의 조리방법을 저장한 사례를 들 수 있다. 전자레인지에 바코드 판독기를 장착하여 식품포장에 표기된 2차원 바코드를 직접 읽고, 자동으로 조리시간과 가열형식 등을 전자레인지가 자동으로 인식하여 조리를 완료한다.

조리과정에서 지능형 포장을 적용한 사례로서 미국 Rutgers 대학교의 Yam(2000)은 식품포장에서 바코드와 전자레인지의 통신으로 조리과정을 제어하도록 고안한 지능형 전자레인지 시스템을 소개하였다. 전자레인지는 많은 종류가 시장에 출시되어

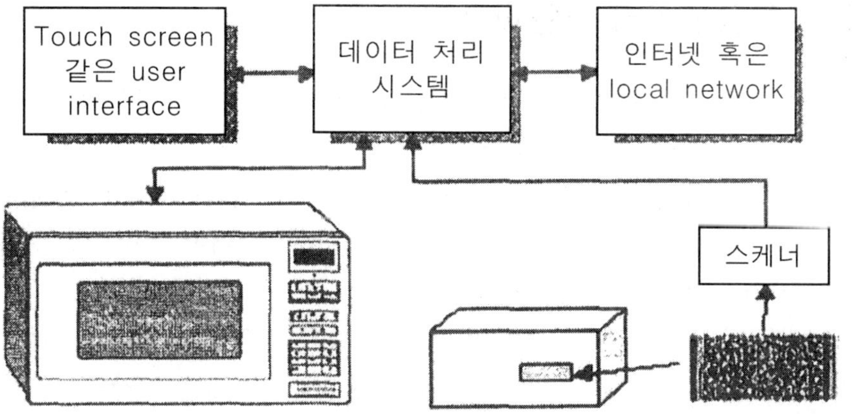

그림 8-4. 바코드 사용 지능형 전자레인지 시스템

있고, 포장식품의 가열조리 방법은 간혹 모호하거나 부정확한 경우가 있다. 만약에 식품포장에 인쇄된 바코드와 전자레인지가 서로 통신을 하여 전자레인지의 조리를 자동으로 최적화할 수 있다. 즉, 소비자가 식품을 전자레인지에 넣고, 소비자가 식품에 작합한 가열방식을 전자레인지에 입력할 필요가 없다. 또한 식품제조업체, web site, allergy 정보, 반품정보 등을 위해서 통신기능을 전자레인지에 함RP 부여하는 시스템을 제안하였다. 최근에 국내의 한 전자회사에서도 이러한 개념을 실용화한 전자레인지를 출시하였고, 이에 필요한 2차원 바코드를 부착한 식품이 점차 증가하고 있다.

RFID tag 시스템은 host 시스템과 RFID 장치(판독기와 tag)로 구성되어 있고, 상품에 부착된 tag에서 많은 제품정보를 저장하고, 판독기(leader)와 정보를 교환하고 통신이 가능하다. RFID tag는 포장단위에 부착되어 생산단계는 물론 유통과정 중의 정보도 입력받아 저장이 가능하며, 여러 포장단위의 여러 가지 데이터를 한꺼번에 RFID 판독기나 scanner로 정확하게 읽어내 장점을 갖고 있어 미래의 유비쿼터스(ubiquitous)환경에서 광범위한 생활분야에 사용이 예상된다.

최대 1MB까지 상당한 양의 자료를 RFID tag에 저장할 수 있으므로 미래의 유비쿼터스 시대의 상품 유통에 혁명을 가져 올 시스템으로 평가되고 있다. 현재 미국과 일본 등의 많은 나라들이 상품의 포장과 유통에서 RFID tag 시스템의 구현에 대해 시범사업을 통해 현실적인 가능성을 검토하고 있고, 일부 대형 슈퍼마켓 체인에서 자체적인 물류관리에 이 시스템을 도입하고 있다. 앞으로 저가의 RFID tag가 개발되면서 상품포장에서 바코드의 영역을 침범함과 동시에 시장의 급속한 확장이 예상된다.

5. 새로운 식품포장의 현황과 전망

앞으로는 식품포장기술이 단순하게 식품을 포장하는 차원이 아닌 식품생산과 제조에 대한 정보제공은 물론 안전성 확보에도 기여하는 수단으로 이용되고, 식품포장기술의 발달이 식품소비 형태의 변화를 가져올 것으로 예상한다. 따라서 차세대 식품포장기술에 대한 심도 있는 연구들이 더욱 활발하게 수행되어야 하며, 이를 위해 다음과 같은 몇 가지 제안을 하고자 한다.

포장기술이 개발되려면 새로운 포장재료의 개발이 필요하므로 이에 대한 많은 연구가 필요하다. 항산화성과 항균성 등의 기능성을 가진 새로운 포장재들이 개발되고, 이를 적용한 포장기술을 이용하면서 식품의 품질을 더 오랫동안 유지할 수 있게 되었다. 따라서 미래 사회의 수요에 대비하여 더욱 다양한 기능을 가진 식품포장재의 개발에 대한 연구가 필요하다.

또한 식품포장에 사용하는 포장재료는 식품과 직접 접촉하기 때문에 무엇보다도 안전에 대한 확보가 필요하다. 특히 조리식품은 높은 온도의 식품과 포장재료가 접촉되며, 포장 이후에도 가공과 살균과정에서 고온에 노출되는 경우가 많다. 이러한 과정에서 포장재료의 성분이 식품으로 용출되어 식품의 안전성 문제를 일으킬 우려가 있으므로 단량체, 촉매, 첨가제 등 포장재에 존재가 가능한 잠재적인 유해물질의 사용여부와 식품으로 이행여부를 충분하게 검토해야 한다. 끝으로 새로운 기능성 포장재료와 포장기술의 도입으로 인한 상품의 가격상승 및 플라스틱 포장재료의 사용량 증가로 인한 환경오염 등도 앞으로 해결해야 할 과제이다.

6. 기능성 포장필름의 최신 기술 동향

일반 식품을 비롯하여 끓이거나, 레토르트식품의 사용이 많아지면서 다양한 기능의 포장 재료가 개발되고 있다. 포장 재료로 사용되기 위한 가장 중요한 성질은 가스·수증기 차단(barrier)성이 특성이다. 플라스틱(또는 2차 가공을 통한 차단 재료)이 갖는 차단 특성을 이용한 수동차단 필름(passive barrier film)이나 능동적으로 물질의 차단 특성을 발휘하는 활성차단 필름(active barrier film)에 대해 소개한다.

플라스틱 포장재는 종류가 많고 여러 기능을 가지고 있어 포장재에 대한 수요가 다양화하는 현재 그 사용양은 나날이 증가하고 있다. 포장재에 관해서는 자원과 에너지 절약, 제조 시에 배출물의 영향, 사용이 끝난 폐기물처리 등 환경에 미치는 영향이 크다. 감소(reduce), 재사용(reuse), 재생(recycle) 등으로 대표되는 3R의 자원 순환형 사회를 위한 발전 차원에서 「용기포장 리사이클법」과 더불어 그 대처속도가 날로 빨라지고 있다. 이러한 사회적 요청을 받아 포장 재료는 차단성이나 내열성 기능이 고도로 발전함과 동시에 재료절감, 생분해성, 재이용 등을 해결하기 위한 연구개발이 활발하게 이루어지고 있다. 한국도 (주)한국린테크, 한국식품개발원 등에서 기능성 포장재를 연구하고 있으며 과일, 채소의 신선도를 유지하는 필름들을 출시하고 있다. 앞으로도 용도 및 새로운 기능을 부여하는 연구개발을 통하여 시상성을 확보하는 것이 주요한 과제라 생각된다.

7. 식품포장의 진화 – 단순 보관에서 맛·유통기간 연장으로 발전

30년 전 '레토르트' 상업화 후 급진전…이산화탄소 없앤 원두커피 품질 향상, 첨가제 넣어 유통기간 늘리는 활성포장·내용물 변질 막는 산소흡수제 등 식품포장 역사는 인류의 식생활 역사와 함께 한나. 포장의 형태는 지금과는 사뭇 달랐지만 원시시대에도 식품포장이 있었다. 고기나 과일을 먹다 남으면 나뭇잎에 싸 두었는데, 이것 역시 식품포장의 한 형태로 볼 수 있기 때문이다. 근대적 식품포장은 1804년 나폴레옹 시대 때 통조림 원리가 밝혀지면서 시작됐다. 오늘날 식품포장재의 주류를 이루는 폴리에틸렌(PE)이나 폴리프로필렌(PP) 같은 플라스틱 포장재는 1930년대에 개발됐으며, 레토르트 포장은 1977년 처음 상업화에 성공했다.

이처럼 식품포장 기술이 진화하는 데는 식품포장이 갖는 몇 가지 고유 기능이 있기 때문이다. 우선 포장은 식품을 담아서 운반하고 소비되도록 분배하는 기능을 갖는다. 예를 들면, 주스를 병에 담아 포장하고 이 병들은 다시 박스에 포장돼 소비자에게 전달된다. 또 식품포장은 식품에 보호성과 보존성을 부여한다. 보호성은 식품에 가해질 수 있는 외부 충격을 막아주는 것으로 부서지기 쉬운 과자를 포장할 때 내부에 질소가스를 충전, 외부의 충격으로부터 과자를 보호하는 것이 이에 해당한다. 보존성은 미생물 등 식품을 변질시키는 인자로부터 식품을 차단해 저장성을 높이는 것을 말한다. 또 다른 식품포장의 기능은 변조방지다. 소비자가 식품을 구매했을 때 포장만 봐도 변조 여부를 알 수 있다. 그 외 포장은 소비자에게 편의성을 제공하고 생산자에게는 판매촉진 기능을 부여하며, 식품의 영양성분과 열량 등 소비자에게 필요한 다양한 정보를 전달하는 역할도 한다.

식품포장의 다양한 기능 때문에 기업에서는 이의 개선을 위해 수많은 노력을 하고 있다. 최근 식품에 보존성을 부여하기 위한 포장기술 중 활성포장(active packaging)이 각광받고 있다. 이 기술은 포장재나 포장 내부에 첨가제를 넣어 식품의 유통기간을 연장시키는 것으로 일본에서 많이 개발됐다. 대표적인 활성포장은 조미한 김을 포장할 때 흡습제인 실리카겔을 넣는 것이다. 맛김이 수분을 흡수하면 바삭한 맛이 없어지면서 상품가치를 잃는다. 그래서 맛김을 포장할 때는 항상 수분흡수제를 내부에 넣어 수분을 흡수시킨다. 이렇게 포장한 맛김은 항상 바삭한 조직감을 유지할 수 있게 된다.

산소흡수제 포장도 있다. 내부에 산소가 있으면 잘 변질되는 과자, 빵, 가공육류, 피자, 떡 등을 포장할 때 사용한다. 일반적으로 산소는 식품 중 지방, 비타민, 색소 등을 산화시켜 영양가를 떨어뜨리며, 곰팡이나 세균을 증식시켜 유통기간을 단축시킨다. 그래서 포장 내부에 산소를 흡수하는 물질을 넣는다. 그러면 내부의 산소농도가 0.1% 이하로 줄어 산소에 의한 변질로부터 식품을 보호하게 된다. 일본의 한 회사에서 개발한 산소 흡수제가 상업적으로 이용되고 있는데, 일본에서만 한 해 100억 개 이상이 판매되고 있다.

보존제를 방출시키는 활성포장이 있다. 식품의 산화방지제인 BHA나 BHT를 플라스틱 포장재를 만들 때 함께 넣어 만든다. 이 포장재에 식용유지, 버터 등의 식품을 넣으면 유통기간 내내 포장재에서 산화방지제가 방출돼 산화를 막아주므로 식품의 저장성이 높아진다. 일본에서는 와사비 추출물을 넣은 플라스틱 필름을 개발해 도시락 내부 덮개로 사용한다. 그러면 와사비 추출물이 도시락의 미생물 성장을 억제시켜 식품이 빨리 변질되는 것을 막아준다.

포장 내부에 에틸렌 제거제를 넣어 과일이나 채소의 저장성을 높이는 기술이 널리 이용되고 있다. 에틸렌은 저장 중 과채류가 호흡할 때 발생되며 숙성호르몬 작용을 한다. 즉, 저장 중 포장 내부에 에틸렌이 많아지면 과채류의 숙성이 급격해져 빨리 상하게 된다. 따라서 과채류의 저장성 향상을 위해선 에틸렌 제거가 필수적이다. 에틸렌 제거제로는 에틸렌 분해능이 높은 과망간산칼륨($KMnO_4$)을 사용한다.

미국에서 세계 각국으로 오렌지, 체리, 사과 등의 과일을 수출하거나 우리나라에서 일본으로 꽃을 수출할 때 컨테이너 안에 에틸렌 제거제를 넣는다. 그러면 이들 농산물의 신선도가 오랫동안 유지된다. 이산화탄소를 제거하는 활성포장도 있다. 이산화탄소는 원두커피의 품질을 떨어뜨리므로 포장할 때 이산화탄소 제거제를 넣는다. 에탄올을 캡슐로 만들어 넣으면 캡슐에서 방출되는 에탄올이 식품표면의 미생물을 사멸시켜 저장성을 높이는 기술도 있다. 식품포장 기술은 신문지로 만든 봉지에 붕어빵을 담는 원시적인 포장에서 활성포장까지 진화해 왔다. 앞으로 과학기술이 발달함에 따라 식품포장 기술도 진화해 갈 것이 분명하다. 어떤 획기적인 포장기술이 개발될지 관심을 가지고 지켜봐야 한다.

제 9 장

식품의 용기

세상의 모든 것은 시대를 반영하기 마련이다. 식품을 보호하고, 보관하기 위한 용도로 사용되던 '식품의 용기'도 시대의 가치에 따라 유통, 상품가치, 정보 전달, 환경, 건강 등을 반영하기 시작했다. 수렵과 채집을 하던 원시시대에도 나뭇잎, 동물의 가죽, 조개껍질 등의 형태로 식품의 용기가 존재했다.

점차 토기그릇, 바구니 등 가공된 형태의 용기를 사용하기 시작하면서 형태와 기능이 발전하기 시작했다. 물물교환을 교환을 하던 시대에서 화폐로 물건을 사고파는 시장이 등장함에 따라 식품의 용기는 매매를 위한 포장과 보관을 위한 용기로 구분되기 시작했다. 포장의 역사가 급변하기 시작한 시기는 20세기 중반부터이다. 화학기술의 발달로 고분자물질의 인공합성이 가능해지면서 지금은 흔하게 사용하고 있는 종이박스, 캔, 유리병 등을 사용할 수 있게 되었다. 나날이 소비자의 편리성을 고려하는 포장기술이 발달하면서 통조림에 사용되는 원터치캔, 포장두부에 사용되는 이지필필름, 마요네즈에 사용되는 스퀴즈튜브 등도 등장했다.

그림 9-1. 식품용기의 변화

1. 식품포장용 용기

포장재 및 용기는 식품의 물리적, 화학적, 생물학적인 변화를 최대한으로 막기 위해 방수성, 단열성, 기체 차단성, 차광성 등이 요구된다. 하지만 '보기 좋은 떡이 먹기도 좋다'는 말은 식품시장에서 성공의 불문율로 여겨질 만큼 중요한 요소이며, 가공식품의 포장재가 그 역할을 담당하고 있다. 하루에도 수많은 기업에서 다른 이름 아래 비슷한 제품들이 쏟아지고 있다. 이로 인해 포장재의 디자인과 형태는 소비자의 관심과 구매 욕구를 일으키는 결정적인 요인이 되고 있다.

또한, 포장재는 정보 전달을 위한 수단으로도 효과적으로 이용되고 있다. 한때 불리한 내용은 감추고, 유리한 것만 강조하면서 상품의 가치만 홍보하던 포장재에 대한 소비자단체의 항의로 인해 현재 모든 제품에는 유통기한, 제조일자, 판매자, 영양성분 표시, 원산지, 식품첨가물의 용도 등이 표기되고 있다. 더불어 제품 표면에 바코드가 표기되기 시작하면서 상품의 관리와 유통의 편리함을 주고 있다.

식품의 용기가 인류에게 편리함을 가져다 준 반면, 위생성과 안정성에 대한 문제가 빈번하게 발생한다. 대표적인 예로 유아용 젖병 등에 사용되는 폴리카보네이트에서 환경호르몬인 비스페놀에이가 용출된 사건이나 PVC랩에서 환경호르몬인 디에틸헥실프탈레이트가 용출된 사건이 발생했다. 또한 통조림캔에서 주석이 용출되어 식품이 오염되거나 컵라면의 용기도 사용되는 스티로폴에 뜨거운 물을 부었을 때, 용출될 수 있는 환경호르몬으로 인해 문제가 되기도 했다.

그림 9-2. 식품포장 용기의 변화(1)

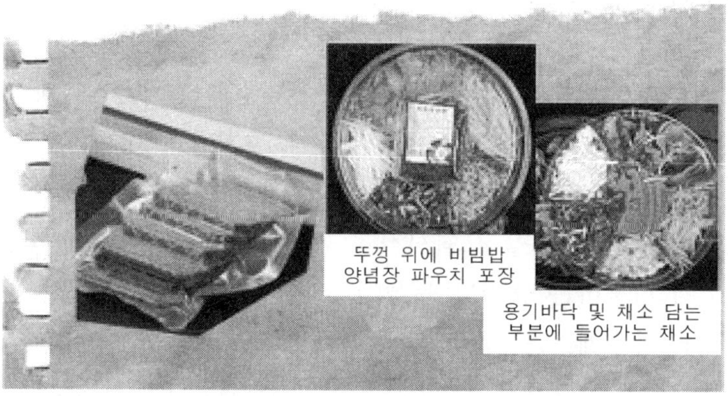

그림 9-3. 식품포장 용기의 변화(2)

이 같은 문제점들은 식품의 용기가 인간에게 이롭게 발전하는데 촉매제가 되었다. 현재는 플라스틱이나 랩, 비닐의 사용을 최대한 줄이고 병이나 종이 등 재활용할 수도 있고 인체에도 무해한 용기를 사용하기 시작했다. 컵라면도 역시 스티로폴 용기에서 종이 용기로 탈바꿈하게 되었다. 최근 건강과 환경에 대한 소비자들의 관심도가 높아지면서 포장기술도 이에 발맞춰 발전하고 있다.

먼저 새롭게 떠오르고 있는 '진공포장 기법'을 꼽을 수 있다. 진공포장 기법은 세균의 번식을 완벽하게 차단해 주고, 신선한 맛을 최대한으로 유지할 수 있게 한다. 이 같은 기술은 프리미엄 커피, 두유 등에 이용되고 있다. 또한 농촌진흥청에서 개발한 비빔밥 용기는 색깔별로 8가지 채소를 담고, 윗면에 밥과 양념장을 배치해 디자인과 편리함을 추구했다. 동시에 신선도가 중요한 채소가 5℃에서 5일간 품질을 유지할 수 있도록 했으며, 장소에 구애받지 않고 먹을 수 있어서 한식의 세계화에도 일조를 하고 있다. 이밖에도 김장독의 누름돌 원리를 적용한 김치의 뚜껑 포장, 산소를 차단할 수 있도록 세 겹으로 만든 즉석밥의 용기, 커피 맛을 최대한 살리기 위한 캡슐형 포장재 등도 있다.

반면에 크게 변하지 않는 포장재도 있는데 사실은 변할 수 없기 때문이다. 유제품의 포장재가 이에 해당한다. 우유와 같은 발효유는 종이보드로 만든 용기에 포장되는데, 내면을 알루미늄 호일로 라미네이트 시키거나 polythene으로 코팅해서 광선 차단을 효율성을 높이고, 저장성을 높일 수 있다. 치즈는 보통 기름이 배지 않는 종이나 알루미늄을 라미네이트 한 종이에 포장하는데, 이는 지방과 수분에 강해 치즈포장을 쉽게 벗겨낼 수 있고, 치즈가 건조되는 것을 방지해 준다. 버터도 광산 차단성이 우수한 라미네이트 된 알루미늄 호일에 포장한다.

2. 식품을 저장하는 용기

저장하는 용기는 위생적인 관리와 사용이 가장 중요하다. 용기의 재질과 특정을 정확하게 파악하고 안전하게 사용해야 한다. 일회용 포장재를 아깝다고 생각해서 재사용하는 경우가 많은데, 굉장히 위험한 행동이다. 일회용 포장재에 열이 가해질 경우, 환경호르몬이 용출되어서 식품을 오염시킬 수 있고, 심하게는 발암물질을 유발하기도 한다. 또한, 평소에 사용하는 용기도 특성에 맞게 소독하는 것이 중요하다. 즉, 자주 소독한다 하더라도 용기에 맞는 소독법이 아니면 소용이 없다는 이야기다.

합성수지제 젖병은 폴리아미드, 폴리에틸렌설폰, 폴리카보네이트 재질이 주로 사용된다. 젖병은 끓는 물에 2～3분간, 젖꼭지와 뚜껑은 30초간 소독하는 것이 좋다. 간혹 젖병을 식기세척기에서 세척하는 경우가 있는데, 이는 제품의 수명이 단축될 수

그림 9-4 식품 저장용기(1)

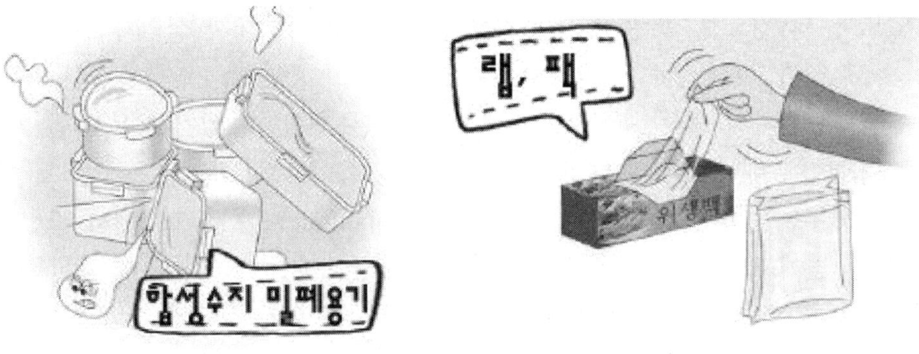

그림 9-5 식품 저장용기(2)

있다. 전기 젖병소독기를 이용해 소독하는 경우, 과도하게 끓이면 제품이 손상될 우려가 있으므로 105℃가 넘지 않도록 주의해야 한다. 또한 젖병에 분유를 타서 전자레인지를 이용해 데우지 않도록 한다.

합성수지제 밀폐용기류는 주로 폴리카보네이트, 폴리프로필렌 재질이 사용되고 있다. 밀폐용기에 탄산음료나 발효식품을 상온에서 장기 보관할 경우, 가스팽창으로 밀폐력이 떨어질 수 있으므로 주의해야 한다. 전자레인지에 사용할 경우, 전자레인지용 용기로 표기되었는지 확인하고, 자금장치를 풀어서 사용한다. 또한 식품을 데우는 용도로만 사용하고 조리용으로는 사용하지 않으며, 빈 용기를 전자레인지에 돌리지 않아야 한다.

일회용 랩 및 팩은 주로 폴리에틸렌 재질이 이용된다. 포장 시에 많이 사용하는 랩은 100℃를 초과하지 않은 상태에서 사용해야 하는데 재질이 변형될 수 있기 때문이다. 또한 지방 성분이 많은 식품이 직접 접촉되지 않게 주의해야 한다. 뚝배기는 내열성 1차점토를 원료로 성형한 후 표면에 유마을 도포하여 1000℃ 이상에서 구운 도기이다. 뚝배기를 세척액으로 세척할 경우에는 수세미로 5초 이내에 닦아준 다음, 즉시 흐르는 물에 10초 이상 충분히 헹구어서 세척액이 잔류하지 않도록 주의해야 한다. 가령 뚝배기에 묻은 음식찌꺼기를 제거하고자 할 때에는 세척액을 사용하지 않고 반드시 맑은 물에 충분히 담가 두었다가 세척하는 것이 좋다.

알루미늄 재질로 만들어진 냄비나 호일은 산을 많이 함유한 식품인 토마토, 양배추, 과일류의 조리 및 저장에 사용하지 않도록 한다. 그 밖에도 양파망과 같이 포장 용도로 사용되는 것들은 조리 용도로는 사용하지 않는 것이 좋다. 또한 컵라면 용기나 멜

그림 9-6 식품 저장용기(3)

그림 9-7 식품 저장용기(4)

라민수지 식기류는 전자레인지에 사용하는 것을 피해야 한다. 코팅 프라이팬을 사용할 때에는 빈 채로 불에 올려놓지 않으며, 세척할 때에도 날카로운 금속을 사용하지 않도록 주의한다.

3. 식품포장 기술 사례

Tetra Pak이라는 포장기술 전문 업체에서 게이블 탑(gable top)이라고 삼각지붕 모양의 디자인 패키지를 선보였다고 한다. 게이블 탑은 그 동안 우유, 주스류 등에서만 적용된 패키지인데, 이것을 과자나 시리얼에도 적용하고, 앞으로는 농산물까지 확대할 예정이라고 한다. 이 패키지는 그림 9-9와 같은 물질로 이루어져 있다.

그림 9-8. 게이블 탑 포장을 적용한 제품

그림 9-9. 게이블 탑 포장용 필름의 구조

이 포장기술을 적용한 프랑스 다농 사의 미니 비스킷이 가장 최근 제품이며, 유럽과 미국 시장에 곧 출시될 예정이라고 한다. 제품을 포장하는 기술은 점점 중요해지고 있는 것 같다.

유통기간을 안전하게 늘릴 수 있고, 저장과 이동에 편리한 점, 포장하는 비용, 소비자가 제품 선택에 미치는 외형적 조건 등을 고려한다면 제품을 포장하는 것은 제품을 만드는 것 못지않게 중요한 요소인 것 같다. 이 회사(www.tetrapek.com)는 세계에서 유일하게 이러한 포장기술을 고형 식품에 적용한 회사라고 주장하고 있다.

4. 식품포장의 과학

우리들은 마트에서 과자를 사먹고 여러 식품을 사서 먹는다. 간편한 즉석식품을 먹기도 하고 추운 겨울엔 편의점에서 호빵을 사 먹기도 한다. 지금 우리에게 이런 당연한 것들에도 사실 식품포장 속 과학의 공이 크다.

(1) 액티브 포장기술

액티브 포장기술이란 제품에 변질을 일으키는 미생물을 살균하는 기능성 물질이나 화학적 변화를 일으키는 산소와 수분을 제거할 수 있는 기능성 소재를 포장 재료에 넣는 기술이다. 이 포장기술은 찬바람 불면 생각나는 호빵의 포장에 이용된다, 호빵의 포장에는 겨자유나 고추냉이 성분을 사용하는데 겨자유와 고추냉이는 '알릴 이소티오시안산'이라는 성분을 포함한다. 이 성분은 박테리아나 곰팡이의 성장을 억제해 호빵의 보관 수명을 연장해 준다.

그림 9-10. 액티브 포장

(2) 나노포장기술

나노소재 MMT를 넣은 플라스틱 포장재는 산소를 차단해 산소에 민감한 카스테라류의 보관 수명을 연장시켜 주는데, 이는 MMT가 식품의 산패 및 미생물의 성장을 돕는 산소나 수분의 경로를 차단하기 때문이다. 또 다른 나노소재 이산화티탄은 콩나물 포장에 이용되는데, 이산화티탄은 광원과 접촉하면 산소를 활성화시켜 산소로 하여금 항균성을 가지게 해 미생물 성장 방지 및 악취 제거의 역할을 한다.

그림 9-11. 나노포장

(3) 무균포장기술

현재의 즉석 밥은 취사와 충진 및 포장과정이 모두 무균실에서 진행되고, 보관용기는 3층, 뚜껑은 4겹으로 제조된다. 내부에 어떤 미생물도 들어가지 못하기 위함인데 이것을 무균포장이라 한다. 무균 포장된 즉석밥은 상온에서 6개월 동안 보관할 수 있다.

그림 9-12. 무균포장

(4) 질소포장

봉지과자 속 질소는 나름 중요한 역할을 한다. 과자의 기름은 산소와 만나면 산화반응을 일으켜 과자의 맛과 색이 변하게 되는데, 비활성 기체인 질소는 화학반응을 일으키지 않아 오랫동안 과자의 맛과 색을 유지시키고, 또한 과자의 부서짐을 방지한다.

그림 9-13. 질소포장

제 10 장

가스를 이용한 기능성 식품포장

최근 들어 새로운 가스처리기술이 개발되면서 기존의 식품과 유통기간 연장, 품질 유지 및 향상 등의 목적으로 다양하게 응용이 이루어지면서 차별화가 이루어지고 있다. 따라서 새로운 방식의 가스포장에 적합한 다양한 특성의 가스를 공급하는 기술개발도 진행되고 있다. 2000년 이후 여러 산업분야에서 기술개발의 발전은 소비자의 의식과 생활수준에 직접적인 영향뿐만 아니라 제품에 대한 소비자 선호도 및 요구가 구체적이고 다양하게 변화되고 있다.

제품에 대한 포장기술도 내용물의 보호성(protection), 취급 편의성(convenience), 판매 촉진성(communication)의 기본적인 요소를 바탕으로 기존의 단순한 제품 보호 기능 형태의 포장을 벗어나 제품의 가치를 높이고, 기능성을 부여하는 첨단 포장기술 쪽으로 상업화에 맞추어 개발이 이루어지고 있다. 일반적으로 포장기술이 가장 널리 적용되고 있는 산업은 식품분야라고 할 수 있으며, 식품제품의 상품화에도 중요한 역할을 담당하고 있다. 포장기술의 활용은 제품처리, 제품생산, 포장작업, 포장재 처리, 저장 및 유통 등 다양한 측면에서 제품의 취약점 보완이나, 제품의 유통기간 연장, 그리고 제품의 품질 유지와 향상을 위해 다양하게 활용되고 있다.

대부분의 식품은 제품 주변의 가스 환경조건에 따라 수분손실 및 흡수, 산소와 반응, 세균 및 곰팡이 등의 호기성 미생물의 성장에 의하여 빠르게 부패과정이 진행된다. 미생물의 성장은 식품제품의 조직감, 색, 영양학적 변화를 초래한다. 이러한 변화는 구매하는 소비자에 있어서 안전성 및 위생성의 문제를 발생시킬 수 있다. 따라서 식품포장에 대한 가스의 적용은 식품제품의 특성에 따라 품질 및 선도유지 기능과 포장 외부에서 미생물 성장이나 기타 오염으로부터 예방, 미생물 이외에도 제품의 산패를 일으키는 산소제거 기능 등이 있다.

여러 품질 변화에 영향을 주는 요인으로부터 효과적으로 제품의 보호 및 상품성을

표 10-1. 기능성 포장에서 액티브 포장의 기술범위

기 능	포장기술 범위
흡 착(Scavenger)	포장 소재에 함침 또는 포장에 봉입하는 흡착성 물질을 이용하여 포장 내부의 반응성 유해물질을 흡착 및 제거
방 출	포장 소재의 기능성 무지에서 CO_2나 EtOH 같은 품질 유지에 필요한 가스 및 화합물을 방출하여 제품의 품질향 상
가스투과 조절	포장 내부의 기체조성을 제품에 필요한 기체상태 유지

부여하기 위하여 상업적으로 다양한 포장처리 기술이 적용되고 있으며, 최근의 기능성 식품포장에 적용되고 있는 가스의 활용 분야를 소개한다.

1. 기능성 포장의 성장

국내에서 '기능성 포장'이라는 용어는 1980년대부터 등장하였으며, 기능성 포장의 의미는 기존 포장기능에 비교하여 더욱 효율적인 기능이 부여되거나 기존 포장에 없었던 새로운 기능을 나타내는 경우에 포장제품의 중요성을 더욱 강조하기 위한 표현으로 사용하고 있다.

기능성 포장재의 개발은 슈퍼마켓의 등장과 함께 유통 마켓시장의 변화에 따른 상품포장 시스템의 구조적 변화라고 볼 수 있다. 이러한 유통의 변화로 인해 연포장재에 대한 라미네이트 가공기술 개발, 이축연신 나일론 및 PET 필름 등과 같은 우수한 특성을 가진 포장소재 개발이 발전하게 되는 과정을 거쳤으며, 또한 석유파동을 경험하면서 과대·과잉포장에 대한 문제 제기, 포장 폐기물의 처리문제 등이 불거지면서 자원절감 포장을 위한 전략 등이 시작되었다.

제품의 다양화, 소비수요 증가 및 포장을 통한 제품의 차별화가 진행됨에 따라 포장재를 더욱 얇고 경량화, 편리화, 고기능화를 위한 고품질화 등의 특성이 부여되어 기능성 포장재가 개발 상용화되었거나 제품화 준비 중에 있다.

2. 기능성 포장의 원리 및 효과

현재 많은 관심을 가지고 상업화되고 있는 기능성 포장기술의 하나로서 '액티브 포장'이라는 용어가 사용되고 있다. 액티브 포장은 기능성 포장 및 포장재 적용 등으로 제품의 선도 유지, 편리성, 판매성을 부각시키는 기술이라고 할 수 있다. 다시 말해서 포장된 제품 뒤에서 포장이 특정한 기능을 수행할 수 있도록 하는 장치 또는 기술을 부여하여 제품의 취약점 보완이나 제품의 수명연장, 그리고 제품의 품질유지·향상을 도모하는 기능을 갖고 있으며, 포장소재나 포장기술에 단독적 그리고 능동적으로 기능을 수행하여 제품과 상호작용을 하는 것을 액티브 포장(active packaging)이라고 한다. 기능성 포장재 중에서 액티브 포장의 기술범위는 다음과 같다.

① **가스제거(gas scavengers) 기능성 포장** : 포장 안쪽 및 포장재료 내부의 active absorbing agent를 적용하여 포장 내부의 산소나 에틸렌, 이산화탄소와 수분을 흡착하여 식품 및 의약품의 보관수명을 연장하는 기술.

② **활성물질 방출(emitters) 기능성 포장** : 흡착제와 반대로 주로 포장소재에서 이산화탄소나 에탄올과 같은 항균제와 같은 active agent가 방출되어 나와서 식품과 의약품의 품질을 연장하는 기술.

③ **가스조절(control of gas permeation) 기능성 포장** : 산소나 수분의 적절한 투과도를 유지함으로써 포장 내부의 식품에 필요한 가스조성을 만들어 식품의 보관수명을 연장하는 기술.

이러한 대표적인 액티브 포장은 가스에 관련된 기술이라고 할 수 있으며, 그 외에도 나노기술 적용 포장, 습도조절 포장, 온도제어 포장(자기가열 및 자기냉각), 인텔리젠트 포장, 전자레인지 포장 등 여러 형태의 기능성 포장 개발이 진행되고 있다.

3. 가스관련 기능성 포장 적용

기능성 포장에서도 제품을 물리적 및 화학적으로 보호하는 기능이 가장 중요하다는 것은 말할 것도 없다. 화물운송의 과정에서 받는 진동 또는 충격 혹은 보관중의 적재, 압축, 하중 등의 외력부터 내용물은 물론 포장 자체의 파손, 손상, 변형 등을 방지하는 것을 물리적 보호기능이라고 한다.

한편, 대기 중의 습기와 산소에 민감한 특히 식품, 의약품 또는 기호품 등의 포장에서는 보호성 및 산소 차단성(가스배리어성)이 필요로 하는 것을 화학적 보호기능이라고 한다.

▣ 높은 차단성을 갖고 있는 하이배리어성 기능성 포장용기의 예 :
(중층 PET 용기)

표 10-2. MAP 포장에서 고려해야 할 사항들

온 도	가 스	포장방법	기계적 특성
• 병원균의 성장 • CO_2 이용조절	• CO_2 • O_2 • N_2 • 에틸렌가스 • 수증기	• 구멍 뚫리는 것에 대한 저항 • 밀봉 특성 • 김서림 방지 • O_2 투과성 • 수분투과 비율 • CO_2 투과성	• 내열성 : 견고한 포장재료 • 막대포장 : 유연한 포장재료

포장된 식품의 유지성분, 비타민류 및 색소성분 등의 산화에 의한 품질 열화를 방지하기 위해서는 용기포장의 산소가스에 대한 차단성이 우수한 하이배리어(낮은 가스투과성)에 의한 포장이 특히 요구된다. 특히 유지, 비타민 또는 색소성분 등의 산화, 분해, 갈변에 민감한 식품은 공기 중 산소의 영향을 받아 산화가 진행되어 변패가 발생한다. 품질 열화는 이를 예방하는 포장방법으로 가스치환(가스충전)에 의해 포장 내의 산소를 제거하는 포장이 이용되고 있다. 따라서 유통과정에서 품질 열화에 의한 상품가치의 손상을 예방하는 포장기술은 다음과 같다.

첫째, 산소제거 포장기술로서 식품의 품질 열화 또는 선도의 저하는 산소에 의한 영향을 차단함으로써 방지할 수 있다. 진공포장 및 질소를 이용한 가스치환포장 처리를 볼 수 있으며, 이러한 가스치환 포장도 약간의 산소는 잔류하기 때문에 잔류 산소(0.5～1.0%)를 완전하게 제거할 목적으로 탈산소제를 봉입 포장하여 산소를 거의 전량 흡수하는 목적으로 사용한다. 또한 포장 밀봉한 다음에 포장 외부의 산소가 포장 내부로 침투하지 않도록 가스차단성이 우수한 포장 재료를 이용하여 포장한다.

둘째, 하이배리어 특성(높은 가스차단성) 포장소재 기술로 수증기와 산소를 차단하여 제품의 품질보호를 적용할 경우에 이러한 기체에 대한 배리어 기능, 즉 투과성이 낮은 소재가 필요하다. 이러한 특성은 표면처리 및 다층구조 필름이나 나노기술 포장이 연구개발 중에 있다.

셋째, 가스투과성이 포장소재 기술로 신선제품의 호흡, 대사작용을 억제하여 선도를 길게 유지하기 위하여 간편한 controlled atmosphere 효과를 목적으로 가스투과성 필름이나 에틸렌 호흡기능을 갖고 있는 필름이 사용되고 있다.

표 10-3. 식품별 추천 MA 포장의 가스조성 비율

제 품	%O_2	%CO_2	%N_2
적색육	60~85	15~40	
조리/숙성육		20~35	65~80
가금류		25	75
흰살 생선	3	40	30
기름진 생선		60	40
연 어	20	60	20
단단한 치즈		100	
부드러운 치즈		30	70
빵		60~70	30~40
우유 없는 케이크류		60	40
우유 포함 케이크류			100
신선한 파스타			100
과채류	3~5	3~5	85~95
건조/볶은 식품			100

위와 같이 대부분의 포장소재 연구 및 적용은 제품 품질에 관련이 있는 주변 환경으로부터 가스차단 및 적절한 조절을 통하여 품질유지를 목적으로 한다. 따라서 제품의 화학적 변화에 대한 보호기능으로 포장재 및 용기 내부의 임의적 대기가스 조절을 통하여 식품의 생화학적 부패반응의 진행을 늦추거나 미생물의 성장을 차단하여 제품의 신선도를 유지하여 유통기한을 연장시키는 MAP(modified atmosphere packaging)이라고 하는 가스처리에 의한 포장기법들이 현재 상업적으로 널리 적용되고 있다.

4. MAP에 사용되는 가스

주로 사용되는 세 가지 중요 기체는 O_2, CO_2 및 N_2이며, 단독 또는 혼합으로 사용되는 이러한 기체는 식품특성의 최적화 및 유통기한의 연장에 일반적으로 사용된다. 또한 일산화탄소(CO)와 이산화황(SO_2)도 실험적으로 사용되고 있다.

(1) 이산화탄소(carbon dioxide, CO_2) :

이산화탄소는 용액의 산도를 증가시키거나 pH를 낮추는 탄산(H_2CO_3) 생성을 위해 쉽게 물에 용해된다. 또한 지방 및 다른 유기화합물에도 녹는 특성을 갖고 있다. 온도가 감소하면 CO_2의 용해도는 증가하기 때문에 CO_2의 항균성은 15℃보다는 10℃ 이하에서 현저하게 향상된다.

이러한 특성은 MAP 식품에서 중요한 의미를 갖고 있으며, CO_2의 높은 용해도는 포장내 공간 부피의 감소에 의해서 포장이 감소될 수 있으며, 소매용 치즈포장의 경우는 이러한 원리를 이용하여 MAP 포장방법을 적용한다.

(2) 산소(oxygen, O_2) :

산소는 지방산화, 갈변화, 색소의 산화를 포함하는 식품의 품질을 떨어뜨리는 반응을 촉진시킨다. 일반적으로 부패균과 곰팡이의 성장은 산소가 요구되므로 식품의 유통기한을 증가시키려면 포장 내부의 산소농도를 낮게 유지해야 한다.

일부 식품에서 낮은 산소 농도는 제품의 품질과 안전성 문제에 영향을 준다. 예를 들어 육색의 변화, 과일과 야채의 시들음, 식중독 세균의 성장 등이다. 따라서 식품포장을 위한 가스조상을 결정할 때 이러한 요소들을 고려해야 한다.

(3) 질소(nitrogen, N_2) :

질소는 호기성 미생물들을 성장할 수 없게 하지만, 혐기성 미생물의 성장을 막을 수는 없다. 낮은 용해도 특성을 갖고 있는 질소는 식품포장에서 충분한 질소가스를 포함한 CO_2/N_2 혼합기체로 많이 사용하고 있으며, 이것은 CO_2의 높은 용해도로 인해서 발생할 수 있는 포장의 부피수축을 예방하기 위해서이다.

(4) 일산화탄소(carbon mono-oxide) :

일산화탄소는 수분에 대해서는 낮은 용해도를 갖고 있으나, 일부 유기용매에서는 용해된다. 일산화탄소는 육류의 MAP로 연구되어 상추포장의 갈변을 방지하는 효과로 미국에서 사용을 인증 받았다. 공기와 함께 혼합 사용하면 잠재적인 폭발성과 독성으로 인하여 상업적인 적용에 제약을 받고 있다.

(5) 노블가스(Noble gases) :

헬륨(He), 아르곤(Ar), 크세논(Xe), 네온(Ne)과 같은 비활성 기체를 일컬으며, 이러한 기체들은 감자스넥 제품 등과 같은 많은 식품에 적용하여 사용하고 있으나, 현재 사용하고 있는 N_2와 비교하여 두드러진 장점을 갖고 있지는 않다.

5. 주요 식품의 MAP효과

식품과 접하는 대기환경 기체의 조성을 변화시켜 포장재 내부에서 제품의 품질변화를 예방하여 상품성을 유지시키는 MAP는 주변에서 흔히 접할 수 있는 다양한 제품에 적용하고 있다.

MAP효과는 각각의 식품 종류에 적용되는 가스의 비율, 식품성분, 품종, 크기 및 저장온도 등에 따라 달라질 수 있다는 것을 고려해야 한다. 우선 유제품, 육제품, 가금류 제품, 가공 육제품, 수산제품, 농산물 제품 등의 MAP에 널리 적용되고 있는 식품류에서 MAP 효과는 다음과 같다.

(1) 유제품(Dairy products) :

MAP는 분유, 치즈, 버터와 같은 유제품들의 유통기한을 증가시킬 수 있다. 일반적으로 이러한 제품들은 분말인 경우는 산화, 치즈인 경우는 특히 효모균과 곰팡이로 인해서 변질된다. 특히 분유는 지방산화로 인해서 이취발생에 민감하다.

상업적으로 진공으로 공기를 제거하고, N_2 또는 N_2 및 CO_2의 혼합가스로 치환한 다음에 무균상태에서 금속 캔을 밀봉한다. 스프레이 건조과정 동안에 공기가 분말입자로 스며들게 되며, 10일 정도의 기간이 경과하면 용기를 통하여 공기가 확산된다. 일반적으로 용존산소 함량이 1～5% 또는 그 이상으로 증가된다. 따라서 일부 몇 곳의 판매처는 산소농도가 1% 이하로 유지되도록 제조회사에 10일이 지난 다음에 포장할 것을 요구하고 있다.

또는 O_2 흡착제의 사용이 유효하다. 치즈의 경우에 전통적으로 진공포장을 한다. CO_2 및 N_2 혼합기체(높은 CO_2 농도)의 MAP가 점차 사용되고 있으며, 이것은 낮은 잔존산소 뿐만 아니라 CO_2가 용해되면서 단단한 포장이 되도록 해준다. 이러한 과정에서 포장밀봉에 과다한 압력을 피할 수 있도록 가스혼합물의 정확한 N_2양을 조절하는 것이 중요하다. 또한 포장내 N_2 및 CO_2 가스혼합물 적용은 제품의 유통기한을 연장하기 위하여 중요하며, 높은 수분량 및 낮은 지방 제품은 *Pseudomonas*와 같은 많은 부패균에 민감하다. 따라서 N_2와 CO_2 균형을 맞추어 혼합하면 유통기한을 증가시킬 수 있다.

(2) 신선육(Raw red meat) :

미생물 성장이나 붉은 색을 나타내는 육색소(oxymyoglobin pigment)의 산화는 신선생육의 유통기한을 제한하는 주요 부패대사이다. 포장 기술자들은 포장 내부에 적절한 O_2농도를 조절함과 동시에 호기성 미생물의 성장을 최소화하고, 바람직한 육색을 유지시키려고 노력한다. *Pseudomonas*와 같은 호기성 부패세균은 붉은 육제품에 발생하는 주요 균으로, 주로 CO_2에 의해서 성장제어를 받기 때문에 CO_2와 O_2를 포함하는 가스혼합물을 사용하여 육색의 안정성과 미생물의 억제에 기여할 수 있다. 이러한 가스혼합물은 붉은 육제품의 2～4일에서 5～8일까지 냉장 유통기한을 연장시킬 수 있다.

(3) 신선 가금류 제품(Raw poultry) :

*Pseudomonas*와 *Archromobacter* 같은 미생물의 성장은 가금류 제품의 유통기한을 제한하는 주요 요소이다. 이러한 그람 음성 호기성 세균에 속하는 부패세균은 CO_2에 의하여 효과적으로 성장이 억제된다. 따라서 20%를 초과하는 CO_2 농도의 MAP 포장으로 가금류 제품의 유통기한을 충분히 연장시킬 수 있다.

가금류 제품의 MAP에 대한 초기 연구에서 25%를 초과하는 CO_2 농도에서 육제품의 변색이 보고되었다. 상업적 적용으로 높은 농도의 CO_2는 미생물학적인 문제점을 쉽게 해결할 수 있으나, 때때로 발생하는 다른 문제들은 O_2의 수준을 높게 하여 처리할 수 있다.

최적의 기체구성과 포장형태와 크기에 관한 연구는 개별적인 식품제품을 위해 수행되어야 한다. 제품의 크기 및 포장 내부의 공간비율은 물론 포장재의 형태 및 두께 등도 포장 디자인만큼 중요하다. 유통기한 평가는 제조단계에서 제품의 소비까지의 상태를 반영해야 하며, 포장을 개봉한 이후에도 유통기한의 효과를 평가하는 것이 바람직하다.

(4) 가공 육제품(Cooked, cured and processed meat products) :

가공 육제품의 유통기한을 제한하는 주요 변패대사는 미생물의 성장, 색변화, 산패를 들 수 있다. 조리된 육제품은 열처리를 통하여 세포를 죽이거나, 불활성화 시켜 육색을 고정시킨다. 따라서 조리된 육제품의 변패는 낮은 위생수준과 취급 당시의 결과에 따라 미생물이 후처리 과정에서 가공 오염되는 것이 주요 요인이다. 조리된 육색은 산화에 민감하므로 포장 내부의 O_2 양을 낮게 유지하는 것이 중요하다.

적절한 가스 및 제품비율과 함께 CO_2 및 N_2 혼합기체를 처리한 MAP는 유통기한을 최대화하고, 산화 이취향과 산패 발생을 방지한다. 높은 불포화지방산을 갖고 있는 가공육제품은 산화형 산패에 의해서 변패되기 쉽지만, CO_2 및 N_2를 혼합한 MAP를 적용하면 이러한 변화를 억제하는 데 효과적이다.

(5) 수산물 제품(Fish and fish products) :

유럽 특히 영국에서는 MAP로 처리한 생선제품이 빠른 속도로 판매가 증가하고 있다. 그러나 *Cl. botulinum*에 대한 MAP 개발 한계를 직시해야 하며, 또한 어떤 경우에는 MAP가 제품의 유통기한에 크게 영향을 미치지 못하므로 가격 타당성에 대한 논란의 여지가 있다.

수산물 제품, 특히 생선류의 부패는 저분자 휘발성 물질의 생성으로 발생되므로 포장 전문가들은 이취 차단성 및 미가공 또는 훈증, 염장한 제품들의 강한 생선향의 차단성을 고려한 포장을 검토해야 한다. 생선류의 부패는 크게 3가지 주요 화학대사에 의한 품질 변화가 발생하며, ① 생선 자체의 효소에 의한 조직의 분해(세포조직의 자기분해), ② 미생물의 성장, ③ 산화반응에 의해서 영향을 받게 된다.

MAP는 ②와 ③ 반응을 조절할 수 있으나, 자가분해 과정은 직접적인 영향을 미치지 못한다. 일반적으로 가공 어패류에서 발견되는 주요 부패균은 *Pseudomonas, Moraxella, Acinetobacter, Flavobacterium* 및 *Cytophage*와 같은 호기성균들이다. CO_2의 사용은 이러한 균의 성장을 효과적으로 억제할 수 있다. 또한 저장기간 동안에 *Lactobacilli* 같은 균의 성장을 지연시켜 이취생성을 낮게 한다. 어패류는 낮은 미오글로빈 농도를 갖고 있으므로 색소의 산화가 다른 육제품에 비하여 비교적 덜 중요하다.

특히 생선 종류에 따라 높은 수분 및 지방함량을 가지고 있으므로 N_2는 포장의 붕괴를 예방하기 위하여 사용된다. 그러나 생선 MAP 포장의 주요 문제점은 O_2를 제거하고, N_2 또는 N_2 및 CO_2의 기체조성으로 치환하여 혐기적 환경상태를 형성하면서 오히려 *Cl. botulinum*의 성장을 유도할 수가 있다. 이러한 균들은 3℃ 정도의 낮은 온도에서도 성장하고, 생선의 관능적 특성을 크게 변화시키지 않기 때문에 치명적인 식중독의 잠재적 가능성을 갖고 있다. 그러나 CO_2가 *Cl. botulinum*의 성장을 촉진시킨다는 직접적인 증거가 없기 때문에 일부 연구자들은 CO_2가 균의 포자를 증식시킨다는 가설에 대해 회의적이다.

따라서 생선가공에서 이러한 균의 성장으로 인한 위험성에 대한 예방적 조치로서 MAP 적용에 적절한 O_2를 조합한다. 또한 *Cl. botulinum*의 독소는 상대적으로 열에 민감하기 때문에 어패류의 올바른 조리를 통하여 독소에 관련된 문제를 해결할 수도 있다.

(6) 신선 과채류(Fresh vegetables) :

MAP는 많은 신선 농산물의 안전한 유통기한 연장을 위한 잠재력을 갖고 있다. 가공하지 않은 신선한 채소류의 선도유지 연구는 포장 기술자들에게 많은 도전과제를 제공하고 있다. 다른 냉동 채소류와 달리 신선 농산물은 수확 후에도 계속해서 호흡을 한다.

호기성 호흡은 CO_2와 수분을 생성하며, 채소류의 호흡은 특히 조직의 숙성과 연화를 촉진시키는 에틸렌을 발생한다. 에틸렌은 과채류의 유통기간에 직접적인 영향을 줄 수 있으며, 포장된 농산물의 유통기간은 호흡비율에 반비례한다. 또한 호흡비율은 온도가 10℃씩 상승할수록 3～4배씩 증가한다. 그러므로 신선 채소류의 MAP 적용 기본목적은 품질을 유지시켜 최대한의 유통기간을 연장하도록 호흡비율을 감소시키는 것이다. 호흡비율은 저장 중에 온도를 낮추거나, O_2의 농도를 낮추거나, CO_2의 농도를 높이는 환경조건 및 포장된 환경조건에서 O_2를 낮추고, CO_2를 높이는 적절한 조합으로 감소시킬 수 있다.

CO_2 증가는 호흡을 제어하기 때문에 높은 CO_2 농도는 품종에 따라서는 손상의 원인이 될 수 있다. 낮은 O_2 및 높은 CO_2의 적용은 호흡비율을 낮추거나, 또는 간접적으로 숙성을 저지하는 상승효과를 갖고 있다. 또한 MAP 포장에서 성장할 수 있는 *Cl. botulinum*과 같은 혐기성 세균의 위험 때문에 이러한 환경조건을 형성하지 않도록 최소한 2～3% 수준의 O_2 농도를 추천한다.

(7) 신선육 포장의 CO(carbon mono-oxide in fresh meat packaging) :

2002년과 2004년에 미국의 FDA에서 포장한 case-ready meats는 육색 보존제로서 CO_2의 사용을 허용하였으나, 현재까지 안전한 물질 GRAS(Generally Regarded As Safe Substance)로 분류되지 못하고 있다. 포장된 적색육이 케이스에 부착된 면이나, 미판매된 제품의 고기 색 변색을 연장하는 처리목적으로 일산화탄소를 적용하며, 현재 미국 생육의 유통에서 적절한 유통기한의 연장을 위하여 CO가스 적용이 허용될 것이라는 전망을 근거로 하여 Hormel and Cargill 같은 대형 육가공 및 포장회사들은 고기 포장 제조과정에 CO의 실용성을 꾸준하게 강조하고 있다.

6. 가스충전포장

최근 식품포장에 진공포장기술과 함께 가스충전 포장기술이 다양한 식품에 보존성을 높이는 방법으로 널리 적용되고 있다. 또한 고성능 충전기나 포장소재의 물리적 기계적성이 향상되면서 포장속도의 증가 및 밀봉 특성이 향상되고 있고, 포장기계의 자동화로 인한 작업효율도 더욱 증가되었다.

가스충전 포장기술은 일반적으로 크게 3가지로 분류할 수 있으며, 포장재 내부의 가스충전 및 치환이 이루어진다.

(1) 노즐식 :

식품이 포함된 포장재 내부의 공기를 포장재 내부로 삽입한 노즐로 탈기한 다음, 질소나 탄산가스로 봉입하는 방식이다. 다른 방식에 비하여 가격 및 조작방법 등이 간단하지만, 포장 내부의 산소가 완전하게 제거되지 않는다는 결점을 갖고 있다.

(2) 챔버식 :

유연포장재 및 성형된 트레이 포장에 주로 이용되는 방법으로 식품을 담은 포장이 들어있는 챔버에 고정한 다음 챔버가 밀봉되고, 식품이 들어있는 포장 내 외부의 공기를 진공펌프로 탈기한다. 충분히 탈기된 다음에 포장 내부에 가스를 투입하고, 입구부를 밀봉하는 방법이다. 주로 육제품이나 수산가공품에 많이 적용하고 있다.

(3) 가스플래쉬 :

탈기과정을 거치지 않고 직접 가스를 플래쉬 하는 필로우 포장기에 롤 모양의 필름을 재대히면서 내용물을 포장한다. 밀봉 전에 질소나 탄산가스를 플래쉬 한다. 고속가스 충전이 가능하지만 포장내 공기의 치환이 불완전하며, 잔류 산소농도가 보통 1~2%에 달하므로 주로 스낵류, 커피, 감자칩 등의 포장에 많이 적용하고 있다.

7. 요약 및 결론

기능성 포장기술은 앞으로 여러 나라들이 적용할 진보된 포장기술이며, 국내외 소재기술의 발달과 함께 기존 제품과의 차별화와 포장 선진국들과 기술 경쟁력을 강화하기 위해서라도 첨단 기능성 포장기술의 개발에 적극적인 관심과 투자가 필요하다.

기능성 포장기술은 가스처리기법과 절대적인 상호관계를 갖고 있으며, 포장연구 개발이 단순한 가스차단성 목적 외에도 포장의 기능성을 이용한 다양한 미래지향적 응용기술 분야로 진행된다면 포장산업에서 가스의 상업적 이용과 활용이 더욱 활발해질 것으로 예상한다.

국내 포장산업도 기능성 포장기술에 대한 연구개발에 보다 적극적이고, 과감한 투자를 통해 전 세계적으로 통용할 만한 상품기술을 개발한다면 제품 자체의 경쟁력은 물론 국제화를 통한 국가 경쟁력 및 관련 산업(가스산업, 기계산업 및 유통산업 등)의 획기적인 발전에 큰 도움이 될 것이다.

제 11 장

유니버설 디자인

1. Universal Design

'보편적인 디자인' 혹은 '모든 사람을 위한 디자인'이라고도 한다. 초창기엔 고령자나 장애인과 같이 신체가 불편한 사람들이 생활에서 불편하지 않도록 하는 배리어프리 된 디자인 개발에 초점이 맞춰졌으나 차츰 연령과 성별, 국적(언어), 장애의 유무 등과 같은 개인의 능력과 개성의 차이와 관계없이 처음부터 누구에게나 공평하고 사용하기 편리한 제품, 건축, 환경, 시비스 등을 구현하는 디자인으로 의미가 발전했다. 1990년대 미국 노스캐롤라이나 주립대학의 유니버설디자인센터에서 근무한 로널드 메이스가 제창했다. 로널드 메이스는 장애로 인해 휠체어를 타고 다녔다.

유니버설 디자인의 7가지 원칙은 첫째 누구나 공평하게 이용할 수 있고, 둘째 사용하는 데 자유로우며, 셋째 사용법이 간단하여 쉽게 할 수 있으며, 넷째 필요한 정보를 곧바로 이해할 수 있고, 다섯째 무심코 실수나 위험에 빠지지 않는 디자인, 여섯째 무리한 자세를 취하는 일 없이 적은 힘으로도 편하게 이용할 수 있으며, 일곱째 취급하기 쉬운 공간과 크기이다. 유니버설 디자인은 우리 주변에서 흔히 볼 수 있는데, 레버식 문손잡이나 발판을 낮춘 낮은 바닥형 버스, 보도의 높이와 버스 바닥의 높이가 일치하도록 만든 버스 정류장, 지하철역과 지상을 연결해 주는 엘리베이터 등이 대표적이다.

영국의 경우 1995년 사회적 약자를 위한 디자인 관련 법안이 제정되면서 모든 건물에 휠체어 통로와 엘리베이터가 생겼으며, 정확한 지도와 표지판 등을 설치해 복잡한 런던을 누구나 편리하게 다닐 수 있도록 만들었다. 일본의 시즈오카 현(静岡縣)은 도시 전체를 유니버설 디자인으로 리모델링하여 공원과 지하철 등의 도시 시설에서부터 상점과 숙박시설 전시회장 등 도시 전반에 걸쳐 편리성을 추구하고 있다. 한국의 경우 경기도에서 '유니버설 디자인 가이드라인'을 개발하는 등 지방자치단체를 중심으로 공공 시설물에 유니버설 디자인을 도입하는 사례가 늘고 있다.

무장애 디자인이란, 장애인 복지의 기본이념인 '완전한 사회참여와 평등'을 실현하기 위해 건물이나 도시, 시설물을 장애인의 일상생활과 사회활동에 아무런 불편이 없도록 만들기 위한 것이다. 여기서 이 용어의 사전적 의미는 장애(barrier)를 없앤다(free)라고 해석된다. 다시 말하면 장애인이 장벽으로 느끼는 물리적인 장애를 제거한다는 의미이다.

이와 함께 유니버설 디자인은 무장애 디자인과 같이 신체적 기능제약을 가진 장애인만을 대상으로 하는 것이 아니라, 모든 사람을 대상으로 하여 이들 모두에게 유익하도록 디자인 하자는 의미가 내포되어 있다. 이 개념은 1970년 로널드 메이스(Ronald Mace)에 의해 주창된 것으로 '연령이나 능력에 관계없이 모든 사람들이 최대한 사용하기 쉽게 만들어진 제품이나 환경에 대한 디자인'이다. 이는 모든 사람을 위한 디자인(design for all)이라고 부르기도 한다.

(1) Inclusive Design vs Universal Design

최근에 universal design에 이어서 inclusive design의 개념이 새롭게 확장되고 있다. 이들의 특성, 장단점 적용 시 기대효과와 방법들을 비교하면 다음과 같다.

(2) 유니버설 디자인(Universal Design) 의 개념/원칙

유니버설 디자인은 단지 사회적 약자만을 위한 디자인이 아니라 보통 사람에게도 보편적으로 유용한 물건과 시설, 환경을 뜻한다. 다시 말해 디자이너가 특정 집단만이 아니라 사용자를 넓게 정의하고 한 디자인이다. 유니버설 디자인이 시작된 미국에서는 신체, 인종, 종교, 문화 차이에 따라 차별을 받지 않도록 규정하는 '동등한 기회 Equal Opportunity' 정신이 보편화되어 있는데, 이러한 가치관이 디자인에도 적용되었다.

유니버설 디자인(Universal Design) 외에 무장애 디자인(Barrier Free Design), 접근 가능한 디자인(Accessible Design), 수용 가능한 디자인(Adaptable Design), 생애주기 디자인 Lifespan Design), 모두를 위한 디자인(Design for All), 인클루시브 디자인(Inclusive Design) 등의 용어가 있으나 유니버설 디자인이라는 말이 비교적 널리 쓰이고 있다.

2000년대 초반에 일본의 가전업체인 마츠시다는 자사 제품에 유니버설 디자인을 적극적으로 접목하여 기업 경쟁력을 회복한 사례가 있으며, 그밖에 도요타나 혼다 등 일본 자동차 회사와 토토와 같은 기업들이 유니버설 디자인을 강조하고 있다.

표 11-1. Inclusive design과 universal design의 비교

<table>
<tr><th></th><th>Inclusive Design</th><th>Universal Design</th></tr>
<tr><td>특성</td><td>사용자가 누구인지에 관계없이 장애가 없는 사람들에게도 훨씬 사용하기 편해지는 베러가 들어있는 제품 및 환경을 제공.</td><td>장애인들이나 노약자도 편하게 사용할 수 있는 디자인(배리어 프리 : 누구나 손쉽게 쓸 수 있는 디자인)</td></tr>
<tr><td rowspan="2">장단점</td><td>장 점

• 모든 사용자가 사용가능하지만 조금 더 특정 대상을 고려</td><td>장 점

• 유용성 측면에서 상품이 모든 사람에게 이로움(공용화 설계를 통한 경제성)
• 접근성을 증진시켜 포괄적인 대상들을 소비자층으로 둘 수 있음(시장성)</td></tr>
<tr><td>단 점

• Inclusive한 제품에 대한 저작권(특허권)에 따른 가격적인 측면에서 장벽이 될 가능성(예 : 다이슨 사의 Inclusive하지만 프리미엄 가전제품인 날개 없는 선풍기)</td><td>단 점

• 획일화 및 표준화를 함으로써 소수의 사용자를 포괄가능하나, 자칫 다수의 사용자의 이익을 저해할 가능성(거부감)</td></tr>
<tr><td>기대효과</td><td>• 제품과 사용자의 이해를 통한 배려 향상 및 혁신제품 등장 가능성 증진
• 사용자의 만족도 향상</td><td>• 설계 시에 배제되어 있던 소수자를 포용하는 디자인을 통해 사회통합성 강화
• 사회적 배려에 대한 암묵적 동의 가능</td></tr>
<tr><td>비교</td><td colspan="2">• Inclusive Design은 Universal Design보다 고려대상 범위가 더 넓고, 장애인을 포함한 일반인의 눈높이에 맞고 불편함이 없는, 배려하는 디자인으로 다양한 인식을 반영한 사용자 중심의 디자인으로 상업적 성공이 목표. (보편성과 포괄성 측면)

• Inclusive Design은 설계단계부터 사용 대상자와 유기적인 협력을 통해 참여시키고 있음

• 소수(장애인 및 사회적 약자)와 다수(일반인)의 만족을 절충하려는 보편적인 관점에서 출발한 개념이 Universal Design이라면, Inclusive Design은 Universal Design을 지속시키기 위한 개념으로 지속 변경 가능한 가능성을 전제로 모든 사람을 배려하는 사용자 중심의 디자인</td></tr>
</table>

우리나라에서는 2004년 11월에 예술의전당 한가람디자인 미술관에서 '이 시대의 좋은 디자인, 유니버설 디자인'이라는 전시회가 개최된 바 있고, 경성대학교와 한국재활복지대학 등에 유니버설 디자인센터가 설립되어 운영 중이며, 기업 및 지방자치단체에서도 유니버설 디자인 개념을 반영하는 사례가 점차 늘고 있다.

본격적인 고령화 시대를 맞이하여 우리나라에서도 점차 연령, 능력, 장애 정도에 관계없이 누구나 쉽고 편리하게 사용할 수 있는 유니버설 디자인은 점차 그 중요성이 강조되어 더욱 확대될 전망이다. 유니버설 디자인의 주창자인 미국의 로널드 메이스는 유니버설 디자인의 7가지 원칙과 3가지 부칙을 다음과 같이 제시했다.

(3) 원 칙

① 공평한 사용(Equitable) : 누구라도 차별감이나 불안감, 열등감을 느끼지 않고 공평하게 사용할 수 있는가?

② 사용상의 융통성(Flexibility in Use) : 서두를 때나 그 밖의 다양한 생활환경 조건에서도 정확하고 자유롭게 사용할 수 있는가?

③ 간단하고 직관적인 사용(Simple and Intuitive) : 직관적으로 사용법을 알 수 있게 간결하며, 사용할 때 피드백이 되는가?

④ 쉽게 인지할 수 있는 정보(Perceptive Information) : 정보 구조가 간단하며, 복수의 전달 수단을 통해 정보를 입수할 수 있는가?

⑤ 오류에 대한 포용력(Tolerance for Error) : 사고를 방지하고, 잘못된 명령에도 원래 상태로 쉽게 복귀할 수 있는가?

⑥ 적은 물리적 노력(Low Physical Effort) : 무의미한 반복 동작이나 무리한 힘을 들이지 않고 자연스런 자세로 사용할 수 있는가?

⑦ 접근과 사용을 위한 충분한 공간(Size and Space for Approach and Use) : 이동이나 수납이 용이하고, 다양한 신체 조건의 사용자와 도우미가 함께 사용할 수 있는가?

부 칙

- 내구성과 경제성의 배려
- 품질과 심미성의 동시 추구
- 인체와 환경의 배려

유니버설 디자인은 디자이너가 애정을 갖고 사람들의 지극히 평범한 일상생활을 관찰하고, 사람들이 인식하지 못하는 불편한 점을 찾아내어 그 개선 사항을 반영할 수 있어야 가능하다. 개성이나 상상력을 발휘하고 튀어 보려는 마음보다는 타인을 보살피려는 마음 자세에서 비롯한다고 할 수 있다. 그렇다고 유니버설 디자인이 이윤을 완전히 배제하고 남을 돕는 일만 하려 한다고 착각해서도 안 된다.

유니버설 디자인 역시 사업적 가치가 큰 미래의 디자인이다. 크게 보면 불편한 사람과 건강한 사람 모두를 위한 디자인이며, 작게 보면 나와 나의 가족, 내가 속한 집단을 위한 보편적 디자인이 바로 유니버설 디자인이다.

(4) 로널드 메이스(Ronald L. Mace)

로널드 메이스(Ronald L. Mace, 1941~1998)는 건축가이자 산업디자이너로서 1989년에 미국 노스캐롤라이나 주립대학에 유니버설 디자인센터를 설립하고 소장을 역임하였다. 9살 때 소아마비에 걸려 1급 중증 장애인이었던 메이스는 베트남 전쟁 이후 1960~1970년대에 미국에서 시작된 무장애 디자인(Barrier Free Design)의 개념을 더 발전시켜서 장애인만이 아니라 남녀노소를 불문하고 모든 사람들이 사용하기 쉬운 물건과 환경을 디자인하자는 운동을 펼치면서 유니버설 디자인이란 개념을 사용했다.

2. Barrier free와 universal design

(1) 배리어 프리(barrier free)

고령자나 장애인들도 살기 좋은 사회를 만들기 위해 물리적· 제도적 장벽을 허물자는 운동.

1974년 국제연합 장애인 생활환경전문가회의에서 '장벽 없는 건축설계(barrier free design)'에 관한 보고서가 나오면서 건축학 분야에서 사용되기 시작하였다. 이후 일본, 스웨덴, 미국 등 선진국을 중심으로 휠체어를 탄 고령자나 장애인들도 일반인과 다름없이 편하게 살 수 있게 하자는 뜻에서 주택이나 공공시설을 지을 때 문턱을 없애자는 운동을 전개하면서 세계 곳곳으로 확산되었다. 특히 스웨덴의 경우에는 1975년 주택법을 개정하면서 신축 주택에 대해 전면적으로 배리어 프리를 실시해 휠체어를 타고도 집안에서 불편 없이 활동할 수 있도록 문턱을 없앰으로써 다른 고령화 국가에 비해 노인들의 입원률이 크게 낮아졌고, 일본에서도 이미 일반 용어로 정착되어 쓰이고 있다.

2000년 이후에는 건축이나 도로, 공공시설 등과 같은 물리적 배리어 프리뿐 아니라 자격, 시험 등을 제한하는 제도적 법률적 장벽을 비롯해 각종 차별과 편견, 나아가 장애인이나 노인에 대해 사회가 가지는 마음의 벽까지 허물자는 운동의 의미로 확대 사용되고 있다.

(2) 유니버설 디자인(universal design)

성별, 연령, 국적, 문화적 배경, 장애의 유무에도 상관없이 누구나 손쉽게 쓸 수 있는 제품 및 사용 환경을 만드는 디자인, 즉 배리어프리된 디자인.

'모든 사람을 위한 디자인(Design For All)', '범용(汎用) 디자인'이라고도 불린다. 배리어프리 디자인된 도구, 시설, 설비 등은 장애가 있는 사람뿐 아니라 건강한 사람들에게도 유용한 것이다. 장애의 유무와 상관없이 모든 사람이 무리 없이 이용할 수 있도록 도구, 시설, 설비를 설계하는 것을 유니버설 디자인(공용화 설계)이라고 한다. 최근에는 공공 교통기관 등의 손잡이, 일용품 등이나 서비스, 또 주택이나 도로의 설계 등 넓은 분야에서 쓰이는 개념이다.

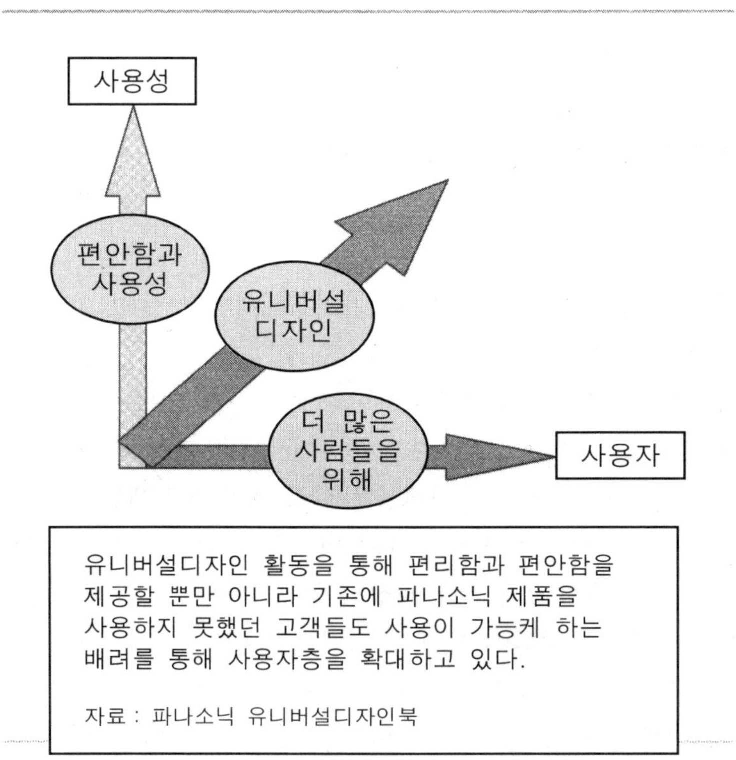

그림 11-1. 파나소닉 유니버설디자인 활동목적

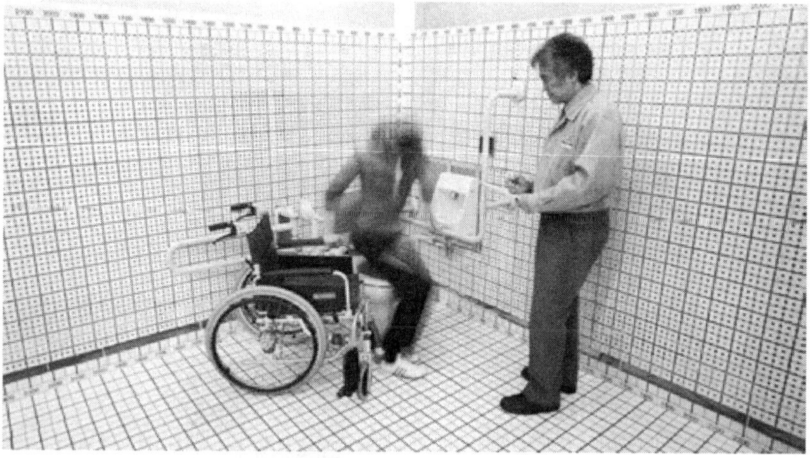

실제 사용행태 관찰은 유니버설디자인에 큰 도움이 된다.
(토토 연차보고서, 2004)

기존의 세탁기 사용자세(위)와 경사형 드럼세탁/
건조기의 사용자세(아래)
세탁기드럼을 기울인 경사형 제품은 세탁물을 편안한 자세로 넣고 꺼낼 수 있다. 노약자와 휠체어 이용자를 위한 배려가 사용자 모두의 편의를 높이는 좋은 결과를 낳았다(파나소닉)

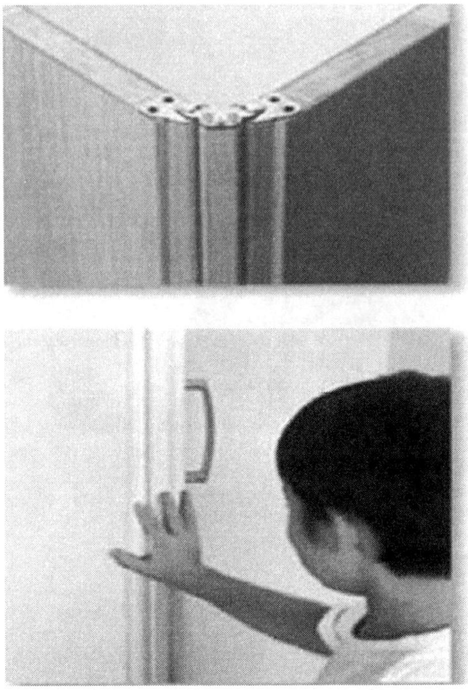

문을 여닫을 때 생기는 문틈의 공간을 없앤 여닫이문을 개발하여 어린이의 사고방지를 위한 배려이나 사용자 모두의 안전이 향상되었다(파나소닉)

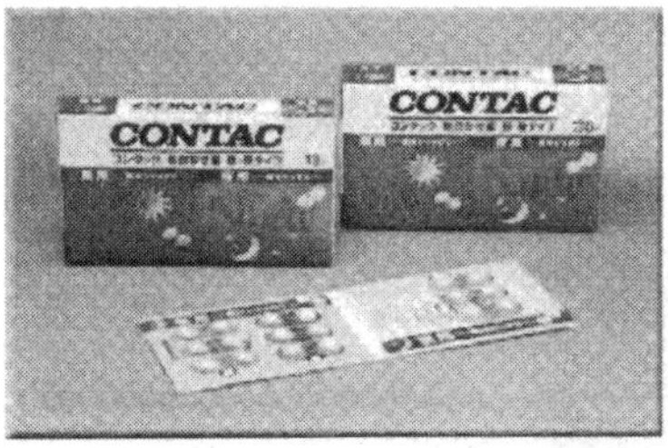

콘택 주야간 감기약
(CONTAC Cold Remedy, Day & Night)

시간대별로 복용해야 할 약의 색과 포장을 달리해 쉽게 용법을 구분할 수 있도록 한 감기약. 어린이, 노약자, 외국인 등 모두가 쉽게 용법을 인지할 수 있음.

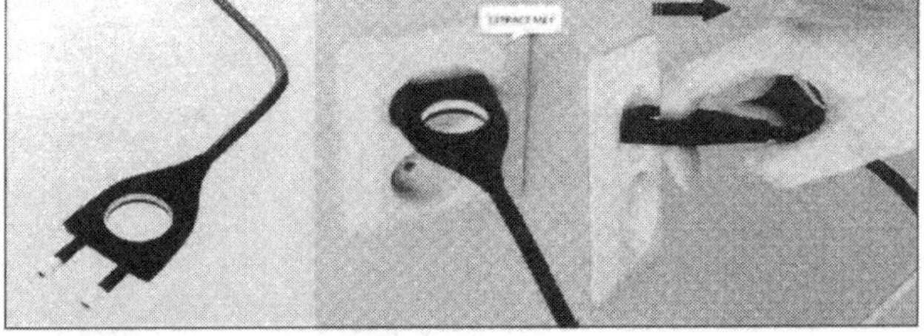

유니버설 플러그(Universal Plug)

일상에서 흔히 겪는 어려운 일인 플러그 뽑기를 쉽게 만들어 준 유니버설디자인. 손에 힘이 없어도 편리하게 사용할 수 있는 콘센트

자료 : Nitto Pharmaceutical Industries 홈페이지(http://www.nitto-pharma.co.jp)
Red Dot 홈페이지(http://en.red-dot.org)

그림 11-2. 유니버설 디자인의 사례

3. 포장의 장애요인

포장의 문제점을 해결하는 것은 주로 습기, 산소와 높은 비용을 대상으로 한다. 견고한 재질이거나 부드러운 재질과 상관없이 다양한 도안이 포함하는 포장을 적용하려면 제품의 유통기한이나 시선을 끌 수 있는 적절한 포장방법과 어느 정도의 절충이 필요하다. 따라서 재사용이 가능하거나 완전히 재활용된 종이재질로 제품을 포장하는 것보다는 포장의 장애요인을 해결하기 위하여 석유화학 계열의 합성물질 사용을 최소한으로 사용하는 방법을 절충하는 포장방식을 적용하고 있다. 한편, 종이판지를 제조하는 과정에서 발생하는 부산물을 활용하여 생산하는 재생 에너지를 포장공정에 활용하는 것도 전반적인 에너지 소비를 감소시키는 점에서 또 다른 중요한 고려 요인이다.

(1) 견고한 포장의 적용

적층 박스와 접시는 다음과 같은 제품에 적합하다. :

- 스낵류, 과자류, 크래커류
- 곡류와 유아식품류
- 냉장 및 냉동식품류
- 테이크 아웃용 식품류
- 세탁 및 가정용 세제류
- 정원 및 원예용 화학제품류
- 애완동물용 사료 및 용품류
- 조리 및 신선식품류

(2) 일시적 포장의 적용

봉지, 자루, 플라스틱 필름 및 기름코팅은 다음과 같은 제품에 적합하다. :

- 식품용 제품류
- 산업용 포장 및 농업용 제품류
- 유통기한을 연장하기 위한 제품류
- 곡류 및 스낵류
- 분말, 건조 및 탈수식품류
- 냉동식품류
- 튀김식품류
- 애완동물용 사료

그림 11-3. 은박 복합포장지를 사용한 습기를 차단용 포장봉지류

(3) 방습 차단성이 높은 포장 :

포장제품에 습기의 침투를 차단하기 위하여 다양한 디자인과 재료를 포장 재료와 방법에 적용하고 있다. 예를 들어 은박지와 합성수지를 복합한 포장 재료를 가장 일반적으로 사용하고 있으며, 투명성을 확보하기 위하여 사용하는 필름도 대부분 2가지 이상의 특성이 다른 필름을 중층 접합시킨 복합필름을 사용하거나 일반적인 포장용 필름보다 두께가 두꺼운 재질을 사용한다. 경우에 따라서는 지퍼가 추가로 부착된 지퍼백 방식이나 심지어 진공포장방식도 적용된다.

지퍼백 개념이 적용된 포장은 특히 포장을 개봉한 다음에 반복적인 사용이 가능하므로 사용자의 편의성이 커서 중·대형 용량의 포장에 일반적으로 사용하고 있다. 최근에는 액상 제품의 포장용으로 밀폐성을 더욱 높인 스크류 마개 방식의 포장도 일반화되었다. 방습 차단성이 높은 포장은 다양한 모양과 크기 및 색상의 적용이 쉽다. 일반적으로 중량 기준으로는 25g에서 5kg 범위가 일반적이며, 이보다 무거운 제품을 위한 포장도 가능하다.

Black Matt Gold Silver Blue Green

그림 11-4. 다양한 색상의 투명창이 있는 지퍼백 고차단성 포장

예 : 4인치×7인치×2.5인치
총 넓이 : 4인치
총 높이 : 7인치
바닥 접는 부분 : 2.5인치

Ⓐ 측면 접합부분
Ⓑ 측면 접합부분
Ⓒ 지퍼 위 접합부분
Ⓓ 지퍼
Ⓔ 지퍼 아래 충진공간
(내용물 충진공간)
Ⓕ 바닥 접는 부분
Ⓖ 질단 표시

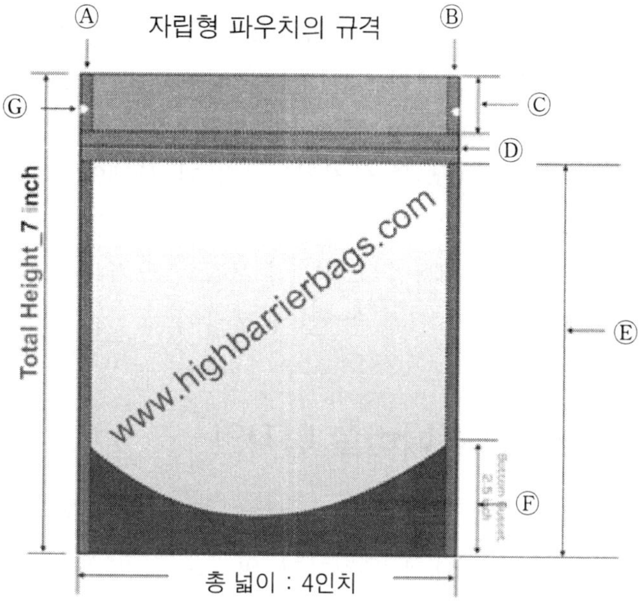

그림 11-5. 자립형 지퍼백 고차단성 포장의 크기 측정

측면 접는 봉투의 규격
예 : 4인치×7인치×5인치
총 넓이 : 4인치
총 높이 : 7인치
측면 접는 부분 : (2.5+2.5) 5인치

Ⓐ 앞면
Ⓑ 바닥 접착면적
Ⓒ 측면 접는 부분
Ⓓ 윗면 개봉부
Ⓔ 뒷면
Ⓕ 중앙 접합부분

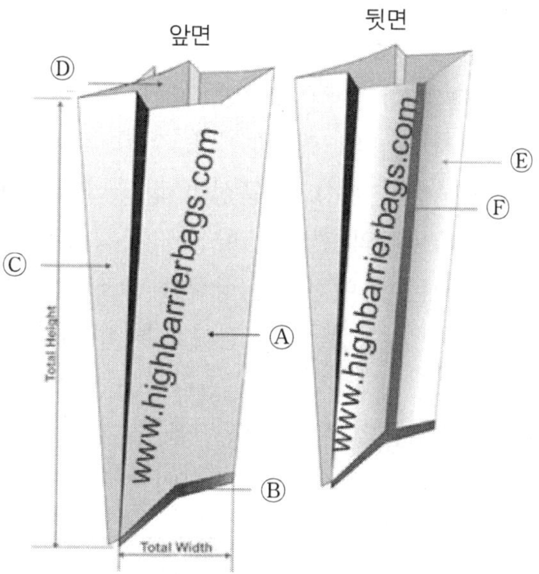

그림 11-6. 단순 봉지형 고차단성 포장의 크기 측정

최근에는 광선에 노출되는 것을 최소화하는 동시에 포장 내용물의 확인이 쉬운 투명창을 만든 포장도 일반화되고 있다. 다양한 용도를 갖고 있는 고차단성 방습포장의 크기는 그림 11-5와 같이 측정한다. 먼저 자립지퍼형 포장은 그림과 같이 밑부분에 접힌 부분과 포장 상부의 지퍼와 밀봉부분을 포함하여 전체의 가로와 세로를 각각 측정한다. 또한 밑부분에 접히는 부분과 상부의 밀봉부분은 별도로 측정하여 치수를 표시한다.

한편, 단순 봉지형 고차단성 포장의 크기는 그림 11-6과 같이 측정한다. 먼저 가로와 세로를 측정하고, 양 옆에 포장이 접히는 부분을 측정하여 표시한다.

4. 포장의 유니버설 디자인

물류의 5대 요소 중의 하나인 포장은 물품의 수송, 보관, 거래, 사용 등에 있어서 그 가치 및 상태를 유지하기 위해 적절한 재료, 용기 등을 사용하여 보호하는 기술 및 보호한 상태를 말하는데, 물류부분에서 포장이 자치하는 비율은 금액 면에서 약 10%에도 미치지 못하지만 자재관리, 생산, 물류, 판매를 위한 공급채널을 연결하는 SCM(Supply Chain Management)의 기본단위로 정보기술과 함께 기업 내에서 생산, 판매, 물류을 통합하는 기능과 정보매체로서 중요한 역할을 한다.

포장의 목적은 상품에 있어서 내용물의 보호와 품질보존, 먼지·미생물 부착방지에 의한 위생성의 보존, 포장의 기계화와 고속화에 의한 생산의 합리화와 자원 절약화, 유통 및 수송의 합리화·계획화, 그리고 인쇄, 디자인에 의한 상품가치의 향상, 정보부여와 소비자 취급의 편리성이다. 이러한 포장의 목적을 달성하기 위해서는 내용물의 보호, 생산성의 향상, 상품성의 향상, 편리성의 향상 등이 요구된다.

최근에는 소비자의 편리성 향상을 목적으로 한 포장재와 포장의 개발이 활발하게 이루어지고 있는데, 이전에는 상품을 제조하는 기업 측의 입장을 중시한 개발, 즉 내용물보호, 생산성 향상 또는 전시효과 향상 등을 목적으로 한 개발이 중심이었으며, 상품을 사용하는 소비자 측의 편리성은 다소 경시되는 경향이 있었다.

이제는 포장상품의 상품 경쟁력을 높이기 위해서는 소비자의 요구에 보다 더 적극적으로 호응하는 소비자 포장 전략이 매우 중요하다. 소비자 포장이 소비자의 편리성을 보다 더 향상시키기 위하여 활발하게 진전되고 있는 것은 고령화 사회의 가속화와 여성의 사회진출 확대, 식생활의 변화, 환경의식 제고 등 사회 환경의 변화 때문이다. 그리고 농산물의 포장에 있어서도 환경 대응문제가 소비자의 매우 중요한 관심사항이기 때문에 농산물의 소비자 포장에 있어서도 포장의 환경친화성이 매우 중요하다.

따라서 농산물의 소비자 포장도 용기포장 recycle법에 대응한 recycle하기 쉬운 포장의 개발이 필요하다.

Reuse 대응형 포장은 유리병이나 목재상자, 플라스틱상자 등과 같이 포장을 그대로의 형태로 재사용하는 것이다. 농산물의 포장에 있어서도 container pool system, pallet pool system 등과 연계하여 포장과 물류 전반에 걸쳐서 reuse 대응형 포장이 널리 적용되어야 한다.

Recycle 대응형 포장이란 유리병이나 목재상자, 플라스틱상자 등과 같이 포장에 그대로 재사용 할 수 있는 것이 아니라 재생하여 자원으로서 유효하게 이용하는 것이다. 감량화 포장은 폐기물로서 처리되는 포장 총량을 줄이는 것과 자원을 유효하게 이용할 목적으로 사용하는 재료를 줄이는 것이다. 그 방법으로서는 포장을 얇게 하는 방법과 형상을 compact하게 하는 방법이 있다.

그 외에도 이소각형 포장은 금속 등의 불연물을 포함하지 않고 소각 시에 유해가스를 발생하지 않아야 하며, 연소 칼로리가 낮아야하는 것이다. 이와 같이 환경 대응형 포장은 사용 후 어떻게 처리하는가가 매우 중요하다. 뿐만 아니라 소비자의 의식도 중요한 관계가 있다. 포장을 사용한 후의 처리방법을 소비자에게 제대로 PR하여 이해시키는 노력도 중요하다.

앞으로 소비자 포장은 universal design과 환경대응, 그리고 포장의 기본 기능을 의식한 balance 있는 포장개발이 필요할 것이다. 요즘 포장에 있어서 「barrier free」와 「universal design」이 중요하게 적용되고 있다. 「barrier free」와 「universal design」

은 일상생활에서의 장애나 장벽이 되는 요인을 제거해 누구나 생활하기 쉬운 환경으로 변화시키는 것으로 앞으로도 더욱 강하게 요구될 것이라고 생각된다. 장벽은 우리 주위에 여러 가지 형태로 존재하고 있다. 그것은 멀리 가지 않아도 우리 주변의 농산물을 포함한 식품이나 생활용품을 포장하는 포장용기 중에도 존재하고 있다. 「개봉하기 어려움」「들고 다니기 어렵고 취급하기 어려움」「표시가 잘 안보임」「이해하기 어려움」 등의 문제가 있으면 그런 포장은 개량 되어야 한다.

포장에서 해결해야 할 barrier free는 다음과 같다.

① 개봉하기 어려움
② 보관하기 어려움
③ 표시가 보기 힘듬
④ 주의력 필요
⑤ 꺼내기 어려움
⑥ 다시 봉하기 어려움
⑦ 따르기 힘듦

포장의 universal design을 추진함에 있어서 어떠한 점에 주의해야 하는가를 구입에서 폐기에 이르기까지의 각 단계에서 필요한 기능을 중심으로 살펴보아야 한다. 구입 시의 식별성과 운반성, 사용 시의 개봉성과 사용성과 안전성, 보관 시의 수납성과 재봉성, 폐기시의 분별성과 처리성, 그리고 표시에 있어서는 표시장소, 표시내용, 문자와 색이 universal design을 추진함에 있어서 중요하다.

소비자 포장에 있어서는 소비자의 요구에 부응한 편리성과 환경친화성이 중요하며, 포장의 기능성도 중시하여야 한다. 최근에 적용되고 있는 기능성 포장재는 차단성 포장재, 선도보존 포장재, 선택투과성 포장재 등이 있으며, 주목받고 있는 대표적인 기능성 포장재는 성분제어 방출・용해제어 포장재와 지능형 포장재로 알려진 sensor 포장재, 형상기억 포장재 등이다.

최근에는 농산물포장도 많이 개선되어 이전에는 대부분의 농산물이 무포장 상태로 유통되었으나, UR, WTO 등 급변하는 유통시장 환경의 변화에 따라 1990년대 중반 이후 농산물유통개혁대책을 마련하는 등의 물류비 절감을 위한 적극적인 정부시책에 힘입어 농산물의 포장화, 규격화 비율이 급속도로 증가되어 수출 주력상품인 버섯류, 화훼류를 비롯한 일부 채소류와 과실류의 경우에는 거의 100%에 이르고 있다. 이제 농산물포장도 보다 더 적극적으로 소비자의 입장에서 소비자의 선호도에 맞추어 고품질의 소포장 상품을 bland화하여 시판하도록 하여야 한다.

5. 의약품 포장에서의 유니버설 디자인

의약품 포장에서의 유니버설 디자인은 식품포장에서의 유니버설 디자인과는 달리 사용 시 편리함보다는 잘못된 사용에 대한 방지, 복용에 대한 배려 등이 보다 높아지고 있다. '쾌적한 사용성'과 관련하여서는 식품포장의 경험을 바탕으로 전개할 수 있을 것이나, '사전 위험 예측과 그 대책'이라는 면에서의 유니버설 디자인에는 꽤 많은 정보수집과 대응을 위한 검토시간이 필요하다.

간호사와 환자, 의료현장의 이 두 생생한 목소리를 바탕으로 한 의약품의 유니버설 디자인 대책과 최근 경향을 소개한다.

신문 사회면을 떠들썩하게 하는 기사 중에 사용자 실수에 기인하는 사고가 끊이지 않는다. 「당연한 일을 당연하게 할 수 없는 사람」이 많아지고 있다. 사고가 일어날 때마다 비판을 받으면서 사고대책 마련의 목소리가 들리지만 그 뒤에도 똑같은 사고가 또다시 발생하는 것이다.

이러한 원인으로 많은 이유들을 지적할 수 있을 것이나, 그 중 사고 전에 문제를 지적해 대응하는 일이 적고, 되려 문제제기에 대해 비판하는 일도 많이 있다는 점을 들 수 있다. 많은 규격 및 기준은 문제가 발생한 후에 정해지는 경우가 많다. 이것은 단지 문제가 발생하기 전에 예측하기 곤란하기 때문인 것일까.

5.1 사용자 실수의 다발

포장의 역할 중에 현재 보다 중점적으로 검토되어야만 하는 사항으로 유니버설 디자인(Universal Design)을 들 수 있다. 유니버설 디자인은 쾌적한 사회생활을 하기 위해 필요한 것으로, 결코 사고대책은 아닐 것이다. 미리 상정되는 일을 예측하여 상품설계 단계부터 대응해갈 필요가 있다. 의약품 포장에 있어서 유니버설 디자인은 예를 들면 약제형(藥劑型)의 크기, 복용 용량, 사용법 등 넓게 포괄하여 검토해 나가야만 한다. 완성한 제품에 대한 포장 시점에서부터의 유니버설 디자인이어서는 안 된다.

소비자용 포장의 중점검토 항목이 내용물의 보호, 취급의 편이성, 판매 촉진에 대한 대응에서 사용 시 배려에 대한 검토로 비중이 바뀐 것처럼 의약품 포장도 상품보호에서 의약 종사자와 환자의 사용 시 배려로 비중이 변해가고 있다. 기술, 제조, 관리법의 진보 및 라이프스타일의 변화와 함께 포장의 검토항목의 비중도 변해가고 있는 것은 당연한 결과일 것이다.

의약품 포장의 유니버설 디자인 검토에 있어서, 앞서 말한 「사용자 실수」를 분석해 보면 참고가 될 듯하다. 무론(無論), 생산, 유통, 내용물 보호 등의 끊이지 않는 개선은 필요하나, 지금까지 그다지 검토되지 않았던 「사용상의 편리함」에 대한 요구도 높아지고 있다. 의약품 포장에서의 유니버설 디자인은 식품포장 등과는 달리 오히려 잘못된 사용, 복용에 대한 배려 등이 보다 높아지고 있다. 의약품의 의료사고 방지대책이 일본 후생성에서 나오게 된 것은 주지하는 대로 기본적인 표현, 기술법은 이에 따라 실시하고 있어 유니버설 디자인 대응의 일부가 되어 있다. 그래도 사고가 발생하고 있다.

유니버설 디자인의 7원칙이 모든 것은 아니나, 의료 현장과의 상관성을 보면, 의료현장에서의 유니버설 디자인대응이 특히 필요할 것이다(월간포장 2005년 9월호 127페이지 표 2 참조). 의약품의 유니버설 디자인을 검토할 때에 가장 중요한 것은 「의료현장의 생생한 목소리」일 것이다. 「처치하는 사람(간호사)와 처치되는 사람(환자)의 의견」이 중요하다. 탁상공론은 좋지 않다.

5.2 패키지

의약품의 발매가 결정되고, 패키지의 기획 단계에서 상품 자체의 포장(개별 포장), 외장, 개별포장·외장의 디자인이 검토된다. 기본적으로는 식품이라 착각하지 않는 설계, 포장의 배려, 오사용을 피하기 위해 유사한 용기를 다른 용도의 약에 사용하지 않는 등이 유니버설 디자인의 기본이라 할 수 있다.

의약품 업체와 사용하는 의료 현장에서 끊임없이 문제점에 관한 정보교환이 필요하다. 이의 반복을 통해 우수한 유니버설 디자인 대응 의약품포장이 태어날 것이라 확신한다. 의약품의 유니버설 디자인의 「사용 편이」 안에는 '쾌적한 사용성'과 '사전 위기 예측과 그 대책' 등의 사상이 포함되어 있어야 할 것이다. 「쾌적한 사용성」에 관해서는 식품포장의 경험을 바탕으로 전개할 수 있을 것이나, 「사전 위험 예측과 그 대책」이라는 면에서의 유니버설 디자인에는 꽤 많은 정보수집과 대응을 위한 검토시간이 필요할 것이다.

의약품이 기재(표시)해야 하는 필요사항은 「약사법」이나 「마약 및 향정신약 취체(取締)법」 외에 다양한 법률에서 엄격히 규정되고 있다. 「오용(誤用)을 초래하기 쉬운 제형을 한 의약품의 주의 표시 개선」, 「의약품 관련 의료사고 방지 대책의 강화·철저에 관하여」 등 후생성으로부터 많은 연락사항이 나와 있으며, 기본적인 면은 이들을 준수하지 않으면 안 된다. 또한 의약품을 잘못 사용하는 사고 등에 관해서 「의료사고를 방지하기 위한 의약품의 표시사항 및 판매명의 취급에 관하여」에 의해 오용을 부르기 쉬운 포장형태 등에 개선의 표시가 의무지워져 실시되고 있다. 의약품 업체에서 포장에 관한 세세한 기본적인 사항이 지시되나, 포장재 업체의 담당자도 어느 정도의 지식은 필요하다.

사회적 배경으로서도 고령사회에 돌입하여 소비자 제품의 조작성, 소비자 제품의 볼록 기회 표시, 포장·용기의 설계지침, 소비생활자의 통지음 등 고령자·장애자 배려의 표준화 등 JIS규격 면에서도 지원강화가 실시되고 있으며, 배리어 프리(barrier free), 유니버설 디자인 대책이 사회전체에 과제가 되고 있다.

이와 같은 배경에서 패키지에 있어서 과제와 대응에 대한 다양한 방법들이 행해지고 있다(월간포장 2005년 9월호 128페이지 표 3 참조).

5.3 구체적인 유의점

(1) 표시사항의 간과(看過) 방지

표기사항을 못보고 지나치는 것을 방지하기 위해서 색, 문자의 크기, 표시위치에 대한 연구가 행해져 많은 점이 이미 실시되고 있다. 그래도 소비자는 이를 못보고 지나친다. 재교육 이외에 시스템적인 보조에 의한 의약품의 유니버설디자인이 더욱 개선될 것이다.

(2) 착각 방지

종래의 디자인이 변경된 경우 등은 착각을 일으키기 쉽다. 이에 따라 일본에서는 의약발(醫藥發) 제935호 등에 있어 그 대응책도 실시되고 있다. 제품명 변경은 중간박스, 곤포박스에도 「제품명 변경품」이라는 공지를 표시하고 있는 것은 주지하는 대로이다. 또한 유사한 패키지 형태, 디자인은 절대적으로 피해야 한다. 특히 식품포장의 형태와 비슷한 식의 유통은 금물이다. 그대로 실시한다고 굳게 결심하고 있는 경우에는 뭔가 다른 시스템을 빌려서 해결하는 수밖에 없다.

그 일례가 최근 화제가 되는 IC태그의 이용이 아닐까. 많은 의료현장에서 테스트되어 유효성이 계속 확인되고 있으나, 아직 IC태그 자체의 가격문제가 있어 클로즈드(closed) 시스템에서도 카트관리 및 의료기구 관리에 실시되는 수준으로 약제에는 아직 쓰이지 않고 있다. 또한 환자 자신이 복용하는 약제를 알고 직접 확인이 가능한 것도 에러 방지에 도움이 된다. 최근에는 복용하는 약에 관해 약제명 및 효능이 별지에 기재되어 환자에게 약과 함께 전달되고 있으며, 일부 예외를 빼고는 좋은 경향이다. 이에 더해 앞으로 필요한 것은 복용한 것을 잊고 재차 복용하는 사고도 고령사회에서는 발생할 것이다. 지난 '인터팩 2005'에서도 이와 같은 대책을 고려한 FDA Guidance에 맞추어 Dose Indicator 용기 제안이 있었다. 이 또한 유니버설 대응의 일례일 것이다.

(3) 제 멋대로 판단 방지

이 대책은 곤란하다. 흔히 있는 예가 동성동명(同姓同名)에 의한 사고이다. 얼굴을 확인해도 모두 외우고 있는 것은 아니기 때문에 어렵다. 다른 시스템의 도움이 필요해질 것이다. 생체인식 기술도 그 중 하나로, 의료현장에서는 필수불가결해질 것이다. 의약품 포장의 유니버설 디자인은 단순히 포장용기의 디자인 설계만으로는 되지 않는다. 전체 시스템 설계 안에서의 대응이 중요하다.

(4) 복용을 잊는 것에 대한 대응

복용을 잊어버리는 일은 나이에 관계없이 발생하나, 깜빡 잊는 것은 나이가 들수록 많이 발생하므로 고령화 사회가 되어가는 앞으로 더욱 많이 발생하게 될 것이다. 환자뿐만 아니라, 보통 사람들도 발생하게 될 터이다. 이에 더해 간호하는 사람도 받는 사람도 고령화되면 이 문제를 많이 일으키게 된다. 이에 대한 패키지에 대한 고안은 앞으로 문제가 될 것이다.

5.4 유니버설 디자인 대응

유니버설 디자인을 생각할 때에는 앞서 말한 것들을 염두에 두고 검토해가지 않으면 안 되나, 유감스럽게도 아직 거기까지 도달해 있는 것은 많지 않다. 무작위로 사례 몇 가지를 들어본다.

1) PTP

PTP도 wallet 타입으로 해서 환자에 내놓는 상품이 출시되고 있으나, 확인이 쉬워진 후에야 보급될 것이라 예측된다. 약국에서 처방하는 PTP도 제각각이 아니라 이처럼 고안이 된다면 가격적 문제는 있으나, 오음(誤飮) 방지 면에서도 어느 정도 효과가 기대될 것이라 여겨진다.

정제를 꺼내기 쉽다는 측면과 관련하여서 작은 정제인 경우 손바닥에서 굴러 떨어지는 경우가 가끔 있다. 이에 따라 어느 정도의 크기가 필요하다. 꺼내는 힘을 적게 하지 않으면 정제가 튀어 나가버려 찾기 곤란하다. Press-Through를 800gf로 설계하여 내용물이 튀어나가지 않게 배려를 한 사례도 있다.

2) 프리필드 시린지(Pre-filled Syringe)

주사는 주사기와 약제가 별도로 되어 있어 주사제 조정 실수도 많다. 미리 정제가 주사기에 들어 있는 프리필드 시린지는 주사를 준비하는 수고를 덜어주고 신속히 처치할 수 있을 뿐 아니라 혼입방지로 무균성 유지가 가능하고, 약제를 잘못 넣거나 양을 틀리거나 하는 등의 의료사고 방지효과도 있어 안전성 확보가 기대된다.

일본에서는 아직 대응할 수 있는 약제가 적으나, 해외에서는 배합약부터 구명약까지 많은 종류의 약제가 사용되어 프리필드 시린지화 비율이 두 자리 숫자가 되어 있는 국가도 있다. 가격은 높아질지도 모르나 앞으로 수요는 증가할 것이다.

3) 취급 용이성

(1) 환자(사용자)에 있어서의 사용 편이

안약, 눈의 세정관계에서는 넣기 쉬움 및 눈 주위에 사용구의 밀착성 등이 많이 고려되어 있다.

(2) 용기의 개봉 용이

바셀린의 용기처럼 양 사이드에 홈을 넣어 집기 쉽고, 힘이 들어가기 쉽게 고안한 제품이 있다. 최근 플라스틱 용기는 유니버설 디자인배려의 디자인도 잘 되어 미끄러지기 어렵게 하여 들기 쉽게 한 상품이 많이 출시되었다. 패키지는 사용하기 편리한 것이 중요하므로 언제까지나 단순한 원통형으로도 괜찮을 수는 없다.

(3) 개봉 용이성

① 캡의 슈링크 필름은 의외로 열기 힘드나, 개봉구의 표시도 명료하고, 비스듬히 아래로 크게 개봉될 수 있도록 고안된 것이 있어 개봉이 편리하다.

② 또한 최근에는 약의 외장용에 지퍼 부착의 파우치가 많이 사용되고 있으나 손가락이 걸리기 쉽도록 단차를 넣어 설계하여 개봉하기 쉽도록 고안되어 있다. 이에 더해 문방구에서 적용된 바 있는 슬라이더 부착도 패키지 분야에 적용되게 되어 개봉・재밀봉이 편리해졌다. '인터팩 2005'에서도, 해외의 많은 기업이 적용을 시작하였으며 각 방면에서 많이 사용될 것이라 예측된다.

(4) 사용 시의 배려

① 스틱포장도 앞으로 많이 이용될 것이라 여겨지나, 코너에 R을 붙여 취급하기 쉽게 한 타입이 바람직하다.

② 시인성(視認性)이라는 면에서는 산화알루미늄 및 실리카 증착 투명 필름은 더욱 다용되는 것이 좋다고 생각한다. 수증기 배리어=알루미늄 포

일 래미네이트 포장재 느낌이 강하나, 핀 홀 발생 등을 고려하면 투명증착 배리어 필름을 래미네이트 한 파우치를 의약품 포장 분야에서도 검토할 여지가 있다.

③ 플라스틱 캡 등에서는 닫으면 '짤깍' 하는 음이 나는 경우가 있는데, 재밀봉 확인 면에서 좋은 유니버설디자인이라고 말할 수 있다. 사용자에게 있어서는 닫았다는 확인이 가능해 안심할 수 있다.

④ 수액(輸液), 점적(点滴) 관계에서는 라벨 본체와 분리되어, 점적 보틀 등에 점착할 수 있는 라벨의 일부를 박리가능하게 한 현장 대응 유니버설 디자인도 있다. 병 라벨을 매달아 붙이는 라벨로 변경하고, 종래의 플라스틱 성형 매달아 붙이는 라벨을 폐지하고 있다.

⑤ 또한 포장과는 조금 다른 이야기일지도 모르나, 경장영양(經腸榮養)에 투여되어야만 하는 약제가 잘못하여 수액 라인에 투여되는 일이 없도록 경장영양 라인의 관련 제품을 수액라인과는 물리적으로 접속이 불가능한 규격으로 하는 기준이 규정되어 있는 것도 유니버설 디자인의 일환이라고 생각해도 좋다고 본다.

⑥ 이조 백(二槽 bag) 제제에 관해서는 단조 백(單槽 bag) 제제로 오해된 결과, 미개통한 채로 아래의 액제 만이 투여된 사례가 보고되고 있는 점에서, 이와 같은 오용을 방지하기 위한 대책으로서 이조 백 제제의 용기, 포장에 직접 표시해야만 하는 사항이 규정되고 있다.

⑦ 수액백에서는 병원에서 약을 착각하는 것을 방지하기 위해 백의 디자인에 인지심리학 「시각탐색」을 이용하여 시각적 선택 안에서 목표로 하는 물건을 「찾을」 때의 주의 특성을 해명하여 이용한 사례도 있다.

⑧ 사용자 면에서는 인간공학면의 고려가 필요하나 실제 작업상 시작품(試作品)을 계속해서 만들 수는 없으므로 컴퓨터 그래픽(CG)상에서 개발 예정인 상품을 접촉하거나, 그 반력(反力)을 지각할 수 있는 도구(tool) 등을 이용하여 실제로 손에 닿을 수 있는 반력과 같은 감각을 사전에 확인하는 등 설계단계에서부터의 검토도 필요하다.

⑨ 의료, 공학, 심리, 패키지 전문가의 기술과 지각을 결집한 후에야 비로소 좋은 유니버설 디자인이 실현될 것이라 생각된다. '일본인간공학회(日本人間工學會) Ergo Design 부회'에서는 유니버설 디자인의 개발을 효율적으로 행할 수 있는 듯한 실천에서 바로 도움이 되는 가이드라인을 제안하고 있으며, 유니버설 디자인 매트릭스의 응용·활용에 관해서도 참고가 된다.

(5) 구입 시 어떤 약인지 식별 쉬움

모 제약 업체 조사에 따르면, 변비의 자각증상이 있는 사람은 회답자의 50% 가까이 해당하고 있다. 이 약은 구입하기 쉽도록 배려의 표시가 되어 시판되고 있다. 최근 패키지 디자인은 사는 때에 그 약이 어떻게 듣는지 알기 쉽게 표시되어 있는 상품이 많아졌다.

(6) 일반적인 개봉 용이

패키지의 사용 시 개봉작업은 모든 것의 시작이라고 말할 수 있을 만큼 중요하다.

① 연포장 재료에는 많은 포장기술이 적용되고 있다. 개봉 위치를 크게 표시하고, 손가락이 걸리는 부분을 크게 하는 것이 기본이다. 최근 식품분야에서는 가격을 고려하면서도 사용자 편이를 고려하여 액체 소(小) 파우치 등에서는 유니버설 디자인 인식이 높아져 실시하고 있는 상품이 늘고 있다. 의약품에 있어서도 이러한 개량에 의한 사용자 편이는 유니버설 디자인의 기본적 대응이라고 할 수 있다. 레이저에 의한 개봉용이도 많이 이용되고 있다. 의료 분야에서도 봉합계 및 침(針)에서 적용 예가 있으며, 이는 수술시 개봉 용이에 대한 유니버설 디자인 대응이라 할 수 있다.

② 카 톤 : 개별 포장 카톤에서는 운반이 쉬운 형태, 개봉 부위는 일목요연하고 만져서 알 수 있는 요철(凹凸)부, 왼손잡이라도 개봉이 쉬운 양방향 지퍼 등을 포함해 장난 방지도 배려하여 테이프 점착을 변경하여 풀이 붙은 개봉 절취선 및 지퍼 방식이 실시되고 있다. 개봉일도 기재할 수 있도록 고안된 것도 많아졌다.

(7) 디자인

의약품의 독특한 표면 디자인이 있으나, 유니버설 디자인 면에서는 유사상품과 착각 방지, 어떤 약인지 알기 쉽게 하는 것 등이 배려된다. 정보의 정리와 전달이 중요하여 의료현장에서의 의견을 잘 듣고, 약품명을 크게, 읽기 쉬운 색·서체, 표시의 통일 등 기본적인 유니버설 디자인대응에 의해 "메디케이션 에러(Medication Error)"를 피해야만 한다. 연령이 높아짐에 따라 색을 보는 데에도 변화가 있어, 눈의 수정체가 노화와 함께 황변하여 젊은 사람과 비교하여 고채도색이 수수하게 보이고, 역으로 저채도색이 화려하게 보이는 등, 황색・청색의 느낌에도 차가 발생한다는 학술발표도 있다.

어느 정도는 포장의 디자인을 희생하여도 대응할 필요가 있다. 판매대의 효과를 위해서는 식품 포장의 디자인을 가미하는 것도 필요하나 유의할 점이 조금 다르며, 의료현장의 수요에 입각하여 표면 그래픽 뿐 아니라 외관도 포함하여 디자인설계를 해야 한다.

디자이너 한 사람의 대응이 아니라 각 분야의 팀에 의한 대응의 결집 결과라고 말할 수 있다. 아이 카메라(Eye Camera)를 이용하여 의료 종사자의 주관점(主觀点) 추적을 행하여 약품명, 양, 주의사항 등을 보다 효과적으로 유니버설 디자인하는 것도 필요할 것이다. 또한 심리학적인 면에서의 배려도 중요하여 약품 등을 주관적으로 외우는 물체인식에 관한 심리면의 해명도 참고가 된다.

기본적인 사항을 정리하면 다음과 같다.

① 동일 목적용은 디자인을 통일한다.

② 명칭, 규격, 약효, 기호, 수량(1회 투여량 규격을 통일), 포장용기 외관을 식별하기 쉽게 한다.

③ 유사한 디자인을 피해 오인하기 어렵게 한다.

④ 사고방지를 위한 표시를 한다.

⑤ 개별 포장 박스에 제조번호, 사용기한의 표시 위치를 보기 쉽게 한다.

⑥ 고령자는 의약품을 복용할 때에 많은 장애가 있다. 「손가락 끝이 생각처럼 움직이지 않는다」, 「단순한 조작도 이해할 수 없다」, 「유사한 용기, 디자인, 색은 틀리기 쉽다」, 「PTP시트 및 노치의 절취선을 찢기 어렵다」, 「고령자에게 어울리는 포장형태」, 「글자가 작아 읽기 어렵다」, 「문장의 의미를 이해하기 어렵다」 등이 있으나, 유니버설 디자인 대응이 되어 있으면 고령자뿐 아니라 평범한 사람들도 편리해진다. PTP에서는 문자를 기존보다 1.5배 크게 한 예도 있다. 상품명과 그림은 크게, 예를 들면 '용기포장 리사이클법'의 플라스틱 마크는 조금 작게 한다던가 하는 식으로 가장 전달하고 싶은 중요한 것과 그렇지 않은 것은 크기를 구별하는 것이 좋다. 문자를 읽어내는 것보다도 그림에 시선・주목이 가기 쉽다. 아이 카메라(eye camera) 등으로 마무리한 디자인으로 의료 종사자의 시

점(視點) 이 어디에 가는가 등을 검토해야 할 것이다.

⑦ 공통 그림의 보급과 사용 : 그림의 사용법에 있어서, 현재 일본에서는 알기 쉽게 낮(day)용, 밤(night)용의 디자인을 따로 한 감기약이 판매되고 있다. 또한, 약의 적성사용협의회(適性使用協議會)에서는 그림을 작성하여 보급을 도모하고 있다.

(8) 보존 관리면

의약품의 보존 온도관리에는 온도 라벨이 사용되고 있다. 예를 들면, 외관 박스의 창에서 내부에 첨부되어 있는 온도 라벨을 보고, 온도라벨이 50℃ 이상이 되면 불가소적으로 백색에서 적색으로 변화하는 등을 이용하여 라벨이 붉은 색으로 변색하고 있는 경우는 사용하지 않는 등의 배려도 의료현장용 유니버설 디자인 대응이다.

온도관리를 좀 더 엄격하게 하기 위해 온도센서 이용도 고려되고 있다. IC 태그 이용도 그 중 하나이다. 온도 센서기능이 있는 것으로 의약품의 출하부터 사용 시까지의 온도 이력관리가 가능하여 트레이서빌러티(traceability)가 가능하다. 전원을 가지지 않는 간이형 태그에 온도센서를 내장하여 온도관리 및 생산·유통이력을 세밀하게 추적할 수 있다. 식품 분야에서는 이미 실증실험에 들어갔다.

의약품 박스에 태그를 붙여 유통단계에서 일정시간 놓아두어도 온도를 기록하기 때문에 병원에 도착한 단계에서 품질 열화가 있어도 원인을 추적할 수 있다. 의료현장의 시스템 안에 들어가면 보다 효과적인 사용이 가능하다. 의약품 라이프 사이클 전체에 대한 유니버설 디자인 대응이 가능해진다.

6. 패키지 디자인 불변의 법칙

6.1 인구 통계학적 특성

패키지 디자인에서 필요한 것을 예측할 때 가장 먼저 고려해야 할 것은 바로 인구통계학적 특성이다. 인구통계 정보는 해당 국가에서 실시하는 전국 인구조사에서 얻을 수 있다. 여기에는 성별, 직업, 주소, 문화적 배경, 교육수준, 결혼여부, 가계규모, 사회경제적 지위, 지리적 요인, 종교 요인 등의 정보가 포함된다.

현재 패키지 디자이너가 반드시 고려해야 할 인구 통계학적 특성의 중요한 추세의 하나는 소비자들의 고령화이다. 1970년대에는 인구의 대부분이 30세 이하였다. 2000년대에 접어들면서 대부분의 인구가 30세 이상으로 바뀌고, 은퇴자 비율도 그 어느 때보다 높아졌다. 이와 같은 인구통계학적 추세가 미래의 패키지 디자인에 엄청난 영향을 미칠 것이 분명하다. 그러나 주의할 것은 인구의 대략적 분류를 지나칠 정도로 완고하게 수용하는 것은 역시 문제가 있다. 그런 분류가 유용한 것은 사실이지만 동기부여 요인이 비슷한 집단을 가려내는 것은 불충분할 수가 있기 때문이다. 예를 들어, 나이가 같은 26세라고 해서 모든 관심사가 동일하거나, 똑같은 것이 동기부여가 되는 것은 아니기 때문이다.

6.2 사이코 그래픽스

사이코 그래픽스는 다양한 집단 속 사람들의 동기부여 방법과 행동양식을 연구한다. 인구 통계학적 특성과 달리 모호하기는 하지만 마케터가 소비자 집단과 공감대를 형성하고, 그들에게 필요한 것을 예측할 수 있도록 도와준다. 사이코 그래픽스 프로필의 예를 몇 가지 들어보자.

① 안정된 중산층 : 평범한 소도시에서 소박한 꿈을 갖고 살아가는 사람이다.
② 성취주의자 : 진지한 사업가다. 이런 사람은 물질적 부와 권력을 획득하기 위해 하루하루 열심히 일한다.
③ 모방자 : 이성의 관심을 끌거나 또래들로부터 인정받는 것이 가장 큰 목표인 사람이다. 모방자는 가격이 비싸고, 속력이 빠르고 남의 이목을 끌 수만 있으면 요란한 외제 수입품이나 국산품을 구입하는 것도 마다하지 않는다.
④ 사회적 의식이 있는 유형 : 성취의 세계와 무관한 사람이다. 가족과 지역사회, 자신의 행동이 사회에 미치는 영향을 중요시한다. 이런 사람들은 살기 좋은 세상을 만들고 싶어 한다.

6.3 사탕류

스트레스가 고조되는 시기에는 사람들이 사치품을 사들이는 대신에 고급 기호식품이나 사탕 같은 당과제품으로 위안을 삼는다는 조사결과가 있다. 식품은 축하목적으로도 사용된다. 고급 기호식품이나 축하의 의미로 먹는 식품에 분위기를 조성해주는 강력한 장치가 바로 패키지다.

패키지의 본질은 소비자와 제품 사이의 구애행위라고 할 수 있다. 따라서 패키지는 유혹하고, 약속하고, 기대에 부응해야 한다. 성공적인 고급 기호식품 패키지를 개발하려면 디자이너가 제품 고유의 특징을 숙지하고, 패키지 디자인으로 그 특징을 소비자에게 전달해야 한다. 드라마를 창출하고, 제품의 스토리를 들려주고, 그 식품을 소비함으로써 얻을 수 있는 즐거움을 소비자가 예측할 수 있도록 도와줘야 한다.

6.4 주 류

대담한 포장과 대비가 강한 디자인의 와인라벨에 대해 소비자의 호기심이 생기고 시선이 갈 것으로 생각했지만, 대부분은 오히려 품질이 낮고 가격도 저렴할 것으로 예상했다. 자연주의적 디자인에 대해서 소비자들은 믿을 만하고 경쟁력 있으며, 세련되기는 하지만 흥미로운 것은 별로 없는 와인이라고 생각했다. 또한 가격은 높지만 품질도 좋고 가치 있는 와인일 것으로 예상했다. 정교하고 우아한 디자인은 경쟁력과 세련미 측면에서 높은 점수를 받았다. 소비자들은 품질이 좋고, 고상하고, 가격이 비싼 와인이라고 예상했다. 아무 특징이 없는 디자인은 무성의한 대량생산 제품, 돈 주고 마실 가치가 별로 없는 제품이라고 생각했다.

6.5 절제된 색

그래픽 아트, 사진, 현란한 색으로 뒤덮인 상품이 산더미처럼 쌓여있는 매장 진열대에서 다른 상품보다 돋보이려면 색의 사용을 자제하는 것도 방법이 될 수 있다. 흰색이나 단색, 흑백의 단순한 디자인이 강력한 대비효과를 발휘할 수가 있기 때문이다. 색의 사용을 절제할수록 우아하고, 세련된 제품으로 해석될 수 있다.

제 12 장

Meal Solution과 Home Meal Replacement 대응

전통적으로 한국인의 밥상 위에는 밥그릇은 왼쪽에, 국그릇은 오른쪽에, 반찬그릇은 앞쪽으로 차려 놓고, 숟가락을 오른손에 잡고 밥이나 국물을 퍼서 먹고, 오른손의 젓가락으로 반찬을 집어 먹는다. 흔히 먹는 사람은 국물을 맛보고 간을 맞춘 후 밥을 먹으면서 국을 떠먹고 반찬을 골라 먹는데, 먹는 순서가 정해진 것은 없지만 먹는 사람의 가까운 곳에 놓인 음식을 먼저 먹는다.

음식을 함께 먹는 경우에는 어른이 먼저 수저를 든 후에 아래 사람이 밥을 먹는 것이 한국인의 식탁예절이다. 일상식이 아닌 경우에 사람들은 음식을 먹는 중에 술을 곁들이기도 하지만, 일반적으로 밥을 먹고 난 후 숭늉 마시는 것이 식사의 마지막 과정이다. 부엌에서 주부가 음식을 조리하여 밥상에 차린 후에 연장자 순으로 밥상을 올리고, 식사가 끝나면 시중드는 사람이 밥상을 부엌으로 다시 옮겼다. 남은 반찬은 아래 사람들의 밥상에 올려 먹거나 정리하여 가축사료로 활용하였다.

한국인의 음식은 계절에 따라, 경제적인 형편에 따라, 그리고 가정주부의 요리 솜씨에 따라 밥상 위에 오르는 밥과 국, 반찬의 가짓수가 달랐다. 전통적으로 한국인들은 겨울에는 뜨거운 국물과 찌개, 구이, 김치 등을 즐겨 먹고, 여름에는 시원한 챗국과 무침, 조림, 쌈 등을 즐겨 먹는다.

농경생활이 정착되고, 삼국시대의 불교가 포교되면서 어패류와 육류의 섭취는 점차 줄어들었고, 조선시대 후기부터 어패류와 육류의 섭취가 점차 증대하였다. 오늘날 한국인들은 쇠고기, 돼지고기, 닭고기, 해물 등의 국과 찌개, 탕, 구이, 튀김 등을 즐겨 먹고, 계절의 맛을 돋우는 김치(김장김치, 나박김치, 물김치 등)와 채소전(菜蔬煎 ; 부추전, 감자전, 호박전 등), 나물무침(돈나물, 취나물, 고사리 등), 장조림, 쌈 등을 즐겨 먹는다.

1. 식생활의 변화

서구화의 영향으로 피자나 햄버거, 식빵 등의 음식을 즐겨먹고 채소보다는 육류를 가정에서 직접 요리를 하기보다는 외식을 선호하는 경향이 있다.

한국인의 식생활은 지난 30여 년 간 눈부신 경제성장에 힘입어 현저한 변화를 겪어왔다. 절대의 식량부족으로 인한 굶주림과 영양실조는 이 땅에서 거의 사라졌으며, 대부분의 국민들은 일상 식사를 통해서 영양권장량을 충분히 섭취하게 되었다. 뿐만 아니라 최근에는 오히려 과다한 열량섭취와 기름진 음식으로 인한 비만과 성인성 질환의 발생이 한국인을 위협하는 문제로까지 발전되었다.

실제로 1980년대 이래 한국인의 주요 사인 중 1, 2위를 차지하는 것은 고혈압, 뇌졸중 등 순환기계질환과 각종 암으로서, 이는 풍요로운 식생활로 인한 산물인 것으로 생각된다. 즉 현대인들의 건강을 해치는 각종 질병 중에서 병원균에 의한 것은 의학지식에 의하여 거의 정복되었으나 식사와 관련된 질병들은 여전히 인간의 생명을 단축시키고 있다. 건강을 지키기 위해서는 풍요로움만으로는 해결이 안 되고 올바른 식사가 기본이 됨을 나타낸다.

(1) 옛날

쌀, 보리, 조, 수수 등으로 지은 밥과 갖은 채소로 만든 반찬 등을 주로 먹었다. 특히 보관/운송 능력이 떨어져 주변에서 쉽게 구할 수 있는 것을 먹었으며, 일명 향토음식이다. 또한 계절에 맞는 제철 음식을 먹었고, 명절이나 절기가 되면 그에 따른 음식을 먹었다.

(2) 오늘날

쌀밥을 주식으로 하며 고기, 국, 김치 등 다양한 음식을 먹었다. 햄, 라면, 햄버거, 청량음료 등 가공식품을 점점 많이 먹는 추세이며 김치, 된장, 간장, 고추장 등 고유의 음식도 꾸준히 소비한다.

2. Meal solution과 home meal replacement

Meal solution은 더욱 편리하게(easier) 더욱 빨리(faster) 더욱 재미있게(more fun) 먹을 수 있는 끼니 해결 식품이다. 할인점, 백화점, 유통, 단위 슈퍼 등에서 밀솔루션이라는 판매 기법을 사용하는 것이 외국(미국, 일본, 유럽 등)에서는 이미 보편화 되었고, 국내에서도 차츰 주요 트렌드로 발전할 것으로 예상하고 있다. 사전적인 정의로는 식사를 어떻게 할 것인가? 무엇을 먹을 것인가에 대한 해결책을 찾아주는 것으로 식사에 대한 소비자의 니즈를 해결하는 일종의 컨설팅을 가리키는 용어를 말한다.

예를 들면 켈로그(Kellogg)사는 시럽을 친 와플 제품을 시장에 발매했고, 브레이크 부시 브라더스(Break Bush Brothers)사의 경우는 치킨 너깃(chicken nugget)에 딥 소스를 친 제품을 내놨다. 엠 앤드 엠/마스(M/M Mars)사의 경우는 심지어 바에 쿠키와 캔디를 짝 맞춘 제품을 선보였다. 특히 미국 식품 시장의 2대 특징은 편리한 즉석 스낵(Convenient ready-to-eat snack)과 소량 포장했거나 이동성이 있는 끼니 해결식(mimi/mobile meal solution)의 제품이 잇따라 나오고 있는 점이다.

한편, 전문 요리사들이 가정 식사용으로 조리한 '끼니 해결 식품(meal solution)' 판매량이 크게 늘어나고 있다. 지난 8년 동안 저녁 식사용 식품(dinner solution)의 판매량이 연평균 7.5%, 아침 식사용 식품(breakfast solution)가 연평균 6.6% 늘어났다. CJ가 글로벌 한식 브랜드 <비비고>의 가공식품을 국내에도 선보인다. 이미 식품 시장의 해외와 국내의 경계가 희미해진 상황에서 국내 판매를 통해 글로벌 시장에서의 경쟁력을 강화하겠다는 전략이다. 비비고 가공식품은 지난 2011년 11월 처음 출시된 이후, 미국과 중국, 유럽 등 해외에서만 판매되어 왔다.

비비고의 국내 출시는 단순히 국내에서 추가적인 매출을 올리겠다는 목적만이 아니라 해외 시장에서 성공을 거둔 제품을 국내에 선보이고, 이를 통해 제품을 한 단계 업그레이드해 해외 수출을 확대하기 위한 '인큐베이팅' 과정으로 삼고자 하는 의도가 담겨 있다. 해외 수출 제품의 경우, 해외에서 생산되어 바로 판매처로 공급되는 경우가 많지만, 한식 가공식품에 대한 노하우나 기술력을 보면 아직은 국내 생산현장이 더 우수한 것이 사실이다. 이 때문에 국내 생산 및 판매를 통해 제품 경쟁력을 올릴 수 있을 것으로 기대하는 측면이 강하다.

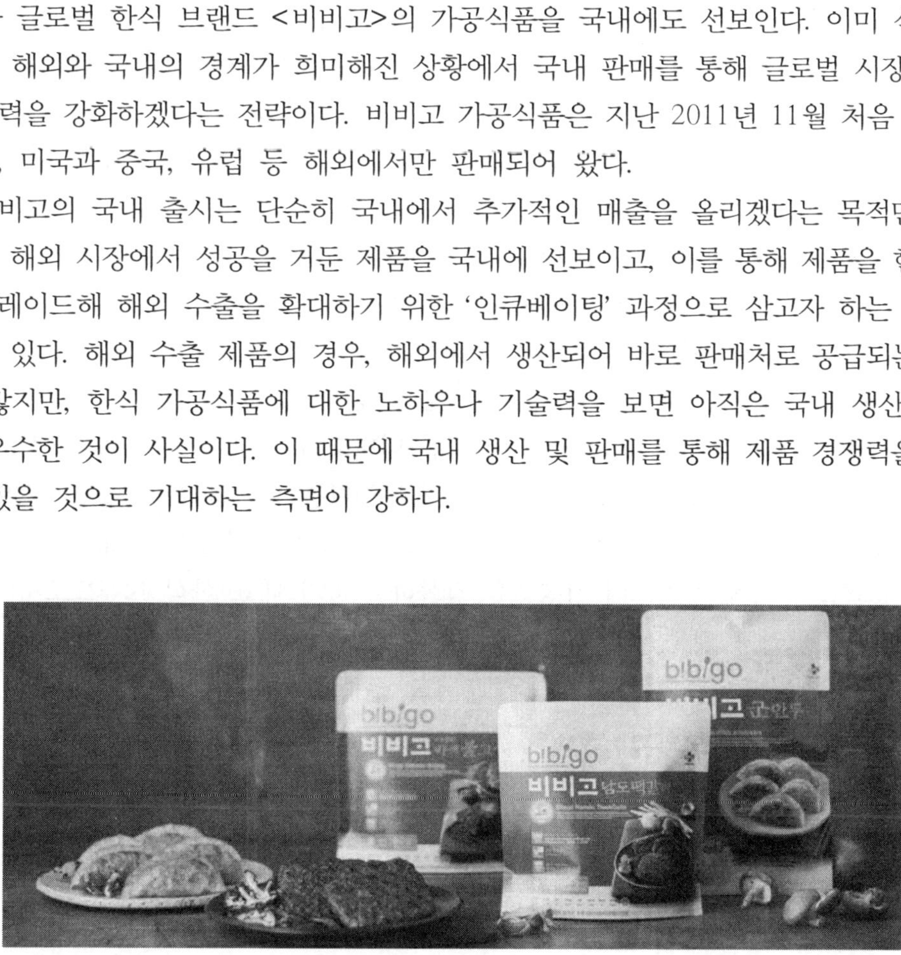

9월초 국내에 출시된 비비고 가공식품은 군만두, 물만두, 남도떡갈비, 언양식 바싹불고기의 4종으로 구성됐다. 만두의 경우, 올해 미국 만두 매출이 국내 만두 매출을 추월할 것으로 예상될 정도로 인기를 끌고 있으며, 홍콩을 비롯한 중화권 시장에서도 비중화권 만두 브랜드 중 시장 점유율 최상위권에 위치하는 등, 글로벌 시장에서 일정 수준의 성과를 거두고 있는 품목이다. 국내 출시된 비비고 만두는 해외 출시 제품보다 한국 정통 방식에 가깝게 원재료의 맛을 살린 것이 특징이다.

남도떡갈비와 언양식 바싹불고기는 소고기와 돼지고기 등 원재료를 갈지 않고 크게 썰어 직화방식으로 만든 제품으로서, 남도(떡갈비)와 언양(불고기) 등 고기 요리로 유명한 지역의 특색 있는 조리법을 활용했다. 특히 해외에 아직 본격적으로 선보이지 않은 냉동 육가공 품목이라는 점에서 국내를 거쳐 향후 글로벌 한식 시장에서 선보일 것으로 예상되는 제품이다.

비비고는 앞으로 글로벌 시장에서 선보이고자 하는 '한식 원 밀 솔루션(One-meal Solution)' 구성을 위해 만두와 육류 제품을 동시에 출시했다. 비비고는 최근 글로벌 시장 장악력을 끌어올리기 위해 만두 사업을 집중 육성하는 한편 만두와 햇반, 불고기 양념장, 떡갈비 등 한식 반찬류 제품을 조합해 하나의 제품에 맛과 영양의 균형을 보유한 '원 밀 솔루션'을 선보이겠다는 계획을 발표한 바 있다.

한편, 국내에 출시된 비비고 제품은 모두 화학첨가물 5가지를 뺀 '무첨가 콘셉트'를 내세우는 한편, 재료를 갈지 않고 굵게 썰어 넣어 원재료 맛을 살리는 등 프리미엄 제품 요소를 갖췄다. 비비고는 국내에서 코스트코를 비롯한 대형마트와 백화점 식품관 등에서 판매되며, 비비고 레스토랑에서도 판매되어 가공식품과 외식부문간의 시너지 효과도 기대된다. 해외 한식 확산에 기여했다는 평가를 받고 있는 비비고의 푸드트럭도 국내에서 샘플링 행사 등에 활용할 계획이다.

CJ제일제당 비비고담당 유제혁 상무는 "이번 비비고의 국내 출시는 세계에서 사랑받고 있는 비비고 제품을 국내 소비자에게도 선보인다는 의미와 함께 글로벌 경쟁력을 강화하는 계기가 될 것" 이라고 밝히고, "앞으로 글로벌 시장과 국내 시장 간의 '선순환 구조'를 구축해 비비고의 경쟁력을 강화하고 국가 대표 한식 브랜드로서의 위상을 다지겠다." 라고 덧붙였다.

한식 브랜드 비비고를 오는 2020년 맥도날드 수준의 글로벌 브랜드로 키운다. 장현아 CJ제일제당 비비고 담당 부장은 27일(현지시간) 미국 로스엔젤fp스 소재 하얏트 호텔에서 열린 'CJ 식품 글로벌 기자간담회' 자리에서 "비비고는 오는 2020년 가공식품 전체 1조 5000억 원의 매출을 달성하고, 한국 식문화를 알리는 데 앞장설 것" 이라고 밝혔다. 2020년이 되면 비비고 레스토랑 누적 방문 객수가 2억 2000만 명으로 한국 인구의 4배 이상에 달하는 많은 사람들이 한식을 경험할 수 있다는 것이다.

미국 LA 마트에서 비비고 시식행사

비비고 브랜드를 브랜드를 총괄 디렉팅한 노희영 브랜드전략 고문은 “CJ그룹이 그룹의 뿌리인 ‘식품’으로 한류의 거대한 바람을 일으킬 수 있을 것” 이라며 “CJ만이 할 수 있는 창조적인 브랜드 통합으로 한식 세계화를 통해 국가 브랜드 가치와 경쟁력을 높여 궁극적으로 그룹의 창업이념이자 경영철학의 뿌리인 ‘사업보국’의 가치를 실천할 수 있을 것으로 기대하고 있다.” 고 말했다.

지난 2010년 론칭한 비비고는 CJ푸드빌의 레스토랑과 CJ제일제당의 5대 수출 전략 제품을 아우르는 통합 브랜드다. 인지도가 낮은 해외 시장에 레스토랑을 통해 먼저 한식의 매력을 전파하고, 이를 경험한 이들이 비비고 제품을 구매해 한식을 가정에서도 즐길 수 있는 자연스러운 흐름을 유도하고 있다.

비비고는 지속적인 성장을 위해 레스토랑 전체 해외 인력 중 10% 이상은 국내에서 파견한 인력으로 운영하고, 현지 직원 교육을 강화하는 등 한식 전문 인력을 양성에 나선다. 해외 파견 인력의 경우 6개월 이상 한식의 우수성과 조리법, 현지 국가에 대한 이해까지 철저한 교육을 실시한다는 방침이다. 가공식품의 경우 현재 만두와 햇반, 소스 중심에서 밥과 반찬류를 조합해 제품 하나로 든든한 한 끼를 즐길 수 있는 ‘원밀 솔루션(One-meal Solution)’을 개발할 계획이다.

HMR(Home Meal Replacement : 가정 대체음식)이란 점포 외 소비를 위해 가정식 형태의 따뜻하게 먹을 수 있도록 준비된 식사로 기존 편이식품 시장에서의 체계 중 가장 고급에 위치하는 개념이다. HMR을 언급하는 사람의 견지와 필요에 따라서 “즉석식품”, “배달음식”, “간편식”, “포장음식”, “테이크아웃” 등으로 다양하게 사용되어 아직까지 통일화된 용어 정비가 되어 있지 않은 상태인 듯 했다. 하지만 HMR은 가정에서 직접 조리하지 않았지만, 직접 조리한 것과 같은 품질과 맛을 나타내는 것으로 테이크아웃(Take-out)과 유사하지만, 차이가 있다고 생각한다. 현대 시사용어 사전(2004)에서는 HMR을 "맛과 향기·신선도가 떨어지지 않는 1차 조리된 음식으로, 기존의 냉동식품과 달리 조리 즉시 먹거나 데우기만 하면 신선한 맛이 그대로 살아나는 음식" 이라고 정의하고 있다. 요약하면 HMR는 구매자의 입장에서 조리가 거의 필요하지 않거나, 간단하게 끓이거나 데우기만 하면 먹을 수 있는 고급 일품요리인 가정식사 대체상품이라고 할 수 있다.

3. HMR의 역사

Home Meal Replacement(HMR)의 기원은 전쟁 시 군인에게 지급되는 비상 양식이라고 할 수 있다. 즉, 음식을 미리 조리하여 포장하여 전장에 있는 군인에게 운송되어 소비되는 형태라고 할 수 있다. 미리 조리를 한다는 의미는 군인들에게는 전장에까지 조리도구를 가져갈 필요가 없다는 것과 음식을 조리하는 데 필요한 시간이 필요하지 않다는 것을 의미한다. 오늘날의 군용 비상식량은 그 포장기술이 현저히 발달하여 포장 자체만으로도 개봉 시 안에 있는 내용물이 데워질 수 있는 수준까지 오게 되었다.

이러한 군용 식량은 1940~1950년대에 들어서 미리 준비할 수 있고, 휴대가 간편하다는 장점으로 많은 대중에 소개가 되었다. 음식의 품질은 확신할 수는 없었지만 편리함은 거부할 수 없는 매력이었다. 마찬가지로 이 시기에 TV가 대중화 되면서 자신이 좋아하는 TV 프로그램을 보면서 저녁식사를 하는 것이 일반화 되어갔다. 바로 이즈음에 TV Dinner가 시장에 선보이기 시작했다. 주로 알루미늄 호일 용기에 담긴 음식으로 오븐에 가열만 하면 바로 먹을 수 있는 형태였다. 초창기의 HMR은 보다 고급스러운 군용식량의 닮은꼴이라고 할 수 있다.

가정용 전자레인지가 개발되면서부터 HMR의 음식의 종류가 다양해지고, 조리/가열시간이 혁신적으로 감소했다. 이렇게 전자레인지를 사용하게 되는 HMR은 기존의 TV Dinner 보다는 좀 더 나은 것이었지만, 소비자들에게는 공장에서 만들어낸 공산품과 같은 느낌을 주었다. 음식이 만들어지는 공장의 주방에서 '어머니'가 일을 하지 않았기 때문에 그곳에서 생산된 음식은 가정식의 느낌을 소비자에게 전달하지는 못한 것이다.

지난 20년간 인구의 역학구조는 많이 변화하였다. 전통적인 가족 구조인 아버지가 생계에 필요한 돈을 벌어오고, 어머니가 가사 일을 돌보는 것에서 양쪽 부모 모두 일을 하며, 공동으로 육아를 하는 구조로 변화하였다. 이들에게 있어서 시간은 항상 부족하고 귀중한 것이었다. 이에 따라 주방에서 보내는 시간이 많이 감소하였지만, 가족들은 여전히 어머니가 만들어주던 가정식을 원했다. 이러한 시간의 부족이 HMR 산업을 발전시키는 촉진제 역할을 하게 된 것이다.

푸드서비스 산업에서 HMR의 발전을 보다 빠르게 한 원인은 보다 편안하게 조리할 수 있는 가정에 대한 열망이었다. 여러 가지 다양한 시장, 즉 Boston Market이나 Dean and Deluca와 같은 곳에서 이러한 편리성, 고품질, 그리고 편안한 음식에 대한 수요가 급격히 증가하였다. 예를 들어 Boston Market과 같은 곳은 어머니가 퇴근하면서 아이들을 데리러 가는 길의 중간에 위치하여 가족들을 위한 푸짐한 저녁식사를 위해 장을 보는 곳이다. 편리함을 추구하고 음식준비 및 설거지에 시간을 많이 보낼 수 없는 많은 어머니들의 상황이 일하는 바쁜 여성들에게는 매우 매력적인 선택일 수밖에는 없었던 것이다.

HMR의 편리함은 휴일과 같이 자유시간이 그 어느 때보다도 귀중하게 느껴지는 때에 그 효과가 증폭된다. 즉 주부에게 있어서 선물을 사고, 휴일에 10~12명 정도의 가족들이 먹을 음식을 준비하는 것은 위압감마저 들게 한다. 일례로 Honeybaked Ham Company와 같은 회사의 경우 추수감사절과 크리스마스 때 이들의 매출이 약 40% 정도 상승한다고 한다. 전화 한 통화의 주문으로 햄을 오븐에 바로 구울 수 있도록 준비해 주고 미리 슬라이스를 해서 가져갈 수 있도록 준비해 주기 때문이다.

음식점의 경우 포장용 음식을 제공하는 경우가 점점 증가하고 있다. 음식점의 입장으로 본다면 음식점 내의 좌석을 차지하지 않으면서도 매출을 증가시킬 수 있는 한 방법이 된다고 할 수 있다. 음식점에서 가져온 음식의 경우 사람들은 좋은 재료를 사용하여 숙련된 요리사가 조리를 했다고 생각한다. 단 한 가지 음식점에서 만드는 음식의 약점은 음식이 조리된 직후 바로 접시에 담겨져서 소비되도록 만들어진다는 것이다. 음식점에서 만든 음식은 일반적으로 전자레인지에 재가열할 경우 별로 좋지 않다. 이러한 이유로 음식점에서 미리 음식을 전부 준비하여 냉각시킨 다음 전자레인지에 가열할 수 있도록 하는 틈새시장이 증가하고 있는 추세이다.

슈퍼마켓 역시 포장 음식을 살 수 있는 또 다른 장소이다. 원래 슈퍼마켓의 경우 샌드위치용 델리 미트나 슬라이스 된 치즈를 판매하는 곳이었다. 오늘날의 슈퍼마켓의 경우 판매하는 음식을 샐러드바, 기존의 냉동피자가 아닌 오븐에 바로 굽기만 하면 되는 신선한 피자, 닭고기 구이, 바비큐 립과 같은 분야까지 넓혔다. 슈퍼마켓에서 극복해야 할 점은 슈퍼마켓에서 판매하는 음식의 품질은 음식점에서 판매되는 것보다 떨어진다는 소비자들의 인식이었다.

그러나 음식점보다 슈퍼마켓이 나은 점은 더 많은 사람들이 매장을 통해 포장음식을 사간다는 점이다. 슈퍼마켓 역시 소비자들이 음식을 사가서 다른 곳에서 소비한다는 사실을 잘 알고 있기 때문에 그에 걸맞은 포장을 하게 되었다.

4. Confetti Beef Tacos

슈퍼마켓과 음식점은 음식을 소비하는 소비층을 놓고 서로 점유율을 다투는 상황이 되었다. 소비자들의 가용소득이 증가함에 따라 소비자들은 외식에 좀 더 많은 돈을 쓰게 되었고, 이에 따라 슈퍼마켓과 음식점들의 경쟁은 점점 더 심화되어 가고 있다. 식료품점 또한 마찬가지로 소비자들이 식료품점에 가서 잡화를 사는 동안 저녁 식사용 음식을 사는 것이 편리하기 때문에 음식점에 비해 우위를 가지고 있다. 이러한 소비자들의 수요를 맞추기 위해 슈퍼마켓에서는 'grocerants'라는 새로운 개념(슈퍼마켓 매장 내에 푸드 서비스 섹터를 설치)을 도입하였다. 그 결과 소비자들이 다른 물건을 사는 동안 가족들을 위해 신선하게 조리된 음식을 사도록 보다 적극적으로 유도할 수 있게 되었다. 시간이 모자란 어머니들에게는 쇼핑하는 횟수도 줄어들게 되고, 집에 가서 할 일도 줄어들게 되는 효과가 있는 것이다.

향후 HMR의 미래는 밝다고 할 수 있다. 궁극적인 HMR은 우주 정거장의 우주비행사들을 위한 것이 될 것이다. 우주정거장이 증가할수록 지구상에서 준비해야 할 HMR도 증가할 것이다.

5. TV Dinner에서 케이블 퀴진까지 : HMR의 발달과정

1960년대의 TV dinner부터 케이블 채널을 보면서 먹을 수 있는 수많은 음식까지 이 모든 것들은 요리하는 데 들이는 시간을 줄인 결과이다. 빠르게 성장하고 있는 HMR시장은 그 규모가 연간 600억불에 이를 것으로 예상되며, 슈퍼마켓에서는 매장 내에서 음식을 먹거나 포장음식을 판매할 수 있는 기회를 늘릴 수 있어 틈새시장을 개척하는 기회가 될 수 있다. 슈퍼마켓은 'grocerants'와 소비시장을 놓고 경쟁을 할 수 있는 것이다.

1965년에 소비자들이 음식에 쓰는 돈 중에서 집 밖에서 음식을 사는데 쓰이는 비율이 30% 정도였는데, 1995년에 와서 그 비율이 47%까지 증가했다는 것은 잘 알려진 사실이다. 작년에는 이 수치가 49.8%까지 증가하였다. 이 수치는 실제 눈에 보이는 것보다는 적은 수치이다. 정부의 이러한 통계치는 집 밖에서 음식을 구입하는데 쓰이는 횟수보다는 총 액수를 반영한다. 그렇기 때문에 가정에서보다 훨씬 많은 메뉴의 종류를 생각해 보면 49.8%라는 수치 안에는 실제로 더 많은 횟수를 내포하고 있을 것이다. 또한 이 수치에는 주류에 쓰는 돈까지 포함되어 있기 때문에 정부통계는 평이한 증가보다는 좀 더 급격한 변화를 보일 것이다.

2인 가족 중 둘 다 경제활동을 하는 코쿤족, 시간에 쫓기는 소비자, 급격히 변화하는 경제상황, 회사들의 감축경영, 패스트푸드보다는 어머니가 한 것 같은 음식을 좋아하는 어린 자녀들이 있는 나이 들어가는 여피족이 모든 사회적 추세는 앞으로 HMR가 증가할 것이라는 분명한 이유가 될 것이다.

HMR 추세를 이끄는 몇 가지 주요 요인이 있다. 편리성, 소비자를 끌어당길 수 있는 매력, 민족의 다양성 그리고 마케팅이다. 여기에서 편리성이란 시간, 위치, 그리고 가치의 세 분야로 다시 나뉠 수 있다. 소비자를 끌 수 있는 매력이란 대중에 대한 매력, 세련됨 그리고 사회적 지위의 세 면이 있다. 민족의 다양성이란 점점 더 증가하고 있는 다양한 민족의 이민과 그 사람들이 들어올 때 같이 들어오게 되는 그들의 음식과 음식문화 전통 등과 관계가 있다. 마지막으로 마케팅 역시 중요한 요인이 된다.

6. MS 및 HMP 대응형 포장

HMR(Home Meal Replacement) 가정식사 대체식품

집에서 간단하게 먹을 수 있으면서도 나가서 사먹거나 또는 직접 만들어 먹는 것보다 맛과 향기 · 신선도가 떨어지는 1차 조리된 음식이다. 기존의 냉동식품과 달리 조리 즉시 냉장시켜 다시 데우면 신선한 맛이 그대로 살아나는 음식으로, 포장을 뜯는 즉시 먹을 수 있도록 여러 가지 야채를 깨끗이 씻은 후 썰고 다시 고루 섞어 별도의 드레싱까지 첨부한 샐러드나 과일에서부터 그 종류가 매우 다양하다.

소득이 높아지고 맞벌이 부부가 급격히 늘어나면서 최근 HMR사업이 급부상, 이미 미국 슈퍼마켓의 4분의 3 정도가 이 조리음식 개발에 뛰어들어 시장선점을 위해 치열한 경쟁을 벌이고 있다.

7. 1인 가구 증가와 HMR 수요 증가

일반 식료품이나 인스턴트식품, 식당과 같이 기존 식산업에서 하던 방식으로는 HMR 시장에서 성공할 수 없다는 사실이다. 왜냐하면 HMR은 라이프스타일의 변화에서 비롯된 근본적인 식문화 혁명이기 때문이 아닐지. 또한, 저자는 소비자가 HMR 상품에 접근하는 세 가지 루트를 추적, 각 분야별로 맞춤 전략을 제시한다. 예컨대 기존 편의점을 HMR로 전환한 같은 제품의 다른 브랜드들을 모아놓은 편집매장, 길을 가면서 먹는 사람들을 위한 환자나 임산부에 특화된 기능성 HMR 식품, 즉석에서 반찬을 만들어서 파는 가게, 노인을 위하여 칼로리와 영양분을 조절한 실버식품 등 다양한 분야, 다양한 종류의 상품 아이디어와 매장 운영 노하우를 제안한다.

HMR 상품이 진화하고 있다. HMR은 Home Meal Replacement의 약자로 가정식사를 대용하는 상품을 말한다. 조리와 식사시간을 단축해야 하는 최근 소비자들을 위한 새로운 식사 솔루션을 제공하는 것이 목적이다. 2010년 통계청 인구주택 총 조사 발표 자료에 따르면 전국 4가구 중 1가구는 나홀로 족으로, 총 가구 대비 1인 가구 비율은 전국 1757만 4067가구 중 23.6%인 414만 2165가구다. 앞으로 식사문화를 바꾸게 될 HMR은 가정식사를 대체할 정도의 '맛'과 '영양'을 충족시키면서도 시간을 단축하기 위한 '간편성'을 동시에 갖춰야 한다. 대형마트, 외식업계, 식재료 유통업계, 식품업계는 각 영역별 상품 특성별로 HMR 개념을 도입해 상품을 진화시키는 중이다.

8. HMR의 요건– '맛', '영양', '간편성'

HMR은 간편하게 한 끼를 대체하면서도 '맛'은 엄마의 손맛, 또는 최고 맛집 조리사의 요리수준 이상을 능가하면서 가정식이 주는 영양분을 고루 갖춰야 한다. 소비유통지에서는 이들을 적합한 패키지에 담아 한 끼 식사로 바로 제공될 수 있게 진열, 판매하는 것이 관건이다. 성공적인 HMR을 위해서는 이러한 과제가 선결된 후 여러 가지 요건을 충족시켜야 하기 때문에 그 영역의 필요성에도 불구하고 빨리 진전되기가 어려웠다.

최근 들어 HMR 상품이 주목받기 시작하며 '한 끼'를 제공해야 한다는 HMR 본연의 상품 속성 트렌드가 식품영역 곳곳에 영향을 미치기 시작했다. 1～2인 가구가 급증하면서 HMR 제품 수요 또한 하루가 다르게 늘어나는 추세다. 이에 따라 식품유통업계를 변화시키고 있는 주요 트렌드 키워드로 HMR이 꼽히고 있다. 최근 각 업태별로 출시되고 있는 상품들에서 한 끼를 대체하는 개념들이 적용되고 있는 이유도 여기에 있다.

9. 상품개발 현황

(1) 쌀(재료)이 아닌 밥(식사) 판매

가정에서 쌀을 구매해 밥을 직접 해먹기 보다는 제공되는 다양한 맛의 밥 중에 골라먹는 재미가 늘어나고 있다. 쌀 종류와 조리방식에 따라서 다양한 밥 상품들이 개발될 전망이다. 백화점의 델리코너에서는 쌈밥, 비빔밥, 영양밥 등 밥 종류를 간편한 패키지에 담아 판매하고 있다. 대형마트에서도 냉동볶음밥이 점차 영역을 확대하고 있다. 신세계백화점 지하 델리코너에서는 다양한 '밥' 상품을 판매하고 있다.

(2) 갈증해소가 아닌 식사대용 음료

아침을 간단히 음료로 해결하는 싱글족들을 겨냥해 음료 한잔만으로도 영양을 충족시키고 공복을 면할 수 있도록 하는 상품들이 등장하고 있다. 특히 싱글족의 아침 대용식으로 두유, 쌀음료 등이 인기를 모으고 있다. 프랜차이즈 업계에는 각종 과일과 비타민, 미네랄을 넣어 건강기능성을 강조한 '스무디'가 한 끼 식사용으로 각광받고 있다. 대표적인 스무디 판매업체인 '스무디킹'은 더 나아가 최근 나홀로 족의 아침 식사 대용식을 겨냥해 음료와 함께 간편식을 강화했다. 미스터도넛도 아침 대용식을 겨냥해 음료와 도넛에 천연재료를 넣어 신제품을 출시한 바 있다. 스무디킹은 스무디 한잔을 통한 영양 다이어트 프로그램 이외에 간편식사 메뉴를 추가했다.

(3) 요리개념을 가미한 면제품 속속 출시

최근 원료와 조리 개념을 새롭게 한 면 상품이 등장해 라면시장의 판도에 영향을 미치고 있다. 농심의 '쌀국수 짬뽕', 닭고기 육수로 국물을 낸 팔도의 '꼬꼬면' 등이 해당된다. 삼양의 '나가사끼 짬뽕'과 오뚜기의 '기스면'도 새로운 면발과 국물 육수로 라면시장에 파고들고 있다. 청정원 '착한칼로리면'은 곤약으로 만든 면 요리. 라면이 '간식'이 아닌 '주식'으로도 충분한 영양을 충족시킬 수 있다는 점이 부각되고 있다. 오뚜기의 키스면. '키스면'은 기스면의 시원하고 얼큰한 본래의 국물 맛을 잘 살리면서 신선하고 풍부한 재료를 사용한 고급 면요리이다.

(4) 엄마의 손맛을 강조한 도시락 세트

HMR이 가정식을 대체한다는 개념에서 '엄마의 손맛'이 마케팅 콘셉트로 활용되고 있다. 대표적인 엄마 이미지를 가진 연예인 '김혜자'를 등장시킨 GS25의 도시락이 대표적인 예이다. 아워홈의 HMR 브랜드명인 '손수'도 같은 맥락에서 '엄마의 손맛' 이미지를 담고 있다.

GS25의 엄마의 손맛을 강조한 도시락 세트.

(5) 신선한 채소를 가미한 도시락을 신속하게 배송

오리온의 '피크닉박스'와 '러블리박스'는 신선한 채소를 곁들여 마켓오 압구정점에서 판매한다. 10인 이상 주문 시 인근지역에 한해 배달 서비스가 가능하다. 신선함을 위해 모든 도시락은 주문과 동시에 제조돼 신선함을 유지한다. 편의점에서도 최근 신선한 맛을 강화한 도시락 상품이 늘어나고 있다.

오리온의 '피크닉박스'.

(6) 과일도 한 끼 식사가 가능하도록 품질 업그레이드

과일의 기능성과 크기, 패키지를 비롯 유통방식까지 달리해 한 끼 식사로 제안하는 경우가 등장하고 있다. '돌(Dole) 바나나 자판기'는 어린이 직업 체험 테마파크인 키자니아 서울에서 첫 운영됐다. 자판기 냉장 온도를 바나나 보관에 가장 최적인 13도로 유지해 신선하고 맛 좋은 바나나를 연중 제공한다. 특히, 돌(Dole) 스위티오 바나나를 1개입과 2개입씩으로 각각 개별 포장 판매해 바쁜 아침 직장인이나 학생들의 아침 식사 대용식으로 간편하게 즐길 수 있도록 한 것이다.

돌(Dole)의 바나나 자판기.

(7) 상품개발에 요리전문가가 참여

아워홈은 급식 유통업체로서 꾸준하게 HMR 상품을 개발하며, 신제품을 출시하고 있다. 최근에도 면류, 밥류, 찌개류 등 다양한 상품이 나오고 있다. 127명의 요리전문가가 개발에 참여한 손수의 여름맛이 면 3종 신제품이 있다.

아워홈의 손수 메밀 막국수.

(8) 맛집의 맛을 그대로 재현해 패키지에 담기

HMR이 제공하는 간편 식사들은 이미 '맛집' 입맛에 익숙해져 있는 고객들의 욕구를 충족시켜야 한다. 예를 들어, 부대찌개를 HMR로 개발할 경우 부대찌개로 유명한 의정부의 최고 맛집 수준의 맛이 아니라면 고객들에게 외면당하게 된다. 이 때문에 HMR 상품개발을 위해서 맛집과 협력하는 경우가 늘어나고 있다.

이마트 의정부 부대찌개.

(9) HMR 온라인 판매

HMR의 간편성을 토대로 유통형태 역시 온라인이라는 편리한 수단을 통해 제공하려는 시도도 이루어지고 있다. 대표적인 예로 한식 프랜차이즈 전문기업 '놀부'는 놀부eShop이라는 온라인 쇼핑몰을 통해서 HMR 상품을 판매하고 있다. 최근 맞벌이 부부와 싱글족이 늘어나는 것에 발맞춘 것으로, 지난 25년간의 식재료 소싱 및 메뉴

개발 노하우를 접목한 음식들을 특화해 HMR 상품으로 소화해 오픈 당시 14개 종류의 육류세트, 20개 종류의 수산세트를 선보였다.

HMR전용 쇼핑몰 '놀부eShop'.

(10) '컵푸드' 등 패키지 발달과 함께 성장

미국과 영국 등에서는 컵푸드 형태의 HMR이 상당히 개발돼 있다. 해외 드라마에서도 주인공들이 컵에 담긴 음식을 테이크아웃 해 먹는 장면이 종종 등장한다. 국내에도 이러한 '컵' 패키지의 발달과 함께 '컵푸드'를 판매하는 외식업체가 생겨나고 있다. 커피전문점이 스타일리쉬 한 컵으로 새로운 이미지를 제공하며 성장했듯이 식사도 간편하고 감각적인 컵 형태로 등장하고 있다.

지난해 6월 오픈한 컵푸드 전문매장 '더컵(The Cup)'은 국내 신촌, 이대 등의 주요 상권에서 시작해 부산 및 해외 등으로 가맹점이 확대되고 있다.

10. 2012년 SEOUL FOOD– 'HMR 파빌리온' 첫 선

(1) 식품유통업계 HMR 트렌드 한 눈에 조망

올해 30주년을 맞이하는 대한무역투자진흥공사(KOTRA)주최 서울푸드(SEOUL FOOD 2012) 전시회가 2012년 5월 8～11일 4일간 경기도 고양시 킨텍스 전관에서 열린다. SEOUL FOOD는 The Buyer지와의 전략적인 협력을 바탕으로 최근 식품유통업계의 주요 트렌드인 '가정대용식(Home Meal Replacement, HMR)' 관련 전시영역을 새로 기획해 HMR 상품에 대한 이해를 돕고, 개발 전략에 관한 커뮤니케이션을 활성화해 나갈 계획이다.

(2) HMR 파빌리온, 비즈니스 교류의 장

각 리테일들은 '식사 준비시간 절약', '간편하지만 건강과 영양을 챙기는 식단에 대한 높은 관심' 등 소비자들의 식품 소비패턴의 변화에 맞게 HMR 영역을 늘여가고 있다. 미국, 영국, 일본 등 해외에서도 이미 HMR 상품 관련 상품은 다양해지는 추세다. 이번에 첫 선을 보이는 HRM 파빌리온은 이러한 움직임을 한 곳에 모아 정보를 제공하고, 교류를 활성화하는 교두보 역할을 하게 된다.

최근 이마트의 피자, 롯데마트의 치킨 등 대형마트에서도 간편한 조리식품들을 판매하기 시작했다. 또 매장별 HMR과 관련한 가정간편식(Ready Meal), 또는 준비된 요리(Ready-to-cook)존을 마련해 놓고 상품 종류를 강화해 나가고 있다. 백화점에서도 간단하게 한 끼 해결이 가능한 샐러드, 쌈밥 등 '델리' 코너의 인기가 날로 높아지고 있다.

코트라(Kotra)는 '간편 + 영양 + 맛'의 3박자를 충족시킨 가정대용식(HMR) 확장에 발맞추어 전시회 구성에도 변화를 시도할 계획이다. 각 리테일별로 HMR 관련 상품을 다르게 표현하고 있고, 상품 구성별 차이가 있다는 점을 적극 수용해 전시존을 '가정대용 및 편이상품(HMR) 존', '델리(Deli) 존', '신선푸드(FF, Fresh Food) 존', '신선 편이농산물 & 식품 Fresh Cut) 존'의 4개 부문으로 분류했다.

제 13 장

식품저장을 위한 포장기술

1. 포장의 주요 기능

식품포장의 주요 기능은 내용물을 외부 영향이나 손상으로부터 보호하고 내용물을 담으며 소비자들에게 성분과 영양에 대한 정보를 제공하는 것이다. 식품포장의 목표는 산업에서 필요로 하는 요구사항과 소비자가 바라는 욕구를 충족하고, 내용물을 안전하게 유지하며, 환경영향을 최소화하여 비용 측면에서 가장 효율적인 방법으로 용기에 담는 것이다.

식품포장에서 이력추적(Traceability), 취급의 편리성 및 개봉 흔적의 인지(Tamper indication)는 두 번째로 중요한 기능에 속하며, 이를 포함하여 다음과 같은 기능이 있다.

① 내용물의 보호 및 보존(Protection/preservation)
② 절감 및 식품폐기물 감량화(Containment and food waste reduction)
③ 정보제공(Marketing and information)
④ 이력추적(Traceability)
⑤ 취급의 편리성(Convenience)
⑥ 개봉흔적의 인지(Tamper indication)
⑦ 기타 기능

2. 포장 재료의 종류와 특성

식품포장은 제품(식품)의 상품가치를 높이고, 유통기간 중 식품의 물리적, 화학적, 생화학적 변패를 방지하면서 안전하고 원래의 맛과 향을 잃지 않게 제품을 보호하고,

취급을 편리하게 할 뿐만 아니라 식품의 정보를 전달하며 판매를 촉진하는 데 있다. 이를 위해 식품의 특성과 포장재의 특성 및 식품 위생 등을 서로 연결하여 최상의 식품재료, 가공조건, 포장 재질, 유통방법 등을 찾아내는 전반적인 과정을 말한다.

3. 포장식품의 품질 열화 Mechanism 및 방지방법

3.1 식품의 구성성분

모든 식품의 주요 구성성분은 수분, 당질, 지질, 단백질, 섬유, 회분으로 구성되어 있으며, 미량성분으로 비타민류, 칼슘, 인, 철 등 무기성분이 있다. 포장식품의 품질열화에 영향을 미치는 것은 수분, 지질, 단백질 등이 가장 문제가 될 수 있다.

3.2 포장식품의 품질열화 인자

포장식품의 품질열화 영향을 미치는 인자에는 수분, 온도, 산소, 광선, pH 등이 있으며 수분, 온도, 광선이 가장 중요한 역할을 하고 있다.

(1) 수 분

식품의 수분함량보다는 그 식품의 수분활성도(Aw : Water Activity)가 얼마나 되느냐가 더욱 중요한 요인이 되며, 이것은 미생물의 번식에 필요한 최소 수분활성도가 정해져 있기 때문이다.

표 13-1. 미생물의 발육에 필요한 수분활성(Aw)

미생물의 종류	발육 최저 Aw	미생물의 종류	발육최저 Aw
세균	0.90	호염 세균	0.75
효모	0.88	내건성 곰팡이	0.65
곰팡이	0.80	내삼투압성 효모	0.61

(2) 온 도

포장식품의 품질열화 요인에서 온도는 미생물의 번식과 밀접한 관계가 있으며, 식품의 변질에 관여하는 대부분의 미생물이 중온균이기 때문이다.

(3) 광 선

자외선에 의한 산패가 중요하기 때문에 300～450nm(자외선)의 파장의 빛을 차단할 수 있는 포장방법을 강구해야 한다. 한편, 자외선(200～300nm)을 조사할 경우 살균력이 있어서 포장재의 표면살균에 이용되고 있다.

(4) 산 소

포장재 내에 산소가 존재할 경우 곰팡이 및 해충류 번식, 산패의 촉진, 과일 등의 갈변 촉진 및 비타민의 손실이 일어날 수 있어서 가능하면 포장재 내부에 산소를 제거하면 좋다. 그러나 식중독균과 같은 혐기성 세균의 경우 산소가 없으면 생육이 왕성하기 때문에 이점도 확인해야 한다.

(5) 수소이온농도(pH)

일반적으로 식품의 변패, 부패에 관계가 깊은 세균은 pH 4.0～9.5의 범위에서 증식이 가능하며, 최적 pH는 6.8～7.0으로서 산도가 높은 식품을 제외하고는 미생물의 생육에 따른 변질을 신경을 써야 한다.

3.3 포장식품의 품질열화 방지법

포장식품의 품질열화를 방지하기 위해서는 열화요인을 제거하면 목적을 달성할 수 있다. 수분의 경우 수분활성도를 낮추는 방법, 즉 건조, 냉동, 염장, 당장 등으로 식품 속의 유리수 함량을 낮추면 된다. 온도의 경우 저온(냉동, 냉장)으로 유지하면 미생물의 생육 및 화학반응 속도를 늦출 수 있다. 산소의 경우 차단성이 높은 포장재를 사용하여 진공포장, 가스치환포장 또는 산소흡수제 등을 함께 포장하면 해결할 수 있다. 미생물의 경우 살균처리와 저온저장을 할 경우 품질열화를 지연시킬 수 있다.

3.4 포장식품의 유통 중 미생물에 의한 변패

미생물의 생육조건에는 영양성분, 온도, 수분(Aw) 등에 영향을 받으며, 이 중에서 어느 조건 하나가 맞지 않으면 미생물의 생육은 지연된다.

예) 유통 중 박테리아로 인한 식품의 변질

포장식품이 유통 중에 미생물로 인한 변폐 형태는 식품의 외상을 손상시키든지 식품에 독성을 일으키는 것인데, 주로 식품 외상의 변화를 일으켜서 식품으로서의 가치를 잃게 하는 세균은 Lactic acid bacteria(젖산균), Acetic acid bacteria(초산균), Proteolytic bacteria 등이다. 식품에 독성을 일으키는 세균으로는 *Clostridium botulinum, Clostridium perfringens, Baccillus cereus, Listeria monocytogens,* Salmonella 등이 있다.

3.5 포장식품의 구성 성분별 품질열화 형태 및 방지법

(1) 지질의 산패와 방지법

식품구성 성분 중 지질이 공기 중의 산소에 의하여 산화되어 이미·이취를 발생하게 되는 현상을 산패라고 한다. 지질의 산화속도는 포장재내의 산소분압에 비례하며, 열(고온), 빛(자외선), 금속이온 등에 의해서도 산패가 촉진된다. 이를 방지하기 위해서는 산소의 제거가 가장 우선적으로 필요하고, 금속용기가 아닌 포장용기를 사용하여 냉암소에 보관할 경우 지질의 산패속도를 지연시킬 수 있다.

(2) 포장식품의 갈변

식품의 갈변현상에는 효소적 갈변과 비효소적 갈변이 있다. 효소에 의한 갈변은 사과, 배, 복숭아, 바나나, 밤, 감자, 가지 양송이 등 많은 종류의 과실과 채소류를 박피하거나 파쇄할 때 일어나는 갈변현상으로 Polyphenol oxidase에 의한 갈변, Tyrosinase에 의한 갈변 등이 대표적이며, polyphenol을 함유하는 신선한 식물체가 손상을 받으면 이를 산화하는 효소가 대개는 공존하며, 양자가 반응하여 갈색색소인 melanin으로 전환되기 때문에 일어난다.

억제방법으로는 효소, 기질, 산소가 공존할 때 갈변이 일어나므로 3가지 물질 중 어느 하나를 배제하면 갈변을 억제할 수 있다. 효소의 불활성화와 효소의 최적조건의 변동에 의한 억제방법이 원칙적으로 이용된다. 한편, 포장에서는 산소 차단성이 우수한 포장재를 이용한 진공포장 또는 가스치환포장 및 산소흡수제 봉입포장을 실시할 경우 갈변을 억제할 수 있다.

비효소적 갈변의 경우 환원당에 있는 카르복실 그룹과 단백질에 있는 아미노기가 서로 반응하여 갈색반응을 일으키는 것을 말한다. 이로 인해서 제품의 가치가 떨어진다. 비효소 갈색화 반응은 환원당이 많을수록, 산도(pH)가 높을수록, 온도가 높을수록 수분함량이 높을수록 더 반응이 빨라진다. 비효소 갈색화 반응을 방지하기 위한 포장방법으로는 수분 차단성이 우수한 포장재료를 사용하는 방법과 환경제어 포장방법(MAP)을 사용하는 방법밖에는 없다.

4. 환경인자와 보호포장

폐기물정책의 궁극적인 목표는 폐기물로 인한 환경부하를 줄임으로써 자연환경을 보호하고, 모든 인간이 쾌적한 환경 속에서 살아갈 수 있도록 하는 것이다. 이를 위해서는 단순하게 발생된 폐기물을 위생적으로 처리하는 데 그칠 것이 아니라 자원 순환형 사회로의 전환을 촉진하고, 미래 세대와의 공유 자원인 환경의 잠재력을 최대한 보전해 나가는 노력이 필요하다.

21세기에는 환경적 토대가 견실한 국가만이 지속적인 성장과 발전을 누릴 수 있다는 것을 전제하고, 폐기물처리의 1차적 기본 목표는 부패성이나 유해성을 갖는 폐기물을 인간의 생활환경이나 작업환경으로부터 신속하게 배제하는 것, 즉 '위생적인 환경의 유지', 제2의 목표는 '폐기물 처리의 환경보전성과 적정처리', 제3의 목표는 '자원의 보호, 즉 쓰레기의 자원화 및 재이용', 즉 폐기물을 발생원에서 감량하는 것(reduce), 폐기물 재생가능자원을 재이용하는 것(reuse), 폐기물 재생자원을 순환 사용하는 것(reuse)이라는 3R을 들고, 제4의 목표는 폐기물 관리사업은 경제성을 고려할 것 등을 든다. 이상과 같이 종래의 '폐기물처리'와는 전혀 다른 사고방식과 이념으로 대응하여야 하며, 즉 폐기물의 발생억제, 자원화의 활성화, 적정처리라는 '폐기물 관리' 입장에 설 필요가 있다.

첫째, 폐기물의 관리는 공동체 구성원간의 역할과 책무를 합리적으로 설정하여 정책목표를 효율적으로 달성할 수 있도록 하여야 한다. 특히 제품에 기인하는 폐기물에 대해서는 국가, 지방자치단체, 생산자 및 소비자가 책임을 공유한다는 원칙을 존중하고, 폐기물관리에 대한 각 주체의 책무를 합리적이고 효율적으로 정립하여야 한다.

이는 종래 시민법 원리가 지배하던 시대에는 도입이 곤란한 원리였다. 즉, 사인에게는 재산권이나 영업의 자유가 있기 때문에 자신의 재산권 행사나 영업활동으로 환경을 오염시키더라도 그에 대한 책임을 사인이지지 않고, 국가나 지방자치단체가 그 비용으로 환경오염의 방지나 개선에 노력하여야 하였던 것이다. 그러나 오늘날은 헌법상 국가와 국민 모두에게 헌법상의 환경보전 의무를 부과하고 있으며(헌법 제35조 제1항), 환경정책기본법에서도 국가, 지방자치단체, 사업자, 국민 모두는 환경보전의무를 지며(동법 제1조, 제4조, 제5조, 제6조 참조), 오염원인자의 비용부담 책임을 규정하고 있다(동법 제6조). 따라서 오늘날은 국가, 지방자치단체, 사업자, 국민 모두에게 환경보전 의무를 부여하고 있는 것이 일반적인 현상이다.

둘째, 즉 폐기물의 발생억제 및 감량(prevention or reduction), 재이용(reuse), 재활용(recycling), 에너지회수(energy recovery), 소각(incineration), 매립(landfill)의

순서로 폐기물관리의 우선순위를 설정하여 폐기물을 적절하게 관리해 나가야 할 것이다.

PET병 음료의 대명사, 콜라~콜라가 달콤한 변신을 시도하고 있다. 세계적으로 유명한 '코카콜라' 및 '코카콜라 제로' 제품에 플랜트 보틀(Plant Bottle)을 사용하고 있는 중이다. 플랜트 보틀은 100% 화석 연료로 만들어진 PET병의 30% 정도를 식물성 원료로 대체한 친환경 용기에요. PET병에서 30% 정도 비중을 차지하는 재료를 사탕수수에서 추출해서 대체한 것이다. 설탕의 주원료인 사탕수수가 PET병 만드는 데 사용된다는 사실이 무척 흥미롭다.

환경친화적인 플랜트 보틀 포장은 지난 한 해에만 67억병이 사용될 정도로 세계적인 성공을 거두었다. 코카콜라는 플랜트 보틀의 성공을 바탕으로 친환경 경영을 회사 전반에 반영하여 제품 포장, 물 사용 절약, 에너지 효율성 강화와 같은 부분까지 확대했다고 한다. 플랜트 보틀 사용을 통해 화석연료의 사용을 줄이고 궁극적으로 탄소 배출을 줄였다는 점에서 착한 포장의 좋은 예라고 할 수 있다.

2011년 한 해 동안 전 세계에서 소비된 '플랜트 보틀'은 약 67억병입니다.
- 16만 배럴의 석유를 덜 사용
- 63,025톤의 이산화탄소 배출 감소
- 12,000대의 자동차를 운행하지 않은 것과 같은 효과

plantbottle™

찰 옥수수는 어느덧 과자 봉지가 되었습니다.

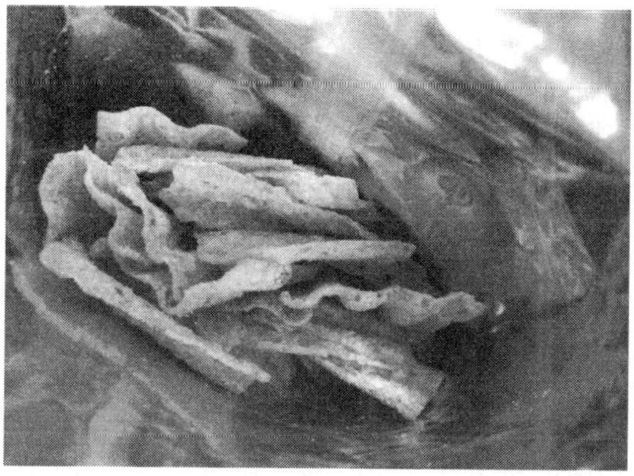

국내에서는 질소를 사면 과자가 덤으로 딸려오는 기가 막힌 상황에 고민하고 있는 사이, 해외 과자기업은 보다 고차원적인 고민에 몰두하고 있었다. 바로 썩는 과자봉지를 제품에 적용한 것이다. 이 과자봉지는 자연에서 썩을 수 있는 친환경 재질로 만들었다. 옥수수에서 추출한 재료로 과자 봉지를 만든 것이다. 100% 천연물질 포장지로, 자연분해 되는 특징을 가지고 있다. 이 제품은 국내 업체에서 개발하고 대량 생산에 성공해 세계적인 과자 업체에 공급 중이다. 친환경 소재의 포장지를 식품에 적용한 세계 최초의 사례라고 한다.

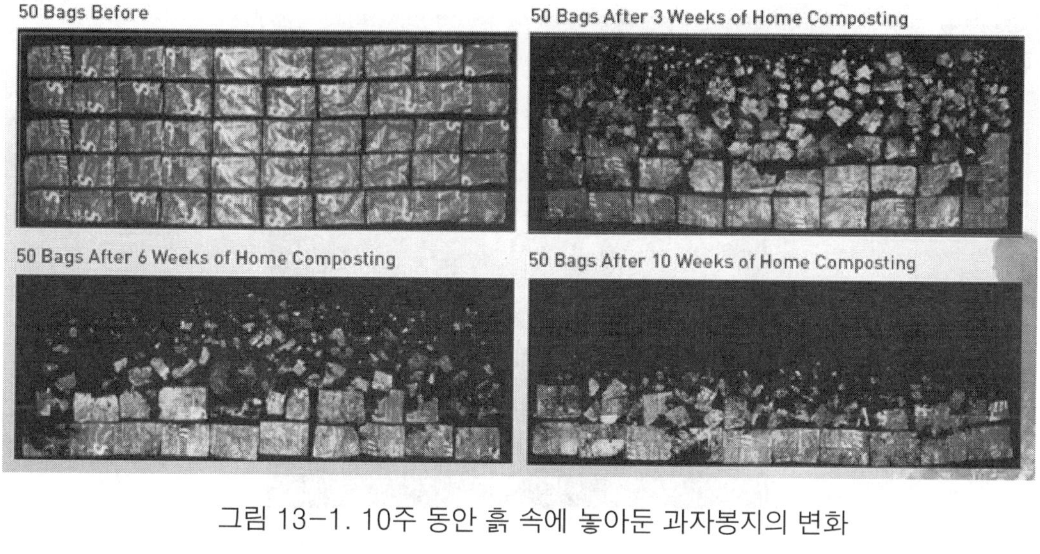

그림 13-1. 10주 동안 흙 속에 놓아둔 과자봉지의 변화

100% 자연 재료로 만들어지고 땅에 버리면 14주 만에 분해가 거의 완료되기 때문에 기존처럼 과자 봉지에 의한 환경오염을 걱정할 필요가 없다. 위 사진은 과자 봉지가 정말로 분해되는지 확인하기 위해 한 미국인이 과자봉지를 퇴비 위에 버려놓고 시간이 흐름에 따라 사진으로 찍어 놓은 것이다. 과자 봉지 50개를 준비했는데 3주부터 천천히 썩기 시작해서 10주 후에는 거의 반이 넘게 분해된 것을 사진으로도 확인할 수 있다.

종이 접기도 이렇게 하면 된다! 된다! 안심이 된다!

한 떨기 꽃처럼 생긴 위의 물건은 무엇일까? 바로 종이 접기로 만들어진 음식 포장 용기이다. 이 상품은 필리핀 마닐라의 'Guactruck'이라 불리는 음식배달서비스 회사에서 음식배달을 위해 개발한 포장이다. 포장 용기를 개발한 디자이너는 종이 접기에서 영감을 얻었다고 한다. 저 꽃 같은 포장 용기를 펼치면 과연 어떤 모습이 나올까?

꽃 속에 음식이 핀 것처럼 아름답게 놓여 있다. 마치 꽃봉오리가 열리면서 꽃이 개화하는 듯한 느낌의 포장이다. '보기 좋은 떡이 먹기에도 좋다'는 옛 속담처럼 예쁘게 만들어진 포장 덕분에 음식도 더욱 맛있어 보인다. 이 포장용기는 접착제나 플라스틱을 전혀 사용하지 않았다는 점이 독특하다. 오로지 한 장의 두꺼운 종이로만 만들어

서 불필요한 포장을 줄인다. 종이를 재료로 사용했다는 점에서 낭비를 하지 않고 환경을 생각한 착한 포장이라고 할 수 있다.

그냥 보기에도 아름다워 보이는 포장이다. 살짝 접으면 위 사진처럼 꽃 모양으로 변한다. 게다가 환경까지 생각했으니 금상첨화! 한 가지 주목할 만한 점이라면 이 업체에서는 음식포장 용기를 다시 회수해서 재활용 센터에 보내고 있다. 뒷처리까지 완벽하게 처리하는 모습이 눈에 띄는 부분이다.

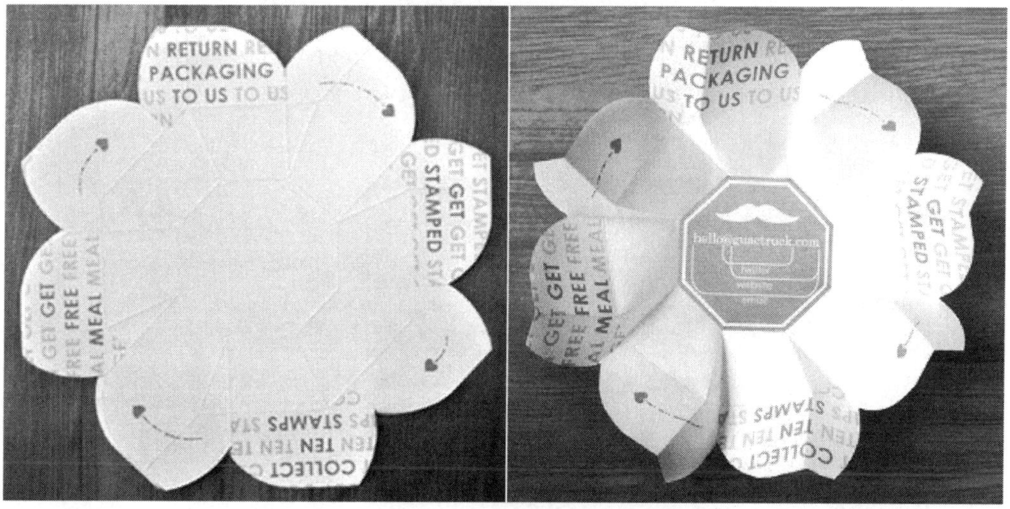

평범한 면도기 포장 속에 숨어있는 은밀한 비밀!

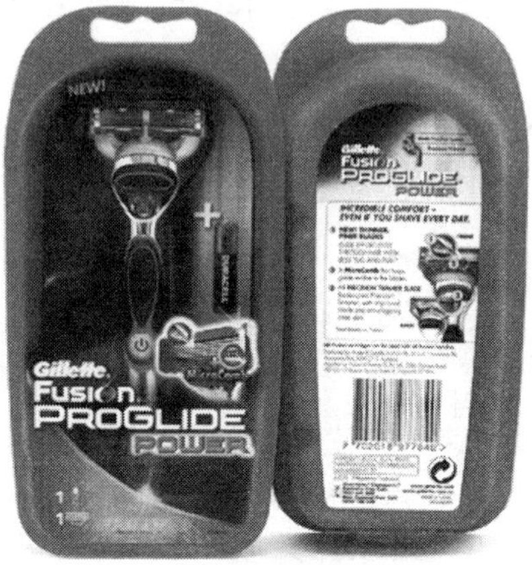

남성들의 필수품 면도날! 위 사진의 평범해 보이는 면도날 포장 용기에는 비밀이 숨어 있다. 포장에 플라스틱 사용 비율을 낮추고, 성형할 수 있는 펄프를 사용해 환경오염을 줄인 것이다. 기존 디자인보다 플라스틱을 57% 적게 사용한 새로운 디자인이라고 한다. 그리고 포장 용기와 면도기 받침상자에 대나무, 사탕수수, 골풀과 같은 섬유소재를 사용했다.

친환경 포장을 사용한 제조업체는 포장을 바꾸면서도 소비자에게는 부가적인 비용 부담을 없앴다고 한다. 이 제조업체는 2020년까지 모든 제품 및 포장 용기에 100% 재생 가능한 또는 재활용된 소재를 사용하려고 하고 있다고 한다. 생필품인 면도기의 포장용기를 바꿈으로써 환경 부담을 줄이려는 노력이 돋보인다.

5. 보호 포장재의 특성

패각분말을 함유한 합성수지 조성물, 생분해성 및 생 붕괴성을 구비하는 친환경 고농축 혼합물 및 제조방법과 그 필름, 폴리에스테르, 폴리에틸렌 필름 폐기물의 재활용 방법 및 이를 이용하여 제조된 중합물 칩. 바로 (주)대안화학이 특허로 등록한 기술과 제품이다. 이외에도 대안화학이 보유한 특허, 실용신안 등은 다수다. 사실 우리가 눈여겨보지 않았을 뿐 우리가 사용하는 거의 모든 제품은 플라스틱 포장재나 필름 등으로 보호되어 있다.

광분해성, 생분해성, 칼슘, 바이오세라믹 필름 등 환경친화적인 필름 및 쇼핑백, 발포 PE백, 지퍼백, 에어캡 등 범용성 제품이다. 뿐만 아니라, 열수축 필름, 전도성 필름, 난연성 필름 등 기능성 제품 등도 생산되고 있다. 보호 포장재와 필름은 주로 전자부품, IT 관련 소재를 비롯해 인테리어 관련 데코시트 등에 쓰이고 있다. 즉 우리가 일상에서 볼 수 있는 보호 포장재나 필름지를 포함하여 그 동안 포장재에서 요구되어온 핵심기술은 제품 보호와 더불어 정전기 차폐기술이다. 전자제품의 오작동을 일으킬 수 있는 정전기를 완전히 차폐시키는 기술은 포장재와 보호필름의 핵심 기술력. 대안화학은 완벽한 정전기차폐 기술을 바탕으로 특수 전자제품용 포장재와 보호필름을 공급하고 있다. 특히 건축 및 생활용품 등에 사용되는 진공 단열 패널 포장재는 독일에서도 인정받으며 수출되고 있다.

투습도나 정전기 방지 특성을 동시에 요구하는 전자제품이나 공업용 제품 포장 등이 지금까지 주력해 온 기술이었다면 최근 시장에서 요구하는 제품의 품질은 역시 친환경성이다. 최근의 특허기술은 대게 이와 관련되어 있는 것들로서 조개나 굴 껍질

등 패각을 이용한 합성수지 조성물이나 광분해성, 생분해성, 칼슘, 바이오세라믹 필름이 여기에 해당된다.

차세대 주력상품으로 개발한 제품이 바로 친환경적인 제품들이 환경호르몬 등이 문제가 되고 있는 건축자재 시장에서 데코시트 등을 친환경적으로 개발해 전자제품 외장재나 건축자재로 활용되고 있다.

(1) ANTI-SATIC FILM & BAG(정전 차폐용 필름&백)

대안화학의 범용성 제품 가운데 주력으로 꼽히는 제품이 ANTI-SATIC FILM과 BAG이다. 이 제품의 경우 내, 외부에서 발생된 정전기를 완전히 차단할 수 있고 내용물 구별이 용이하다는 장점이 있다. 때문에 정전기에 민감한 부품포장이나 취급 시 안전을 담보할 수 있다. 한편, 화물 운송 중 발생 가능한 충격위험으로 보호하는 운반용 에어백(CARGO AIR BAG)도 생산되고 있다.

(2) 데코시트 & ABS(PS) TRAY

다층필름으로 이루어진 데코시트는 대안화학의 최고 기술력이 집약된 제품이라 해도 과언이 아니다. 필름의 균일한 광택 및 색상, 다양한 패턴 및 색상 구현이 가능해 가전제품, 건축재에 적용이 가능하고 가공성이 높다. 현재 냉장고 도어, 세탁기, 에어컨, 기타 가전 외부 케이스 등에 적용되고 있다. 이외에도 ABS(PS) TRAY는 ABS SHEET 표면에 정전기 방지처리를 하여 LCD 패널 등의 전자제품 운송 및 기타 보호용 등으로 사용되고 있다.

제 14 장

유통기한

1. 유통기한의 설정

식품위생법 위반사항 중 가장 많이 적발되고, 신문・방송을 통해 소비자가 쉽게 접하고 우려하는 것 중 하나가 유통기한이 지난 식품을 판매하거나, 조리에 사용하거나, 유통기한을 변조하는 행위이다. 이것이 식품 판매자와 소비자 간의 신뢰를 손상시키는 주요 원인이 되고 있다.

경기도 소비자보호센터 설문조사 결과('04. 8～11월, 1000명 대상)

- 조사 대상자의 7.5%만이 유통기한 표시에 대해 '신뢰한다', 21.5%는 '신뢰하지 않는다'고 응답했으며,
- 조사 대상자의 47.7%가 식품으로 인해 피해를 본 경험이 있고, 이 중 35.1%가 유통기한 경과에 의한 피해였음

이전보다는 많이 줄어들었다고는 하나 아직도 일부에서는 불분명한 유통기한 표기로 소비자를 속이는 경우가 있다. 특히 백화점, 할인매장, 마트처럼 공식적인 루트를 통해 판매되는 제품은 비교적 안심할 수 있지만, 남대문이나 이태원 등지에서 파는 일부 수입식품들은 무성의하게 유통기한이 표기되어 있거나 아예 쓰여 있지 않은 것도 있으므로 제대로 확인한 뒤 구입해야 한다.

하지만, 소비자들도 유통기한에 대해 단편적인 지식만을 갖고 있는 경우가 많고, 제품을 자세히 들여 보아도 제품에 찍혀 있는 숫자가 어떤 의미이고 유통기한의 원래 표기일과 일치하는지, 또 수입식품의 경우 'MFG' 'PRD' 등의 알 수 없는 알파벳과 숫자들을 어떻게 읽어야 할지 잘 모르는 경우가 있다. 따라서 식품을 구매할 때 꼼꼼하게 살펴보고 확인할 수 있는 현명한 소비자가 될 수 있도록 유통기한의 의미, 관리방법, 국가・제조회사마다 표기하는 방식도 제각각인 제조일과 유통기한의 정확한 확

인법 등에 대한 정보를 제공하고자 한다.

2. 식품의 유통기한(Shelf life)이란?

우리나라 식품 유통기한의 의미는 "Expiration date"(유통기한 날짜까지만 섭취 가능) 개념이 아니라 "Sell by date"(식품의 제조일로부터 소비자에게 판매가 허용되는 기한) 개념으로서, 이 기한 내에서 적정하게 보관, 관리된 식품은 안심하고 믿고 마시거나 먹을 수 있다는 의미이며, 제조업체가 제품의 품질이나 안전성 등에 대해 소비자에게 책임지고 보증한다는 상징이다.

현재 우리나라의 경우 연간 30조원의 가공식품이 생산되고 있는데, 이 중 4%인 1조 2,000억 원의 식품이 유통기한을 경과하여 폐기되고 있으며, 농·축·수산물 등 신선식품은 연간 33조 원 중 5%인 1조 6,500억 원어치가 유통기한을 경과하여 폐기되고 있다.

3. 유통기한 관련 용어

(1) 소비기한(expiration date or use by date) : 식품을 소비할 수 있는 최종일
(2) 품질 유지기한(best before date) : 식품이 최상의 품질을 유지할 수 있는 최종일
(3) 유통기한(sell by date) : 식품을 판매할 수 있는 최종일

4. 유통기한은 어떻게 설정되고 어떻게 관리되나?

예전에는 식품별 권장 유통기한을 의무적으로 표시하도록 하였으나, 1995년부터 단계적으로 자율화를 추진하여 2000년 9월 1일부터 모든 식품의 유통기한 설정이 자율화되었고, 이에 따라 현재는 식품 제조·판매업체에서 식품별 특성에 맞춰 자율적으로 유통기한을 설정하여 표시하고 있다.

'유통기간'의 산출은 포장완료(단, 포장 후 제조공정을 거치는 제품은 최종 공정을 마친 시점)시점을 기준으로 하되 캅셀제품은 충전 성형 완료시점으로 하며, 선물 셋트와 같이 유통기한이 상이한 제품이 혼합된 경우에는 유통기한이 짧은 제품을 전체 제품의 유통기한으로 정하여야 한다는 규정이 운영되고 있다.

5. 유통기한이 표시되지 않는 식품도 있나?

원칙적으로 식품의 제조・가공 영업허가를 받아 생산되는 모든 식품은 유통기한을 표시하여야 하나, 식품의 수분함량이 낮거나 미생물이 번식할 수 없는 조건 등을 갖고 있는 식품은 유통기한 표시를 생략할 수 있다.

유통기한 표시가 생략되는 식품으로는 설탕, 아이스크림류, 빙과류, 식용 얼음, 껌류(소포장 제품), 제재・가공소금 및 주류(탁주・약주 제외)가 있다.

6. 유통기한은 어떻게 표시되나?

유통기한은 정부가 식품 생산자와 판매자에게 제품명, 식품의 유형, 업소명 및 소재지, 함량, 영양성분 등에 관한 각종 식품 정보를 제품의 포장이나 용기에 표기하도록 하는 「식품 등의 표시기준」에 따라 표시하게 되어 있으며, 그 방법은 다음과 같다.

(1) "○○년 ○○월 ○○일까지", "○○○○. ○○. ○○까지" 또는 "○○○○년 ○○월 ○○일까지"로 표시
(2) 제조일을 표시하는 경우에는 "제조일로부터 ○○일까지", "제조일로부터 ○○월까지" 또는 "제조일로부터 ○○년까지"로 표시
(3) 도시락류는 "○○월 ○○일 ○○시까지" 또는 "○○일 ○○시 까지"로 표시
(4) 통조림 식품은 월 표시 영문의 첫 글자를 따서 표시할 수 있음(예 : 10월, 11월, 12월의 월 표시 영문 첫 글자인 O(October), N(November), D(Decembe)로 표시할 수 있음).
(5) 청량음료의 병마개에 유통기한을 표시하는 경우, 제조 '년 월' 만을 표시할 수 있으며 우유, 발효유, 유산균 음료는 제조 '일' 만을 표시할 수 있음.
(6) 유통기한의 표시는 식품의 사용 또는 보존에 특별한 조건이 필요한 경우 이를 함께 표시하여야 함. 즉, 냉동 또는 냉장보관・유통하여야 하는 제품은 「냉동보관」 또는 「냉장보관」을 표시하여야 하고, 제품의 품질 유지에 필요한 냉동 또는 냉장온도를 표시하여야 함.
(7) 유통기한이 서로 다른 여러 가지 제품을 함께 포장하였을 경우에는 그 중 가장 짧은 유통기한을 표시

7. 유통기한의 표시 예(국산제품)

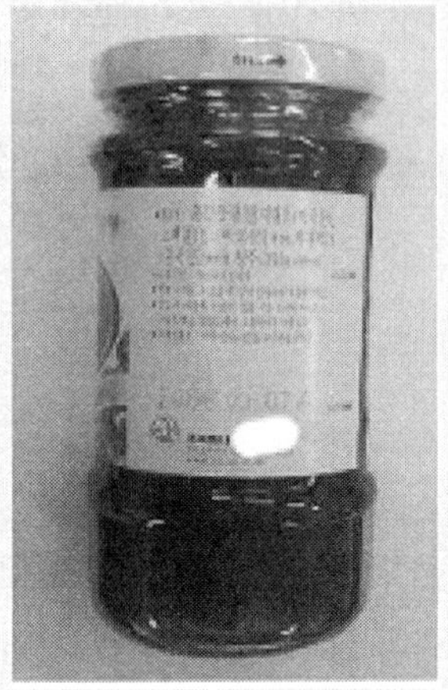

가장 일반적인 유통기한 표시

가장 일반적인 유통기한 표시

제조일 2004년 11월 19일
F3(공장번호-3번째 공장에서 생산)
QIR5Z8E(생산라인 표시)

2005. 05.07(유통기한) 1151Y6AI
(생산라인 및 생산자)

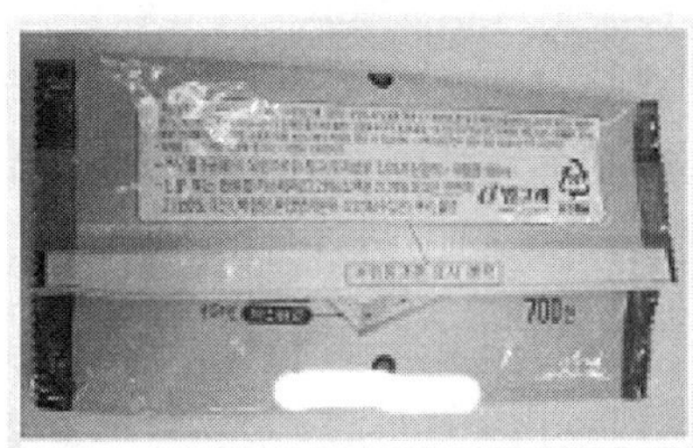

유통기한 표시 생략 제품

8. 유통기한의 표시 예(수입제품)

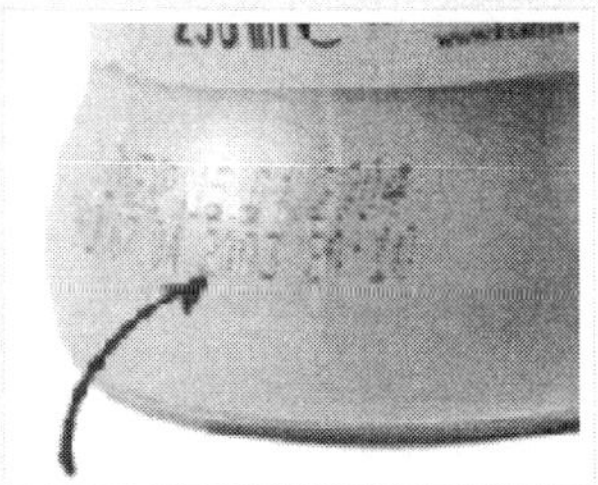

칵테일소스(독일산 소스)

EXP 15.04.2004 PRD 07.04 2003 20:10⇒제조일 2003년 4월 15일 20:10분, 유통기한 2004년 4월 15일

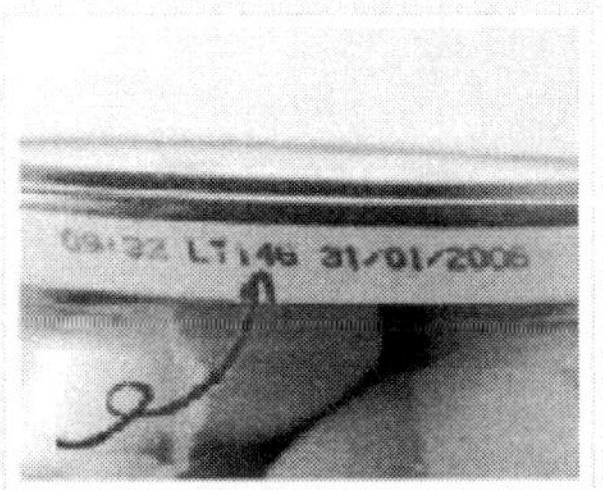

올리브 벨리(이탈리아산 병조림)

09:32 LT148 31/01/2006⇒LT148 생산라인에서 09시32분에 생산되었고, 유통기한은 2006년 1월 31일

정글 바나나(체코산 젤리)

15.10.04, 15.04.03, E102, E133⇒E102, E133 생산라인에서 2003년 4월 15일에 생산되었고, 유통기한은 2004년 10월 15일

네리와사비(일본산 향신료)

MANUFACTURING DATE 2004.1.21, CONSUME BEFORE 2005.1.20 ⇒제조일 2004년 1월 21일, 유통기한 2005년 1월 20일

스위트콘(태국산 옥수수)

PRD 2002.08.16, BBE 2005.08.16 ⇒제조일 2002년 8월 16일, 유통기한 2005년 8월 16일

뉴델리 헤이즐럿 스프레드

BEST BEFORE 28.08.04 L240TL 13:04⇒L240TL 생산라인에서 13:04분에 생산되었고, 유통기한은 2004년 8월 28일

9. 수입품에 표시되어 있는 약어

(1) 제조일을 나타내는 약자

- PRO(P), PROD, PRD ⇒ Product(제품)
- MFG, M, ⇒ Manufacture(제조)
- MANUFACTURING DATE(제조일)

(2) 유통기한을 나타내는 약자

- EXP(E) ⇒ Expire(만기일)
- BE, BBE ⇒ Best Before 00(00일 이전에 섭취하는 것이 좋음)
- CONSUME BEFORE 00(00일 이전에 섭취하시오)

이외에도 복잡한 유통기한 표시로는 다음과 같은 것이 있습니다.

▷ 1004LJ23 ⇒ 유통기한 04년 10월 23일

: 첫 번째 두 자리는 月(월), 두 번째 두 자리는 年(년), 세 번째 두 자리 영문은 제조코드, 네 번째 두 자리는 日(일)을 나타냄.

▷ M0409411 ⇒ 제조일 2004년 4월 4일

: M은 제조일(Manufacturing)을 나타내고, 04년 2004년을, 094는 1년 중 94번째 날(즉, 4월 4일)을, 11을 생산라인을 나타냄.

▷ I03H30 ⇒ 제조일 2003년 9월 30일

: I는 알파벳 순서로 9번째이므로 9월을, 03은 2003년을, H는 생산공장을, 30은 일(日)을 나타냄.

마지막으로, 유통기한 표시를 확인할 때 한글 표시사항이 없거나, 유통기한 표시를 스티커 등을 이용하여 다시 표시하였거나, 유통기한 표시가 조잡하거나 글씨체가 틀릴 경우 등은 유통기한 변조·위조가 의심되는 경우이므로 주의해야 한다.

10. 유통기한 설정 사유서의 작성방법

유통기한 설정 사유서를 작성하는 방법은 다음과 같다. 먼저 산양삼이나 도라지 엑기스 추출물의 상품을 사례로 표기하시는 방법은 다음과 같다.

- 제품명 : 도라지즙 또는 산양삼즙
- 제조사 : 0000
- 식품유형 : 액상추출

- 성 상 : 액체
- 포장재질 및 보관방법 : 사용하실 재질과 보관방법을 표시
- 보존 및 유통온도 : 냉장 0~5도
- 보존료 사용여부 : 사용하시면 사용, 아니시면 미사용
- 유탕・유처리 : 사용하시면 사용, 아니시면 미사용
- 살균・멸균방법 : 사용하시는 방법이 있으시면 표기
- 유통기한 : 허가를 어떻게 받느냐에 따라 액상 추출물의 경우 3~6개월
- 유사제품 비교서는 엑기스 추출물 기존의 다른 상품을 비교하여 작성

11. 유통기한 표시제도의 문제점

현행 우리나라의 식품 유통기한 설정은 식품공전에 의거하여 식품의 유통기한을 표시하는 "유통기한 표시제도"와 유통기한을 연상할 수 있는 "유통기한 연장제도"의 두 가지 제도로 운영되고 있다.

최근 식품가공기술, 포장기술, 포장재질 등의 발달로 인하여 식품의 유통기한 연장이 필요함에도 불구하고 기존제도에 얽매여 대부분 식품의 유통기한 연장이 이루어지지 않고 있어 자원의 낭비 및 식품의 국제가격 경쟁력을 강화시키는 큰 요인으로 작용하고 있다. 또한, 외국의 경우 대부분의 유통기한을 업체 및 제품의 특성을 가장 잘 아는 생산업체가 스스로 설정하고 있음에 반하여 우리나라는 식품의 특성을 고려치 않고 식품유형별로 유통기한을 식품공전에 획일적으로 명시해 높고 있어 식품산업의 발전을 저해하고 있다. 이렇게 불합리한 폐단을 개선하여 식품산업의 발전을 도모하고자 식품의 유통기한 개선에 관한 방안을 도출할 필요가 있다.

(1) 식품 유통기한 설정에 관한 현황

① 식품 유통기한 표시제도 :

식품위생법 제10조 규정에 의거하여 식품을 제조・판매하는 자는 식품위생법 시행규칙 제5조에 의하여 식품의 유통기한을 표시토록 하고 있다.

② 식품 유통기한 연장제도 :

식품의 유통기한을 연장하여 표시하고자 하는 제품은 대학이나 공공 연구기관의 조사결과를 토대로 보건복지부장관의 승인을 받아 연장 표시토록 하고 있다.

③ 외국의 식품 유통기한 관리 현황 :

미국, 일본, 호주, EU, 캐나다 등 선진 외국의 경우 식품의 유통기한 설정을 자율화하여 생산업체 스스로가 유통기한에 관련된 책임과 의무를 지도록 하고 있다.

(2) 현행 식품 유통기한 설정에 관한 문제점

① 식품 유통기한의 획일적인 적용 :

식품의 가공기술, 포장기술, 사용된 포장 재질, 그리고 유통체계의 여건을 고려치 않고 식품공전상에 명시된 식품유형별 유통기한을 획일적으로 적용토록 하고 있다.

② 유통기한 연장의 비경제성 :

특정 식품의 유통기한을 연장하기 위해서 현재 건당 소요비용 1,000만 원 이상, 건당 소요시간 9~12개월이 걸리고 있다.

③ 자원의 낭비 :

유통기한 초과에 따라 식용 가능한 제품이 폐기처분되는 비율이 전체 식품생산량의 약 5%를 점하고, 그에 다른 폐기금액은 4천억 원으로 자원의 낭비를 초래하고 있다.

④ 무역마찰 초래 :

우리나라의 경우 동일 품목의 유통기한이 동일 조건하에서만 획일적으로 설정되어 있어 식품의 수출·입시에 무역 상대국들에게 제한요소로 작용하고 있어 이에 대한 국제무역마찰을 초래할 소지가 크다.

⑤ 주민신고 포상금제도에 대한 관심 및 홍보 부족 :

부정·불량식품 근절을 위하여 적절한 신고 시 보상금까지 지급하고 있는 주민신고 보상금제도는 관심 및 홍보부족으로 식품접객업소 변태영업 쪽으로 신고가 치우쳐 있고, 무기명 신고로 인해 신고건수에 비해 보상금 지급율도 낮게 나타나고 있다.

⑥ 판매업소 등 유통체계 관리 미흡 :

냉장·냉동식품의 적정 유통을 위한 관련 시설의 설치가 미흡하며, 일선 판매업소와 유통업체, 그리고 생산업체 간의 유통기한이 경과된 제품의 반품이 원활하게 이루어지지 않고 있다. 도한 위반 시 행정규제 조치도 잘 이루어지지 않고 있는 형편이다.

(3) 식품 유통기한 설정에 관계된 개선방안

① 기본 방향 :

유통기한 설정의 단계별 완전 자율화, 일부 품목의 유통기한 표시 면제, 주민신고

제의 활성화, 리콜제도의 정착, HACCP제도의 실시, 강력한 법적 행정처분 강화, 관리・감시・평가를 담당하는 전문기구의 설치・운영, 유통기한 설정에 관한 교육 및 홍보실시, 새로운 유통개념인 최고품질 유지기간 도입 및 기간별 가격연동제 실시, 그리고 유통관련 인력의 양성 등이 기본적으로 실시되어야 한다.

② 단기 방안 :

부패 및 변질이 쉽게 되지 않는 44개 식품류를 대상으로 우선적으로 유통기한 설정을 자율화하며, 단계적으로 21개 품목을 제외하고는 전 품목의 유통기한 설정을 자율화한다. 관련제도로서 주민신고 보상금제도와 리콜제도를 활성화하여 정착시키며, 위해요소 중점관리 기준제도를 함께 실시한다. 냉장・냉동식품의 적절한 유통관리를 위하여 유통구조를 현대화하고, 관련법의 위반 시 행정처분의 강도를 현 수준보다 강화시키며, 유통기한에 관련된 대주민 교육 및 홍보를 실시한다.

③ 장기 방안 :

우유, 도시락류 등 부패・변질이 쉬운 21개 제품을 제외하고 전 식품의 유통기한 설정을 완전 자율화하며, 현재 유통기한이 1년 이상인 제품의 경우 유통기한 표시를 면제토록 한다. 최고 품질 유지기간의 새로운 식품유통 개념을 도입하여 판매 기간별 식품의 가격연동제를 실시하여 소비자를 보호하고 자원의 낭비를 막는다. 또한 성기검사를 과학화하고, 특별검사 기능을 강화하여 불량식품 유통을 근절시킨다. 마지막으로 유통관련 업무를 담당할 전문 인력 및 전문 유통업 종사자 양성을 위한 정책적 지원방안을 마련한다.

(4) 식품 유통기한 자율화에 따른 각계의 기대효과 및 역할

① 생산업체 :

합리적인 품질 기준으로 안정적인 식품의 생산 및 판매를 할 수 있고, 다양한 제품 및 제고・포장기술 등의 안정적 개발로 품질의 경쟁력을 제고할 수 있다. 그리고 폐기량 감소, 유통기한 설정 및 연장에 소요되는 시간 및 경비 단축으로 이윤증대를 가져올 수 있는 기개효과가 있고, 요구되는 역할은 다음과 같다.

- 유통기한 연장을 위한 실험성적 및 관련 자료 비치
- 리콜, 위해요소 중점관리 기준제도 등 관련제도 실시
- 생산 종사자 등을 대상으로 한 식품위생에 관한 자체 교육 실시

② 소비자 및 민간단체 :

제품의 다양성으로 제품선택의 폭이 넓어지고, 식품의 안정성 및 신뢰성 제고로 제

품의 평가를 올바로 할 수 있으며, 이로 인해 식품의 선책, 구매시간을 단축시킬 수 있다. 따라서 현명한 선택·구매를 할 수 있는 기회가 많아진다.

- 자발적인 국민적 감시망 구축
- 올바른 식품 선택 및 구매
- 올바른 식품 선택 및 구매를 위한 소비자 교육 실시

③ 학계 및 전문연구기관 :

관련 분야의 전문가로서 현실 참여적인 학문을 할 수 있다.

- 독립적인 학문적 자세 견지
- 전담기구 등 관련 사업에 적극적 동참

④ 정 부 :

식품산업을 안정적으로 발전시킬 수 있고, 식품위생에 관한 행정규제를 합리화 할 수 있다. 또한 사전규제에 소요되었던 행정력의 소비를 막아 사후관리를 철저히 할 수 있다.

- 유통기한을 자율적으로 설정할 수 있는 지침서 제시
- 현행 식품공전상 유통기한의 합리적 조정
- 유통기한 설정 및 평가에 대한 전문위원회 구성 및 운영
- 철저한 사후관리방안 마련 및 행정처분 강화

12. 식품, 식품첨가물 및 건강기능식품의 유통기한 설정기준

[시행 2013. 4.5] [식품의약품안전처고시 제2013-12호, 2013. 4.5, 일부 개정] 식품의약품안전처(식품기준과)

Ⅰ. 목 적

이 고시는 「식품위생법 시행규칙」 제45조 제1항 제3호에 따른 식품 및 식품첨가물의 유통기한 설정기준과 같은 법 시행규칙 제12조 제1항 제4호에 따른 주문자 상표부착수입식품 등의 유통기한 설정기준, 「건강기능식품에 관한 법률 시행규칙」 제8조 제1항 제1호에 따른 건강기능식품의 유통기한 설정기준을 정함을 목적으로 한다.

Ⅱ. 식품, 식품첨가물 및 건강기능식품의 유통기한 설정 기준의 일반 원칙

12.1 기본사항

(1) 식품 및 식품첨가물(이하 "식품 등"이라 한다.), 건강기능식품의 유통기한은 해당제품의 제조・가공업자가 설정하여야 하며, 이 중 주문자상표부착수입식품 등의 유통기한은 식품등수입판매업자도 설정할 수 있다. 단, 식품첨가물은 유통기한을 표시하는 경우에 한한다.

(2) 식품 등 및 건강기능식품제조・가공업자와 식품등수입판매업자는 포장 재질, 보존조건, 제조방법, 원료배합비율 등 제품의 특성과 냉장 또는 냉동보존 등 기타 유통실정을 고려하여 위해방지와 품질을 보장할 수 있도록 유통기한 설정을 위한 실험(이하 "유통기한 설정실험")을 통하여 유통기한을 설정하여야 한다.

(3) 유통기한 설정실험을 수행하지 못하는 식품 등 및 건강기능식품제조・가공업자와 식품등수입판매업자는 별지 제1호 서식에 따라 유통기한 설정실험 의뢰서를 작성하여 다음의 영업자 또는 기관에 의뢰할 수 있다(별표 1의 업무흐름도 참조).

① 식품 등은 유통기한 설정실험이 가능한 타 국내외 식품 등 제조・가공업자, 건강기능식품은 타 건강기능식품제조업자

② 식품관련 학과 설치 대학 및 대학 부설연구소(다만, 주문자상표부착수입식품등의 경우 제조국의 대학 및 대학 부설연구소에서도 가능함)

③ 「식품위생법 시행규칙」 제24조 제3항에 따라 식품의약품안전처장이 지정한 식품위생검사기관(다만, 유통기한설정실험 수행 가능 품목은 지정받은 검사업무범위에 해당하는 품목에 한하며, 주문자상표부착수입식품등의 경우 「식품위생법 시행규칙」제12조 제1항 제1호에 따라 식품의약품안전처장이 인정한 국외검사기관에서도 가능함)

(4) 나목 및 다목에 따라 식품 등 및 건강기능식품의 유통기한 설정실험을 하는 경우에는 유통기한 설정 실험을 수행할 수 있는 적절한 설비, 기계・기구 및 인력을 갖추어야 한다.

(5) 실험에 사용되는 검체는 생산・판매하고자 하는 제품과 동일한 공정으로 생산한 제품으로 하여야 한다.

(6) 한국보건산업진흥원, 한국식품공업협회, 한국건강기능식품협회 및 관련 동업자조합 등은 유통기한 설정과 관련한 교육, 기술지도 및 자료제공 등을 할 수 있다.

(7) 수출을 목적으로 하는 제품은 품목제조보고시 유통기한설정사유서를 제출하지 아니하고 수입자가 요구하는 기준에 따라 유통기한을 정할 수 있다.

12.2 유통기한 설정실험

1) 실험계획

(1) 유통기한 설정 실험을 수행하기 위해서는 해당제품의 특성을 충분히 반영하여 제품의 유통기한을 객관적으로 나타낼 수 있는 식품 등 및 건강기능식품의 지표, 실험 시 저장조건, 검체 채취방법 및 유통기한 예측방법 등을 선정하여야 한다.

(2) 유통기한 설정실험 지표(실험항목)

① 지표는 이화학적, 미생물학적 및 관능적 지표로 구분할 수 있다.

② 식품의 경우 별표 2의 식품유형별 지표 및 제조·가공특성별 품질지표를 참고하여 식품의 특성을 잘 반영할 수 있는 지표를 선정한다. 건강기능식품의 경우 해당 품목의 기준 및 규격(공통 규격을 포함한다)을 지표로 하며, 안전성 품질 유지 판단에 필요한 지표를 추가할 수 있다.

(예 : 유지 함유제품의 경우 산가, 과산화물가 등)

③ 선정된 지표에 대한 " 한계" 를 각각 설정하여야 하고 한계는 수치로 나타낼 수 있다.

④ 한 제품이 별도로 포장된 두 가지 이상의 식품으로 구성되어 있는 경우, 각 구성 식품에 대해 적합한 지표를 선정하여야 한다.

(3) 실험 시 저장조건

① 우리나라의 환경과 유통조건, 취급, 보관방법, 제품 특성을 종합적으로 고려하여 "실험 시 검체의 저장조건"을 선정하여야 한다.

② 저장온도는 제품의 실제 보관 유통조건을 따른다.

㉠ 실온 유통제품 : 실온이라 함은 1～35℃를 말하며, 원칙적으로 35℃를 포함하되 제품의 특성에 따라 봄, 가을, 여름, 겨울을 고려하여 선정하여야 한다.

㉡ 상온 유통제품 : 상온이라 함은 15～25℃를 말하며, 25℃를 포함하여 선정하여야 한다.

㉢ 냉장 유통제품 : 냉장이라 함은 0～10℃를 말하며, 원칙적으로 10℃를 포함한 냉장온도를 선정하여야 한다.

㉣ 냉동 유통제품 : 냉동이라 함은 －8℃ 이하를 말하며, 품질 변화가 최소화 될 수 있도록 냉동온도를 선정하여야 한다.

㉤ 가속실험을 행하는 경우는 앞에서 정하는 유통조건 이외의 온도를 선정할 수 있다.

③ 온도 이외의 습도, 광선 등의 저장조건에 대해서는 통상적으로 사용되는 조건을 선정할 수 있다.

④ 저장기간은 설정 받고자하는 유통기한 이상 또는 이와 동등 이상의 가속실험기간으로 하여야 한다.

2) 실험방법

(1) 유통기한 설정실험 지표의 실험방법은 「식품의 기준 및 규격」, 「식품첨가물의 기준 및 규격」, 「건강기능식품의 기준 및 규격」에서 규정한 방법, AOAC 실험방법, Codex 실험방법, 학술진흥재단 등재학술지 또는 과학기술논문인용색인 SCI, SCIE)에 해당하는 학술지에 게재되었거나 게재 증명서를 제출한 논문에 기재되어 있는 실험방법에 따라 실험하여야 한다.

(2) 실험수행

① 검체채취 및 취급

㉠ 검체의 채취 및 취급은 식품 등은 「식품의 기준 및 규격」 제9. 검체의 채취 및 취급방법에, 건강기능식품은 「건강기능식품의 기준 및 규격」 제Ⅰ.7 검체의 채취 및 취급에 따른다.

㉡ 검체를 분할하여서는 안 된다.

㉢ 검체 채취 후 바로 실험할 것을 권장하며, 만약 그러지 못할 경우에는 유통기한의 영향을 주지 않도록 보관하여야 한다.

㉣ 검체에는 식별번호 등의 필요한 표시를 하여 검체의 분실 또는 혼돈되지 않도록 보관 관리하여야 한다.

② 시약, 시액, 기구 및 시설 등의 관리

㉠ 시약, 시액 및 표준용액의 용기에는 그 명칭을 표시하며, 필요에 따라서는 농도, 보관조건, 조제일자 및 사용기한 등을 표시하여야 한다.

㉡ 표준물질은 그 용기에 명칭, 순도, 입수원, 입수일자 등을 표시하고 변질이 가장 적은 조건하에서 보존하여야 한다.

㉢ 변질 또는 사용기한이 지난 시약, 시액 및 표준용액, 순도가 저하된 표준물질 등을 사용하지 않도록 조치하여야 한다.

㉣ 계측기 등의 정밀성을 요하는 장비는 정기적으로 검증하여야 한다.

㉤ 기구는 실험의 목적에 가장 적합한 것을 사용하여야 하고, 사용 후에는 곧바로 세정 또는 멸균 등의 적절한 처리를 행하여 보관하여야 한다.

③ 실험실시

㉠ 해당제품의 특성을 충분히 반영하여 실험을 수행하여야 한다.

㉡ 한 제품이 별도로 포장된 두 가지 이상의 식품으로 구성되어 있는 경우, 각 구성식품에 대해 별도의 실험을 수행하여야 한다.

㉢ 모든 실험은 원칙적으로 가속시험 및 수학적 모델의 적용이 가능하나 제품의 실제 유통조건하에서의 유통기한 예측이 충분히 가능하도록 실시하여야 한다.

㉣ 실험 담당자는 실험의 내용, 시약, 기구, 시설, 기초자료, 검체 등에 대한 내부관리를 정기적으로 점검하여야 한다.

3) 실험결과 보고서 작성

(1) 유통기한 설정실험을 수행하는 기관에서는 유통기한 예측결과가 포함된 실험결과 보고서를 별지 제2호 서식에 따라 작성하여야 한다.

(2) 실험결과 보고서의 내용은 다음의 순서대로 작성하여야 한다.

① 표지
② 실험결과 보고서 요약
③ 제품의 특성(제품사진 포함)
④ 실험방법
⑤ 실험결과
⑥ 결론
⑦ 참고자료

12.3 실험결과 보고서 제출

(1) 식품 등 및 건강기능식품제조·가공업자와 식품 등 수입판매업자는 제출된 실험 결과보고서를 근거로 하여 유통기한설정사유서를 별지 제3호 서식에 따라 작성하여야 한다.

(2) 유통기한 설정실험 수행기관은 유통기한설정사유서의 근거 자료인 실험 결과 보고서 내용은 허위사실이 없어야 한다.

(3) 식품, 식품첨가물 및 건강기능식품의 유통기한 설정실험을 생략할 수 있는 경우 (2)에도 불구하고, 식품 등 및 건강기능식품 중 유통기한 설정실험을 생략할 수 있는 경우는 다음과 같다. 이 경우 별지 제3호 서식 유통기한 설정사유서 중 유통기한 설정 근거란에 제품의 원료, 보존특성을 기재하고 유통기한 설정 실험 생략 사유

및 그 근거를 제시하여야 한다.

1) 식 품

(1) 별표 제3호 서식 식품의 권장 유통기간 이내로 유통기한을 설정하는 경우

(2) 「식품 등의 표시기준」 별지1 제1호가목5)에서 정한 유통기한 또는 품질유지기한 표시를 생략할 수 있는 식품에 해당하는 경우(다만, 식품 제조·가공업자가 유통기한을 표시하고자 하는 경우에는 제외)

(3) 유통기한이 설정된 제품과 다음 각 항목 모두가 일치하는 신제품의 유통기한을 이미 설정된 유통기한 이내로 하는 경우

① 식품유형(「식품의 기준 및 규격」 제5. 식품별 기준 및 규격 중 식품유형 정의에 구체적인 식품 종류가 나열되어 있는 경우에는 식품 종류까지 동일하여야 한다. 예 : 과자류 - 과자 - 비스킷)

② 성상(예 : 분말, 건조물, 고체식품, 페이스트상, 시럽상, 액체식품 등)

③ 포장재질(예 : 종이재, 합성수지재, 병, 금속캔, 파우치 등) 및 포장방법(예 : 진공포장, 밀봉포장 등)

④ 보존 및 유통온도

⑤ 보존료 사용여부

⑥ 유탕·유처리 여부

⑦ 살균(주정처리, 산처리 포함) 또는 멸균방법

(4) 유통기한 설정과 관련한 국내·외 식품관련 학술지 등재 논문, 정부기관 또는 정부출연기관의 연구보고서, 한국식품공업협회 및 동업자조합에서 발간한 보고서를 인용하여 유통기한을 설정하는 경우

2) 식품첨가물

유통기한이 설정된 제품과 다음 각 목 모두가 일치하는 신제품의 유통기한을 이미 설정된 유통기한 이내로 하는 경우

(1) 「식품첨가물의 기준 및 규격」으로 고시한 품목명(혼합제제의 경우에는 원료성분명) 및 성상

(2) 포장재질 및 포장방법

(3) 보존 및 유통온도

3) 건강기능식품

(1) 유통기한이 설정된 제품과 다음 각 항목 모두가 일치하는 신제품의 유통기한을 이미 설정된 유통기한 이내로 하는 경우

① 기능성 원료 또는 식품유형(건강기능식품의 기준 및 규격의 소분류까지 동일하여야 한다. 한편, 식품의 식품유형과 비교할 경우, 사용한 기능성 원료 또는 성분의 경시적 변화 특성에 대한 자료를 추가로 제출하여야 한다)
② 성상(예 : 캡슐, 정제, 분말, 과립, 액상, 환, 편상, 페이스트상, 시럽, 겔, 젤리, 바 등)
③ 포장재질(예 : 종이재, 합성수지재, 병, 금속캔, 파우치 등) 및 포장방법(예 : 진공포장, 밀봉포장 등)
④ 보존 및 유통온도
⑤ 보존료 사용여부
⑥ 유탕・유처리 여부
⑦ 살균 또는 멸균방법

(2) 유통기한 설정과 관련한 국내・외 식품관련 학술지 등재 논문, 정부기관 또는 정부출연기관의 연구보고서, 한국식품공업협회 , 한국건강기능식품협회 및 동업자조합에서 발간한 보고서를 인용하여 유통기한을 설정하는 경우

4) 식품 및 축산물의 유통기한 설정실험 가이드라인

식품의약품안전처는 축산물 제조・가공업자가 유통기한을 과학적이고 객관적인 방법으로 설정할 수 있도록 도와주는 '식품 및 축산물의 유통기한 설정실험 가이드라인'을 2014년 1월 10에 배포하였다.

주요 내용은 ▲유통기한 설정실험 지표 ▲유통기한 설정 실험방법 ▲유통기한 설정을 위한 관능검사 가이드라인 ▲유통기한설정실험 결과보고서 작성예시 등이다.

축산물 제조・가공업자는 축산물위생관리법 제25조 및 시행규칙 제37조에 따라 품목의 제조방법설명서 보고 시 '유통기한 설정사유서'를 시・도지사 등 관할 지자체장에게 의무적 제출하도록 되어 있다. 축산물 분야를 새로이 포함시킨 '식품 및 축산물의 유통기한 설정실험 가이드라인'을 발간하여 먹을거리 제조 및 가공업자들이 유통기한 설정에 참고할 필요가 있다.

구 분	업무흐름도
○유통기한 설정실험을 직접 수행할 경우	국내외 위탁제조·가공업자 ↓ 식품제조·가공업자 식품첨가물제조업자 건강기능식품제조업자 식품등수입판매업자 → ⑤사유서제출 → 처리기관 식품제조·가공업, 식품첨가물제조업(시·군·구) 건강기능식품제조업, 식품등수입판매업(지방식약청) ← ⑧결과통보 ← ①제품개발 ②유통기한설정실험 수행 ③실험결과보고서 작성 ④유통기한설정사유서 작성 ⑥접수 ⑦검토
○유통기한 설정실험을 의뢰하여 수행할 경우	국내외 실험수행기관 - 타 식품 등 제조·가공업자 - 타 건강기능식품제조업자 - 대학 및 대학부설연구소 - 식품위생검사기관 ③유통기한설정실험 수행 ④실험 결과보고서 작성 ↑ ②실험의뢰 ↓ ⑤실험 결과보고서제출 식품제조·가공업자 식품첨가물제조업자 건강기능식품제조업자 식품등수입판매업자 → ⑦사유서제출 → 처리기관 식품제조·가공업, 식품첨가물제조업(시·군·구) 건강기능식품제조업, 식품등수입판매업(지방식약청) ← ⑩결과통보 ← ①제품개발 ⑥유통기한설정사유서 작성 ⑧접수 ⑨검토
○유통기한 설정실험을 생략할 경우	③사유서제출 식품제조·가공업자 식품첨가물제조업자 건강기능식품제조업자 식품등수입판매업자 → 처리기관 식품제조·가공업, 식품첨가물제조업(시·군·구) 건강기능식품제조업, 식품등수입판매업(지방식약청) ← ①제품개발 ②유통기한설정사유서 작성 ⑥결과통보 ④접수 ⑤검토

식품의 유통기한 설정실험 지표

1. 식품유형별 지표

식품종류		설정실험 지표		
식품군	식품종 또는 유형	이화학적	미생물학적	관능적
1. 과자류	과자	수분 산가(유탕 · 유처리 처리식품)	세균수(발효제품 또는 유산균함유 제품 제외) 유산균수(유산균함유 제품 한함)	성상 물성 곰팡이
	캔디류	산가 수분	세균수(발효제품 또는 유산균함유 제품 제외) 유산균수(유산균함유 제품 한함)	성상 표면균열 곰팡이
	추잉껌	수분		성상 경도
	빙과류		세균수(발효제품 또는 유산균함유 제품 제외) 대장균군 유산균수(유산균함유 제품 한함)	성상
2. 빵 또는 떡류	빵류, 떡류, 만두류	산가(유탕처리식품) 수분 휘발성 염기질소(식육, 어육함유 제품) TBA가(식육, 어육함유 제품)	세균수(발효제품 또는 유산균함유 제품 제외) 황색포도상구균(크림빵)	성상 물성 곰팡이

식품종류		설정실험 지표		
식품군	식품종 또는 유형	이화학적	미생물학적	관능적
3. 코코아 가공품류 또는 초콜릿류	코코아 가공품류	수분 산가(코코아 버터)	세균수(발효제품 또는 유산균함유 제품 제외) 유산균수(유산균함유 제품 한함)	성상 곰팡이
	초콜릿류	산가 수분 조지방(초콜릿)	세균수(발효제품 또는 유산균함유 제품 제외) 유산균수(유산균함유 제품 한함)	성상 표면균열 곰팡이
4. 잼류	잼, 마멀레이드, 기타 잼류	pH 가용성 고형분	세균수	성상 점조성 곰팡이
5. 설탕	백설탕, 갈색설탕, 기타설탕	수분		성상 곰팡이(액상제품)
6. 포도당	액상포도당, 분말·결정포도당	수분 pH(액상포도당)		성상 곰팡이(액상제품)

식품종류		설정실험 지표		
식품군	식품종 또는 유형	이화학적	미생물학적	관능적
7. 과당	액상과당, 결정과당, 기타과당	수분 pH(액상과당)		성상 곰팡이(액상제품)
8. 엿류	물엿, 기타 엿, 덱스트린	수분 pH		성상 곰팡이(액상제품)
9. 당 시럽류	당 시럽류	수분 pH		성상 곰팡이
10. 올리고당류	프럭토올리고당, 이소말토올리고당, 갈락토올리고당, 말토올리고당, 자일로올리고당, 겐티오올리고당, 기타 올리고당	수분 pH		성상 곰팡이(액상제품)
11. 식육 또는 알 가공품	식육, 식육가공품	TBA가 휘발성 염기질소	세균수 대장균군	성상
	알제품, 알가공품	산가 TBA가	세균수 대장균군	성상
12 어육가공품	어묵, 어육소시지, 어육반제품, 어육살, 연육, 기타 어육가공품	pH 산가 휘발성염기질소	세균수 대장균군	성상 드립(drip)
13. 두부류 또는 묵류	두부, 전두부, 유바, 가공두부	산가(튀긴 두부, 유바)	세균수 대장균군	성상

식품종류		설정실험 지표		
식품군	식품종 또는 유형	이화학적	미생물학적	관능적
	묵류		세균수 대장균군	성상
14. 식용 유지류	콩기름, 옥수수기름, 채종유, 미강유, 참기름, 들기름, 홍화유, 해바라기유, 목화씨기름, 땅콩기름, 올리브유, 팜유류, 야자유, 혼합식용유, 가공유지, 쇼트닝, 마가린류, 고추씨기름, 향미유, 기타 식용유지	수분(향미유) 산가		성상
15. 면류	국수, 냉면, 당면, 유탕면류, 파스타류	수분 pH, 산도 산가(유탕면)	세균수 대장균 대장균군	성상 곰팡이
16. 다류	침출차, 액상차, 고형차	수분(분말제품)	세균수 대장균군	성상 침전물(액상제품)

식품종류		설정실험 지표		
식품군	식품종 또는 유형	이화학적	미생물학적	관능적
17. 커피	볶은커피, 인스턴트커피, 조제커피, 액상커피	수분(분말제품)	세균수 대장균군	성상 침전물(액상제품)
18. 음료류	과일・채소류 음료, 탄산음료류, 두유류, 발효음료류, 인삼・홍삼음료, 기타 음료	pH(과실・채소류음료, 두유류) 산도(과실・채소류음료) 가스압(탄산음료류) 전고형분(두유류) 수분(분말음료) 용해도(분말음료)	세균수 대장균군 유산균수(유산균함유 제품 한함)	성상 케이킹(분말제품) 침전물
19. 특수용도 식품	영아용 조제식, 성장기용 조제식	수분(분말제품) 산도 pH	세균수 바실러스 세레우스	성상
	영・유아용 곡류조제식 기타 영・유아식	수분(분말제품) 산도 pH	세균수 바실러스 세레우스	성상
	특수의료용도 등 식품	수분(분말제품) 산도 pH	세균수 바실러스 세레우스	성상
	체중조절용 조제식품	수분(분말제품) 산도 pH	세균수 바실러스 세레우스	성상

식품종류		설정실험 지표		
식품군	식품종 또는 유형	이화학적	미생물학적	관능적
20. 장류	메주	조단백질 수분(개량메주) 아마노산성질소 아플라톡신 B_1	세균수 바실러스 세레우스	성상
	한식간장, 양조간장, 산분해간장, 효소분해간장, 혼합간장	pH 총 질소 순추출물		성상 곰팡이
	한식된장, 된장, 조미된장, 고추장, 조미고추장, 춘장, 청국장, 혼합장, 기타 장류	총 질소 아미노산성 질소 수분	대장균군 바실러스 세레우스	성상 표면건조 곰팡이
21. 조미식품	21-1 식초	총 산 알콜함량 산도		성상 침전물
	21-2 소스류	색도 총 산	세균수 바실러스 세레우스	성상 점성 곰팡이

식품종류		설정실험 지표		
식품군	식품종 또는 유형	이화학적	미생물학적	관능적
	21-3 토마토케첩	pH 총 산	세균수 곰팡이수 바실러스 세레우스	성상
	21-4 카레	수분 산도	세균수, 대장균군 바실러스 세레우스	성상 케이킹
	21-5 고춧가루 또는 실고추	수분 색도	세균수, 곰팡이수 바실러스 세레우스	성상
	21-6 향신료 가공품	수분 색도	세균수 대장균 대장균군 곰팡이수 바실러스 세레우스	성상 곰팡이
	21-7 복합 조미식품	수분	세균수 곰팡이수 바실러스 세레우스	성상 곰팡이
22. 드레싱	드레싱, 마요네즈	pH 산가	세균수	성상 분리상태
23. 김치류	김칫속, 배추김치, 기타김치	pH	대장균군	성상

식품종류		설정실험 지표		
식품군	식품종 또는 유형	이화학적	미생물학적	관능적
		산도	바실러스 세레우스	물성
24. 젓갈류	젓갈, 양념젓갈, 액젓, 조미액젓, 식해류	총 질소 아미노산성 질소	대장균 바실러스 세레우스	성상 물성
25. 절임식품	절임류, 당절임	pH 산도	세균수 대장균군 바실러스 세레우스	성상 물성
26. 조림식품	농산물조림, 수산물조림, 축산물조림		세균수 대장균군 바실러스 세레우스	성상
27. 주류	27-1 탁주 27-2 약주 27-3 청주 27-4 맥주 27-5 과실주 27-6 소주 27-7 위스키 27-8 브랜디 27-9 일반증류주 27-10 리큐르 27-11 기타 주류	pH 에탄올 메탄올 가스압(맥주) 알데히드 총 산	진균수 세균수	성상 침전물

식품종류		설정실험 지표		
식품군	식품종 또는 유형	이화학적	미생물학적	관능적
28. 건포류		수분	세균수	성상 곰팡이
29. 기타 식품류	29-1. 땅콩 또는 견과류 가공품	수분 아플라톡신 B_1	세균수	성상 케이킹 곰팡이
	29-2 캡슐류	붕해시험 pH		성상
	29-3 전분	수분 산도 pH	세균수	성상 케이킹 곰팡이
	29-4 과채가공품류	수분(분말제품) 무염가용성고형분(과 · 채퓨레 · 페이스트)	세균수	성상
	29-5 조미김	수분 산가	세균수	성상
	29-6 튀김식품	수분 산가	세균수	성상

식품종류		설정실험 지표		
식품군	식품종 또는 유형	이화학적	미생물학적	관능적
	29-7 벌꿀, 로얄젤리가공식품	수분, 산도 , 전화당 자당, HMF	세균수	성상 점조성
	29-8 모조치즈	수분	세균수	성상
	29-9 식물성 크림	수분, 산가	세균수, 대장균군	성상
	29-10 추출가공식품	수분	세균수 대장균군	성상
	29-11 팝콘용 옥수수가공품	수분, 산가		성상

식품종류		설정실험 지표		
식품군	식품종 또는 유형	이화학적	미생물학적	관능적
	29-12 식염	수분		성상
	29-13 밀가루	수분, 산도, pH	세균수	성상, 케이킹, 곰팡이
	29-14 찐쌀	수분		성상, 곰팡이
	29-15 생식류	수분	클로스트리디움 퍼프리젠스 바실러스 세레우스	성상 곰팡이
	29-16 시리얼류	수분 비타민류	바실러스 세레우스	성상
	29-17 얼음류		세균수	성상
	29-18 즉석섭취·편의식품류		세균수(발효제품 또는 유산균 함유 제품 제외) 대장균 황색포도상구균 바실러스세레우스	성상
	29-19 버섯가공식품	수분	세균수	성상
	29-20 자라가공식품	수분	세균수	성상

식품종류		설정실험 지표		
식품군	식품종 또는 유형	이화학적	미생물학적	관능적
	29-21 효모식품	수분	세균수	성상
	29-22 효소식품	수분	세균수	성상
	29-23 화분가공식품	수분	세균수	성상
곡류 가공품 두류 가공품 서류 가공품 전분 가공품 식용유지 가공품 당류 가공품 수산물 가공품 기타 가공품		개별 유사 식품유형의 지표	개별 유사· 식품유형의 지표	개별 유사 식품유형의 지표

2. 식품의 제조·가공특성별 품질지표

구 분	설정실험 지표		
	이화학적	미생물학적	관능적
레토르트살균	색도 휘발성 염기질소(식육, 어육함유 제품) TBA가(식육, 어육함유 제품)	세균발육 혐기성세균 내열성세균	성상 외관 물성
통·병조림	진공도 납 주석 pH	세균발육 혐기성세균 내열성세균	성상 외관 물성
유탕·유처리	산가		산패취 색택
냉 동	산도 휘발성 염기질소(식육, 어육함유 제품) TBA가(식육, 어육함유 제품)	세균수 대장균군	성상 외관 물성

식품의 권장 유통기간

식품 종류		권장 유통기간	
식품유형	식품 종류	상온(15~25℃)	냉장(10℃ 이하)
빵류	크림 충전 또는 도포제품		
	크림빵	5일	
	생크림 빵 및 생크림 케이크		4일
	빵(팥, 고구마 앙금 함유)	5일	
떡류(주정처리 제품 제외)		1일(실온)	
어묵	어묵(비살균 제품)		8일
두부류	두부(비포장 제품)	4월～10월 : 24시간(실온)	3일
		11월～3월 : 48시간(실온)	3일
묵류	묵류(비포장 제품)	4월～10월 : 24시간(실온)	3일
		11월～3월 : 48시간(실온)	3일
과일・채소류 음료	과일・채소류 음료(비가열 제품)		3일
튀김식품		1일	3일
즉석섭취 편의식품	도시락	8시간	36시간
	김밥	7시간	36시간
	샌드위치류	10시간	48시간
	햄버거류	10시간	72시간
국수, 냉면, 당면	건조 제품	2년	
	비건조 제품(살균제품)	2개월(실온)	6개월

식품 종류		권장 유통기간	
식품 유형	식품 종류	상온(15~25℃)	냉장(10℃ 이하)
식용유지류			
(1) 콩기름(대두유)		12개월	
(2) 옥수수기름(옥배유)		12개월	
(3) 채종유(유채유 또는 카놀라유)		12개월	
(4) 미강유(현미유)		12개월	
(5) 참기름		9개월	
(6) 들기름		9개월	
(7) 홍화유(사플라워유 또는 잇꽃유)		12개월	
(8) 해바라기유		12개월	
(9) 목화씨기름(면실유)		12개월	
(10) 땅콩기름(낙화생유)		12개월	
(11) 올리브유		12개월	
(12) 팜유류		12개월	
(13) 야자유		12개월	
(14) 혼합식용유		12개월	
(15) 가공유지		12개월	
(16) 쇼트닝		12개월	
(17) 마가린류		12개월	
(18) 고추씨기름		12개월	
(19) 향미유		9개월	
(20) 기타 식용유지		12개월	

※ 권장 유통기간 이내로 유통기한을 설정할 경우 설정실험을 생략할 수 있음.

※ 상기 식품에 대해서 제품의 특성에 따라 실험 등을 통하여 유통기한을 달리 설정할 수 있음.

[별지 제1호 서식]

<table>
<tr><th colspan="5">유통기한 설정 실험의뢰서</th></tr>
<tr><td>제 목</td><td colspan="4"></td></tr>
<tr><td rowspan="3">신청인</td><td>기관명</td><td></td><td>대표자
(의뢰인)</td><td></td></tr>
<tr><td>전화번호</td><td></td><td>팩스번호</td><td></td></tr>
<tr><td>주소</td><td></td><td>e-mail</td><td></td></tr>
<tr><td rowspan="3">실험수행
기관</td><td>기관명</td><td></td><td>대표자
(책임자)</td><td></td></tr>
<tr><td>전화번호</td><td></td><td>팩스번호</td><td></td></tr>
<tr><td>주소</td><td></td><td>e-mail</td><td></td></tr>
<tr><td>의뢰 검체
수량</td><td colspan="4"></td></tr>
<tr><td colspan="5">「식품 등 및 건강기능식품의 유통기한 설정기준」에 따른 설정실험을 첨부와 같이 의뢰합니다.

첨부 1. 제품의 특성
2. 의뢰 검체

년 월 일

실험의뢰기관명 : 기관 대표자 : (직인)</td></tr>
</table>

210mm×297mm [일반용지 $60g/m^2$(재활용품)]

제품의 특성

1. 제품명

2. 대상 식품 등 및 건강기능식품의 특성

○ 유형 또는 품목

○ 성 상

○ 사용원료

○ 제조・가공공정

○ 포장 재질, 포장방법, 포장단위

○ 보존 및 유통온도

3. 품질관리

4. 지표(실험항목)

[별지 제2호 서식]

○○(제품명)의 유통기한 설정 실험결과 보고서

○○○○년 ○○월

○○기관(유통기한 설정 실험 수행기관)

대표자 직위 및 성명 (직인)

※ 대학의 경우 연구책임자 직인 가능

210㎜×297㎜ [일반용지 $60g/m^2$(재활용품)]

<table>
<tr><th colspan="5">실험결과 보고서 요약</th></tr>
<tr><td>제 목</td><td colspan="4"></td></tr>
<tr><td>실험구분</td><td colspan="4">자체실험(　　　　)　　　의뢰실험(　　　　)</td></tr>
<tr><td>실험기간</td><td colspan="4">년　　월　　일~년　　월　　일</td></tr>
<tr><td rowspan="2">신청인</td><td>업체명</td><td></td><td>대표자</td><td></td></tr>
<tr><td>주소</td><td></td><td>연락처</td><td></td></tr>
<tr><td rowspan="2">실험수행
기관</td><td>기관명</td><td></td><td>대표자</td><td></td></tr>
<tr><td>주소</td><td></td><td>연락처</td><td></td></tr>
<tr><td rowspan="4">실험
참여자</td><td>책임자</td><td></td><td>연구원</td><td></td></tr>
<tr><td>연구원</td><td></td><td>연구원</td><td></td></tr>
<tr><td>연구원</td><td></td><td>연구원</td><td></td></tr>
<tr><td>연구원</td><td></td><td>연구원</td><td></td></tr>
<tr><td rowspan="2">실
험
결
과</td><td colspan="4">요　　약</td></tr>
<tr><td colspan="4"></td></tr>
</table>

제1장 제품의 특성

식품 등(건강기능식품)의 유형, 성상, 사용원료, 제조·가공공정, 포장재질·포장방법·포장단위, 보존 및 유통온도 등 실험 수행을 위한 일반적 사항 기록 및 검체의 성상, 포장상태, 구성식품의 정보, 표시사항 등을 파악할 수 있는 제품 사진 게재

제2장 실험방법

검체채취 및 취급방법, 지표(실험항목)별 실험방법, 실험 시 저장조건, 품질한계, 데이터 분석에 적용된 통계처리방법 등 구체적인 실험방법 기록

제3장 실험결과

실험데이터, 유통기한 예측방법 등 실험결과에 대한 분석 기록

제4장 결 론

유통기한 예측 등 실험결과 요약 기록

제5장 참고자료

유통기한 설정실험에 참고한 문헌이나 자료

[별지 제3호 서식]

<table>
<tr><th colspan="2">유통기한 설정 사유서</th></tr>
<tr><td>제 품 명</td><td></td></tr>
<tr><td>식품의 유형
(식품첨가물 품목명)</td><td></td></tr>
<tr><td>보존 및 유통 방법</td><td>실온(　　) / 상온(　　) / 냉장(　　) / 냉동(　　) / 기타(　)</td></tr>
<tr><td>유통기한</td><td></td></tr>
<tr><td>실험수행 기관 종류</td><td>자사(　　) / 의뢰(　　) / 생략(　　)</td></tr>
<tr><td>실험수행 기관명</td><td></td></tr>
<tr><td colspan="2">유통기한 설정 근거</td></tr>
<tr><td colspan="2"></td></tr>
<tr><td colspan="2">상기와 같이 유통기한 설정 사유서를 제출합니다.

첨부 : 별지 제2호 서식의 유통기한 설정실험 결과보고서

년 월 일
제출인 :　　　　　(인)</td></tr>
</table>

210㎜×297㎜ [일반용지 60g/m²(재활용품)]

제 15 장

식품가공기술의 현황과 전망

1. 서 론

고도 경제성장기를 지나 2007년 국민소득 2만 불을 넘어서고 있는 우리나라는 2003년부터 불기 시작한 웰빙문화와 더불어 친환경, 유기농, 로하스(LOHAS) 등이 소비자의 트렌드로 자리 잡아가고 있으며, 건강지향적인 라이프 스타일을 추구하는 방향으로 나아가고 있다. 급속도로 발전되는 사회 흐름에 따라 맞벌이부부, 독신자와 같은 다수의 소비자층들은 식품섭취의 간편화, 시간절약 등을 위해 신선 편이식품, 완전 조리식품을 구매하는 추세가 점차 증가하고, 경제적 여유가 늘어남에 따라 식품 선택 시 편의성, 건강지향성, 안전성, 고품질 등을 보다 중요시 여기게 되었으며, 식품산업 분야에서도 이러한 소비자의 욕구를 충족시키기 위한 가공기술들이 점차 발전하고 있다.

가공식품에 대한 소비비율은 선진화될수록 증가하는 경향이 있으며, 현재 우리나라는 외식을 제외한 음식물비 지출에서 가공식품의 소비비율이 약 40%대에 이르렀고, 미국, 캐나다 등의 선진국은 약 90% 이상을 차지하고 있다. 우리나라도 가공식품의 소비비율이 계속적으로 증가할 것으로 예상되며, 관련기술의 발전 및 확대가 기대되고 있으므로 식품산업에서의 가공기술 현황을 살펴보고, 앞으로 산업적 응용이 확대될 것으로 예상되는 가공분야의 신기술을 소개한다.

2. 본 론

2.1 식품가공기술의 개요

식품가공기술은 식량자원인 농산물, 축산물, 수산물 등을 유용하게 활용하기 위하여 식품원료에 물리적, 화학적 또는 미생물학적 처리를 하여 저장수명(shelf life, 貯藏壽命)을 연장시키거나, 영양가를 높이며, 기호에 맞도록 할 뿐만 아니라 편의성을 부여하고, 질병예방의 기능 등 여러 가지 특성을 부여하여 식생활에 적합하도록 하는 기술이다. 1950-1960년대 식품 가공기술은 통조림, 제분, 제유, 제당, 제면 및 장류 등이 차지하였고, 주로 단순한 가공기술이었으며, 국민들에게 식생활은 생존과 직결된 문제로서 굶주림의 해결이 우선시 되었다. 1970년대에는 라면, 주스 등의 가공기술이 발달하였으며, 식품의 양적 충족이 이루어지면서, 질(質)에 대해 인식하기 시작하였다.

표 15-1. 식품 가공기술의 구성요소에 따른 관련 기술

식품 가공기술의 구성요소		관련 기술
식품가공기술	식품가공/단위조작/공정/저장/포장기술	농임축수산 가공, 원료처리, 원료 성분평가, 풍미 및 색소개발, 물성개발, 가열 및 냉각처리, 추출 및 농축, 정제, 건조, 성형 및 조립, 막분리 공정응용, 극한 조작공정 설계기술, 계측제어, 생산공정 자동화, 발효공정 관리 및 생산, 폐자원 이용, 설비, 냉장 및 냉동, 가열살균, 비가열살균, 수분활성도 변환, 발효 및 첨가물 이용, 기체조절 저장, 신선식품 품질유지, 포장소재 개발, 환경친화형 포장재 개발, MA 포장, 기능성 포장, 무균포장, 포장용기, 포장재 성능시험, 포장식품 품질수명 예측 등
	기능성 및 신소재 탐색/평가/개발기술	미생물/식물/동물소재 탐색, 기능성 소재 동정 및 정량, In vitro 기능성 평가, 식품기능성 규명 임상평가, 전통식품 유래 기능성 소재개발, 기능성 탄수화물,/단백질 및 펩타이드/지질 소재개발, 천연물 소재개발 이용 등
	균주/발효물질/효소이용기술	식품미생물 동정 및 보존, 식품 유용종균 배양, 식품 유용균주 개량, 발효기작의 해석 및 제어, 전통발효식품의 공업화/규격화/국제화, 식품신소재 발효, 식품발효균 제어, 유산균 장내 전달, 식품발효정밀물질 생산, 발효 대체식량 자원개발, 박테리오신 등 천연식품 보존제 분리 및 대량생산, 식품효소 탐색 생물공학, 식품효소 대량생산 및 제제화, 식품효소의 산업적 이용, 식품효소 반응공학 등
	식품개발/제품화기술	식품원료 처리, 원료성분 평가, 풍미 개발, 식품색소 개발, 식품/소재 분리 및 정제, 식품/소재 대량생산, 식품/소재 제품화 등

출 처 : 농림부 보고서, 미래 농업기술예측 로드맵 작성 및 효율적인 투자기술 개발, 2004.

1980년대부터는 다양한 가공식품이 발달, 식품의 고급화가 이루어졌으며, 1990년대에는 식품의 안전성, 건강성 추구에 대한 인식과 함께 식품이 다양화되었다. 급격한 경제성장에 따른 국민소득의 증가로 2000년대에 들어서는 삶의 질 향상에 따라 건강기능식품, 다이어트식품에 대한 개발이 활발하게 이루어지고 있으며, 식품산업부분의 기술도 빠르게 변화하여 현재는 표 15-1과 같이 매우 다양한 식품가공기술이 발전하여 각 식품산업 분야에 적용되고 있다.

2.2 식품가공기술의 응용분야

식품가공기술 분야에 새로운 신기술들이 도입, 적용되면서 식품이 가지고 있는 고유의 향미, 영양성분, 색은 최대한으로 살리고, 유효성분의 추출효율을 높일 수 있는 고품질의 제품개발이 가능하게 되었다. 앞으로는 타산업과의 융합, 기술혁신, 신기술 창출 등을 통해 식품산업은 더 빠른 속도로 발전해 나갈 것으로 예상된다. 식품가공기술의 단계에 대한 간략한 내용과 함께 현재 널리 적용되고 있거나 앞으로 확대가 예상되고 있는 기술은 다음과 같다.

(1) 원료 전처리 기술

식품가공기술의 원료 전처리는 수송, 세척, 선별, 검사 등의 단계를 거치며, 식품의 중요한 구비요건인 안전성 확보를 위해 필수적으로 요구되는 과정이다. 원료 전처리 기술의 예로서 오존수 처리는 강력한 산화력을 가진 가스상의 물질인 오존을 이용한 기술로 미생물의 살균 및 번식방지 등의 효과가 우수하고, 자연상태에서 쉽게 분해되어 산소로 전환되므로 2차적 공해가 없어 식품의 살균 및 저장 분야를 비롯한 농산물의 청정화에 적용되고 있는 기술이다(2001년 미 FDA, 오존을 식품첨가물로 사용허가). 오존수 처리 제품으로 오창농협의 '미중진미(쌀)', 푸른들 친환경 경북 오존수 세척사과, 수원지구 원예농업협동조합 '유기농인증 샐러드' 등이 있으며, 주로 야채, 곡류의 전처리에 많이 적용된다[2-5].

식품의 보존성을 향상시키기 위해 전혀 열을 가하지 않거나 제한적으로 열처리를 함으로써 고품질의 식품을 생산할 수 있는 기술로서 비가열 식품가공기술(non-thermal food processing, 非加熱食品 加工技術)이 있다. 비열처리 기술의 종류로는 물리적 방법의 고전압 펄스 자기장, 진동 자기장, 조사법, 광 펄스(intense pulsed light), 초음파, 고압 내지는 초고압, 마이크로웨이브, Ohmic heating 등이 있으며, 이 중에서 특히 초고압(ultra-high pressure) 및 펄스 전기장(pulsed electric field) 기술은 21세기 식품공업에 큰 변화를 가져올 emerging technology로 평가되고 있다.

초고압 가공기술은 장치의 고비용 문제와 연속 조업이 곤란한 점 등의 단점이 있으나 살균, 유효성분 추출 증대, 관능적 특성의 향상 등 식품에 적용하여 얻을 수 있는 이점이 많아 응용연구가 활발히 이루어지고 있다.

고전압 펄스 전기장 가공기술은 펌프로 수송이 가능한 식품(액체, 고점성 식품, 입자를 함유한 식품 등)의 경우 연속 가공이 가능하며, 에너지 효율이 높고, 냉살균(cold sterilzation, 冷殺菌), 동식물세포로부터의 추출, 압착 탈수, 냉동육의 해동 등으로 이용될 수 있어 응용 범위가 매우 광범위하다[6]. 화학적 방법으로는 이산화탄소, 박테리오신 및 양이온 다중 고분자와 같은 화학물질과 세포벽 분해효소를 이용하는 방법이 있다. 가공제품의 응용 예로서 고전압 펄스 자기장을 이용한 고구마 색소 추출, 당근 주스 살균, 약탁주 살균, 전통음료 살균, 동식물 및 미생물로부터 대사산물 추출, 초고압을 이용한 최소 가공제품의 살균 등이 있다.

(2) 위생관리 기술

식품의 가공 시 가장 우선적으로 고려하여야 할 분야가 바로 '위생'으로, 식품 생산에서 소비에 이르기까지 전 과정에 걸쳐 식품을 포함한 첨가물, 기구 또는 용기, 포장을 대상으로 안전성, 건전성, 완전성, 악화방지 등 위생적인 관리와 안전성 확보에 중점을 두는 기술을 말한다.

식품의 위생관리를 위한 제어기술로서 Sanitizer 활용기술(오존수, 전해수 및 이산화염소수를 이용한 위해미생물 저감화 기술, Aerosolization을 이용한 새로운 처리기술)과 Non-thermal 저해기술(High-pressure 이용기술, 미생물 차단에 의한 격리 기술, 유용미생물을 이용한 유해미생물 저해 기술, 기타 식품 비가열 살균 기술 및 검지기술) 등이 있으며, 위해인자의 검출 및 평가기술로는 곰팡이독소의 신속 고감도 검출, 식중독 미생물의 신속검출, 잔류농약 및 항생제의 동시 다중 정밀 분석, 미생물 정량 검출, 식품오염물질 기기분석, 효소면역 검출, 면역형광편광 검출, 나노바이오소자 개발 및 시스템화 기술 복합노출 위해평가 및 정량적 미생물 위해평가 기술 등이 있다.

(3) 가공기술

식품의 가공기술에는 분쇄, 혼합, 가열, 추출, 분리, 농축, 건조, 성형, 동결 및 해동 등의 공정이 적용되며, 이러한 가공기술 중 대표적인 몇 가지를 살펴보고자 한다. 초임계 유체란 임계 온도와 압력 이상에 있는 유체로서, 액체와 기체의 특성을 동시에 가지면서 단일상으로 존재하는 유체로 기존의 용매와 차별되는 독특한 특성을 지니고 있다. 일반적으로 용매의 물성은 분자의 종류와 분자 간 상호작용에 따라 결정되므로 비압축성인 액체용매는 분자간 거리가 거의 분화하지 않아 단일 용매로서는 큰 물성 변화를 기대하기 어려우나 초임계 상태의 물질은 임계점 부근에서 압력을 변화시키면 많은 물성들이 연속적으로 큰 변화를 가져온다.

초임계 유체 추출기술은 종래의 증류와 추출 기술의 원리가 복합된 기술이며, 기존의 기술로 분리가 어려웠던 이성질체, 열변성 혼합물의 분리, 고분자 물질의 정제 및 천연물로부터의 유효성분 분리 등 응용범위가 넓어 활발한 연구가 진행되고 있는 첨단 분리 정제기술이다. 기술의 응용 예로서 식물성/동물성 유지 추출(어유, 간유, 대두유, 해바라기유), 농약 및 독성물질 제거, 커피, 차로부터 카페인 제거, 식물자원의 정유성분 추출, 약용작물로부터 기능성 성분 추출, 알코올 음료의 연질화, 식품의 탈색 및 탈취, 식품의 탈지방(튀김, potato chip, 무지방 녹말) 등이 있다[7]. 분무건조(spray drying)란 고체입자가 분산되어 있는 액상의 원료(이하 원액이라 함)를 미세한 방울로 분무시킨 후 뜨거운 가스(보통 공기)와 접촉시켜 액체를 증발, 건조시키는 기술이다[8].

(4) 저장기술

식품기술 분야 중 저장단계는 건조, 살균, 제균, 포장, 살충 등으로 구분할 수 있으며, 현대에 이르러 많이 적용되고 있는 기술이다. 저상기술의 한 방법으로서 Hurdle technology(combined methods, barrier technology)란 품질 변화에 영향을 미치는 미생물이 극복할 수 없는 조건(hurdle)을 제공하여 식품의 저장성을 향상시키는 방법으로 여러 가지의 저해요인이 작용할 수 있도록 다양한 조건을 혼합 또는 혼용하는 방법이다. Hurdle technology에 의해 저장된 식품은 냉동, 냉장 없이도 안전하게 유지되고, 성분이 안정된 상태에서 간단한 가공방법이 적용되므로 관능평가와 영양가 면에서도 우수한 것으로 알려져 있어 최근 유럽에서는 신제품 개발에 응용하고 있다[9].

다른 예로서 CA저장(Controlled Atmosphere Storage)이란 인위적으로 공기 중의 산소농도를 낮추고, 이산화탄소 농도를 높여 저온에서 저장하는 방법이다. 대부분의 농산물은 온도가 10℃ 증가할수록 호흡률은 2.0～2.5배 증가한다. 그러므로 수확 시 품질을 그대로 유지하기 위해서는 온도를 낮추어 산물의 대사를 억제시켜야 하며, 저장고 내부의 가스 조성 조절을 통해 산물의 호흡 및 대사를 효과적으로 조절할 수 있다. 노화현상이 지연되고 미생물의 번식이 억제되므로 장기저장이 가능하며, 일반 저온저장에 비해 효과적이다.

MA저장(Modified Atmosphere Storage)은 별도의 시설 없이 가스투과성을 지닌 폴리에틸렌이나 폴리프로필렌필름 등의 적절한 포장재를 이용하여 CA저장의 효과를 얻는 방법으로 단감 저장 등에 실용화되었으며, 기능성 포장재가 활발하게 개발됨에 따라 점차 이용성이 확대되고 있다. 밀봉살균 저장은 통·병조림, 레토르트 파우치(Retort Pouch) 저장이 있으며, 모두 원료 주입 후 탈기, 밀봉, 살균하는 과정을 거친다. 방사선 조사는 포장된 식품이나 bulk 형태의 식품을 γ-ray 등에 노출시키는 물리적 식품가공기술로서, 세계보건기구, 국제식량농업기구, 국제원자력기구 등의 국제 관련 기구에서 방사선 조사에 의한 식품보존기술을 다른 어떤 방법보다 안전하며 효과적인 것으로 재평가하였으며, 현재 40여 개국 이상에서 방사선 조사의 사용허가가 되어 있다. 과일류, 채소류, 쌀, 감자, 양파, 소시지, 건어류 등 농축산물을 포함한 식품분야에서 사용되고 있으며, 실용화 및 그 영역은 확대되고 있는 실정이다[10-11].

(5) 포장기술

식품가공기술에서 포장은 식품의 유통과정에서 품질을 보존하고 위생적인 안전성을 유지하며 생산, 유통, 수송의 합리화를 도모함과 아울러 상품가치를 증대시키고 판매를 촉진하기 위해 알맞은 재료나 용기를 사용하여 식품에 적절한 처리를 하여 포장하는 기술이다. 포장의 종류나 방법에는 분류기준에 따라 여러 가지로 나눌 수 있으나 식품의 보존기술과 관련한 포장방법의 대표적인 예를 들면, 진공포장, 가스치환포장, 레토르트(retort) 살균포장, 무균화 포장(aseptic processing and packaging), 전자레인지 포장, 환경조절 포장, 방사선을 이용한 식품포장, 변조방지 포장, 방충포장, 선도유지 포장, 냉동식품 포장 등이 있다.

무균포장은 1940년대에 미국의 Dole사에 의하여 금속 통조림에 액체식품을 무균포장하는 공정이 처음 개발되어 상업화된 이래 여러 무균시스템이 개발되어 왔으며, 상업적으로 살균한 제품을 무균환경에서 미리 살균한 용기에 무균적으로 충진하고 밀봉하여 저장성이 연장된 제품을 얻는 방법이다. 식품의 품질변화 반응은 흡습, 탈습, 갈변, 호흡, 산화반응, 화학반응, 미생물 성장 등에 기인하기 때문에 선도유지 포장은 이러한 품질변화를 억제하기 위하여 포장환경을 제어하는 데 초점을 맞추고 있다. 특히 이러한 품질변화 반응은 식품의 수분함량과 주위의 산소농도에 따라 달라지므로 선도유지 포장기법은 많은 경우 이러한 요소들을 적절한 방법에 의하여 제어하게 된다. 선도유지 포장재의 종류로는 투과성 조절에 의한 선도유지 포장기법, 산소흡수 포장시스템, 에틸렌 흡수 포장소재, 이산화탄소 흡수제/방출제, 수분 흡수/조절제, 항균성/항산화성 포장, 향미조절 포장 및 시간온도적산 지시계(Time Temperature Integrator, TTI) 등이 있다[12].

2.3 다른 산업과 융합되고 있는 식품산업

과학기술의 급속한 발전으로 인해 학문간, 산업간의 융합기술(fusion technology, 融合技術)이 미래의 기술트렌드로 예측되고 있으며, 미국, 일본 등에서는 과학기술 기반 및 인프라 구축, 인력양성과 기술 혁신 촉진 등 융합기술을 신산업 창출로 연결짓기 위해 R&D 예산지원을 대폭 강화하고 있다. 식품산업 분야에서도 IT(Information Technology, 정보기술), BT(Biology Technology, 바이오기술), NT(Nano Technology, 나노기술) 등과의 기술융합이 일어나고 있으며, 각 기술 분야의 상승적 결합(synergistic combination)을 통하여 개별기술이 해결하지 못했던 기술적 한계를 극복, 시너지 창출이 본격화 되고 있다.

(1) BT와 식품산업과의 융합

생물공학기술(Biotechnology, 生物工學技術)은 생물체가 지닌 기능/정보를 활용하여 유용물질을 생산하는 기술로서 신기술산업 중 가장 빠른 발전이 예상되는 고부가가치 지식산업이다. BT산업은 그 시장규모가 급속히 성장하고 있는 추세이며, IT산업에 이어 우리나라의 미래 성장 동력으로 주목받으며, 새로운 기술과 제품이 급속히 출현하고 있다. 바이오기술은 인간의 건강, 식량 및 기아문제 해결 등과 연관되어 식품산업과 밀접한 연관관계를 맺고 있다.

미국의 리서치 전문기관인 DRI의 조사에 따르면 BT산업은 첨단산업 중 가장 높은 연평균 20% 이상의 성장이 전망되는 등 미래 유망산업이다. 생물공학기술(BT)과 식품산업 기술간 융합으로 맞춤형 기능성식품, 생리활성 물질의 정제 및 생산, 특정 질병예방 식품, 노화조절 식품 및 면역기능 개선 제품 등의 개발 등이 활발하게 이루어지고 있다.

(2) NT와 식품산업과의 융합

나노기술(Nano technology)은 산업 전 분야에 융합되어 발전되리라 예상되는 신기술로서, 식품산업 분야에서도 광범위에 걸쳐 응용될 것이다. 나노기술에 의한 표면특성의 변화는 식품제조 공장의 biomass 처리, 식품산업에서 오염물질과 이취제거 및 조절 효과를 가져 올 수 있으며, 양조 시 발효수율의 증대 효과를 얻을 수 있다. 나노센서를 이용한 나노미터 수준에서의 감지기술은 식품오염물질의 정량화(병원미생물 감지 등)를 가능케 하여 식품 원료의 생산에서 공급에 이르는 전 과정에 대한 안전성 확보를 마련해 준다.

"Smart system(지능형 시스템)"은 통합 감지, 지역화, 기록 및 원격조정을 통해 식품의 가공 및 유통단계에서 효과성과 안전성을 증대시킨다. 식품산업에 있어서 나노기술과의 융합은 현재 미미한 수준이나 국가적 차원에서 나노기술의 발전을 위해 R&D 지원을 대폭 강화하고 있으며, 향후 마이크로 및 나노수준의 가공, 제품개발, 식품안전을 위한 방법의 설계와 계측장비 및 바이오 보안은 나노기술에 의해 더욱 발전해 나갈 것이다.

(3) IT와 식품산업과의 융합

정보기술(Information Technology, 情報技術)은 1997년 이후 한국경제의 새로운 핵심 성장 동력으로 발전하여 원천기술 개발 및 전통산업의 IT화 등을 통한 수요확대를 바탕으로 성장 잠재력을 배양하면서 경기회복기에 제2의 도약을 이룩하였다. 식품산업과 IT의 융합에 대한 전망으로는 유비쿼터스 생화학센서의 개발을 기대해 볼 수 있다. 응용제품으로서 맛센서, 전자코, 식품안전 바이오센서(식품 위해성 실시간 평가, 농수산물의 신선도 고속평가)를 예상할 수 있으며, 현재는 개발된 관련 센서가 거의 없고, 바이오센서의 시장규모가 작으나 최근 식품유통 안전문제, GMO, 신종 바이러스 출현에 대한 대비책으로서 IT기술을 활용한 식품관련 신기술 개발이 보다 더 확대될 것으로 기대된다[13].

2.4 향후 식품가공 기술개발의 전망

미래 사회의 전망과 한국의 과학기술 예측조사에서는 전문가 그룹 1,000명 및 일반인 그룹 1,000명에 대한 설문조사를 실시하여 개인의 건강한 삶과 관련된 미래사회 니즈 목록을 도출하였으며, 그 결과는 표 15-2와 같다.

건강한 생활을 영위하기 위한 양질의 보건의료서비스, 맞춤식 건강유지관리 프로그램, 안전한 식품에 대한 니즈가 주를 이루고 있으며, 앞으로 이러한 니즈에 맞추어 식품가공기술도 발전을 거듭해 나갈 것이라 전망된다. 다양한 식품가공기술 중 향후 산업계로의 적용이 크게 확대될 것으로 예상되며, 빠르게 파급되어 정착될 것으로 기대되는 유망기술에 대해 살펴보고자 한다.

(1) 맞춤형 식품개발 기술

앞으로는 불특정 다수를 위한 가공식품의 개발보다는 개인의 체질과 기호도에 맞는 식품, 특정한 질병의 예방 등을 위한 맞춤형 식품이 등장, 발전해 나갈 것이다. 기능성 식품 소재의 탐색을 통한 생물소재의 개발 및 기술 확보를 통해 보다 건강한 삶을 영위해 나갈 수 있도록 도움을 줄 수 있는 맞춤형 식품의 개발은 국민의 삶의 질

표 15-2. 건강한 삶과 관련되는 미래사회의 수요

주 체	니즈		세부 내용
	대분류	소분류	
개 인	건강한 삶	질병의 극복	• 난치성 질환의 예방, 진단, 치료 • 성인병의 예방, 진단, 치료 • 만성질환의 예방, 진단, 치료 • 감염성 질환의 예방, 진단, 치료 • 인공장기 및 생체공학기술의 인체 적용
		양질의 보건 의료 서비스	• 의료 시스템의 개선(정보화/고도화 등) • 동서의학의 융합 • 병원감염 관리
		건강한 일상생활	• 다양한 기능성 식품 • 맞춤식 건강유지관리 프로그램
		안전한 식품과 제품	• 식품의 안전성 확보 • 제품의 안전성 확보 • 환경 위해성이 없는 식품과 제품

출 처 : 미래사회 전망과 한국의 과학기술, 과학기술 예측조사(2005～2030), 2005, 과학기술부

추구, 웰빙문화, 장수식생활에 기여를 할 수 있을 것이다. 맞춤형 식품의 예로서 장수식품, 항암식품, 면역증대 식품, 성인병 예방식품, 비만방지 식품, 미용식품, 알레르기비유발 식품, 치매/암예방 식품 등을 들 수 있으며, 식품산업의 기술발전과 함께 특정 유효 성분만을 추출, 분리, 정제, 농축 및 제형화 하는 등 관련 분야의 기술이 점점 더 확대되어 나갈 것이다[15].

(2) 미세캡슐화(Micro-encapsulation) 기술

캡슐화(encapsulation) 기술은 고체, 액체, 기체상의 물질을 특정 조건하에서 조절된 속도로 방출할 수 있도록 어떤 물질이나 조직 내부에 포장하는 기술이다. 미세한 포장단위를 미세캡슐이라 하며, 직경이 수 ㎛에서 수 mm로 다양하다. 미세캡슐화 기술은 향료, 영양성분 등의 불안정한 물질을 빛, 산소 및 수분과 같은 외부환경으로부터 보호하여 손실을 줄이며, 반응성이 큰 물질을 격리시키고, 고형화 시켜 취급을 용이하게 하며, 유동성 개선 및 내용물의 용출속도를 조절하여 지속성, 서방성 제제로서의 이용을 위한 목적으로 사용되고 있다.

표 15-3. 미세캡슐화(Microencapsulation)의 종류

종 류	방 법
분무건조 (Spray Drying)	• 향기성분 미세캡슐화 상업화 방법 중 가장 오래된 방법임. • 피복물질을 수화시킨 후 대상물질을 분산시키고, 이 혼합물을 고온의 챔버로 분무 • 피복물질 용액이 분무시스템에 의하여 미립화되어 총 표면적이 증대되면서 열풍과 접촉하여 급속히 증발을 일으키고 매트릭스 또는 다핵성의 미세캡슐을 형성
분무냉각 (Spray Cooling)	지방을 이용한 캡슐화 핵물질을 액상의 피복물질로 분산시키고 노출을 통해 분무시킨다는 점에서 분무건조와 유사(차이점 : 녹아있는 지방 및 wax를 고체화 시키는 온도 이하로 냉각시키는 차가운 공기를 이용) 미네랄, 비타민, 효소, 향기성분 같은 수용성 물질 캡슐화에 이용
현탁공정 (Suspension Process)	고체상의 핵물질을 챔버 밑면에 투입하고 공기를 불어넣으면 빠르게 챔버 상층으로 부상하고, 이때 노즐을 통하여 액상의 피복물질을 분산시키면 suspension 상태에서 캡슐이 형성
사 출 (Extrusion)	Cereal-based product에 주로 이용. Hard cand와 같이 탄수화물 피복물질에 지방을 첨가한 후 교반하여 유화액을 만든 다음 고형화 하고 원하는 크기로 분쇄하는 방법
응 집 (Coacervation)	콜로이드현상으로 적절한 용매 안의 콜로이드 용액에 온도 및 pH의 변화, 농축된 이온 성염용액, 비용해성 물질이 첨가되어지면서 상분리가 이러지고, 캡슐화 젤라틴과 gum arabic을 이용하는 것이 대표적인 복합 Coacervation임.
공결정화	설탕을 피복물질로 사용하기 위한 새로운 캡슐화 방법 피복물질과 핵물질이 동시에 결정화, 침전
분자용입	적당한 비율의 용매를 선택하고 가열하여 이때의 조건에 용해될 수 있는 사이클로 덱스트린을 최대로 용해, 여기에 향기성분을 천천히 투입하는 방법

미세캡슐의 피복물질로 사용되는 물질의 종류는 Carbohydrates류(Starch, malto-dextrin, corn syrup, dextran, sucrose, cyclodextrin), Gum류(gum arabic, agar, sodium alginate, carrageenan), Cellulose류(carboxy methylcellulose, methylcellulose, ethylcellulose, nitrocellulose, acethylcellulose, cellulose acetate-phthalate, cellulose acetate-buthylate-phthalate), Lipids(wax, paraffin, tristearic aicd, stearic acid, monoglycerides, diglycerides, beeswax, oils, fats, hardened oils), Inorganic materials(calcium sulfate, silicates, clays), Protein(gluten, casein, gelatin, albumin, hemoglobin, peptides) 등이 있으며, 식품산업에서 사용되는 미세캡슐화 방법에는 표 15-3과 같은 종류들이 있다.

미세캡슐화에 사용되는 물질로는 산, 염기, 아미노산, 색채물질, 효소, 미생물, 향기성분, 유지, 비타민, 미량원소, 염 및 감미료 등이 있으며, 미세캡슐와의 응용 예로서, 빙그레의 '닥터캡슐', (주)비락의 캡슐우유 등이 있다. 앞으로 강화식품, 영양식품, 편의식품 및 조리식품 등에도 미세캡슐화 기술이 다양하게 응용되리라 기대된다[16-20].

(3) 푸드 나노테크놀러지(Food nano technology)

나노기술이란 나노미터(nanometer(nm), 10억분의 1m(10-9m)) 수준에서 물질 혹은 시스템을 다루는 기술을 총칭하는 것이다[21]. 2005년 4월 공개된 한국과학기술정보원의 보고서에 의하면 2005년 한국의 나노기술 수준은 미국의 61.3% 정도로 평가되었으며, 그 중 식품분야를 포함하는 나노바이오 및 의료분야 등은 미국의 40~50%의 기술수준으로 분석되었다[22]. 나노기술을 응용한 제품시장은 현재 전 세계 제조업 부분의 0.1% 이하를 차지하고 있지만, 2014년에는 15%까지 성장할 것으로 전망되며, Lux Research사에 의하면 "2014년에는 일반 제품의 4%, 전자 및 IT제품의 50%, 선상 및 생명과학분야 제품의 16%가 나노기술을 응용할 것으로 예측된다"고 하였다[23].

나노기술은 식품분야에서 기능성 식품의 조합(formulation, 組合), 제조, 공정 등에 이용할 수 있으며, 생리활성 물질을 체내로 효율적으로 운반하거나 향미물질을 운반하는데 접목될 수 있다. 기존의 식품 제조 시 해결하기 어려웠던 표면적 확대, 침전 감소, 혼합 용이, 균일한 입자화, 흡수율 향상, 비가열 살균 등의 문제를 해결할 수 있는 용도로서 제품 개발에 응용되기 시작하였다.

나노물질의 운반시스템으로는 그림 15-1과 같이 micro-emulsion, liposome, nano-emulsion, bio-polymeric nano-particle이 있으며, 나노기술이 식품에의 적용되는 분야로는 식품의 용해도 상승, controlled release를 적용한 생체 이용률 상승, Nano-capsule을 이용한 식품의 색, 맛, 냄새, 점도 등을 결정, 나노분체를 이용한 식품포장재, 보다 안전한 식품의 제조, 가공 및 유통을 위한 병원균 및 오염원의 검지를 위한 nano-sensors, 환경조건의 정확한 검지 및 기록, 특정 제품에 대한 유통환경 기록을 위한 Specific nano-devices 등이 있다.

나노식품의 구체적 적용 예로는 다이어트 식품, 항균냉장고(은나노 입자), 인삼 가공식품, PET병(나노 촉매용 투명 라미네이트 PET), 기능성 음료/식품, 천연향료, 금/은 나노 콜로이드 등이 있으며, 시중에서 판매되고 있는 제품으로 인제나노의 '인제나

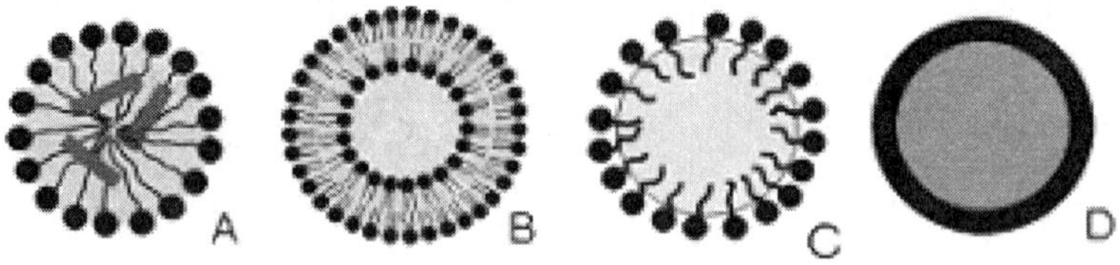

그림 15-1. 나노입자 전달시스템

(A) 마이크로에멀션, (B) 리포솜, (C) 나노에멀션, (D) 생체고분자 나노입자

출처 : Chen H, Weiss J. Shahi야 F. 2006. Nanotechnology in neutraceuticals and functional foods. food technol. 60(3):31-36)

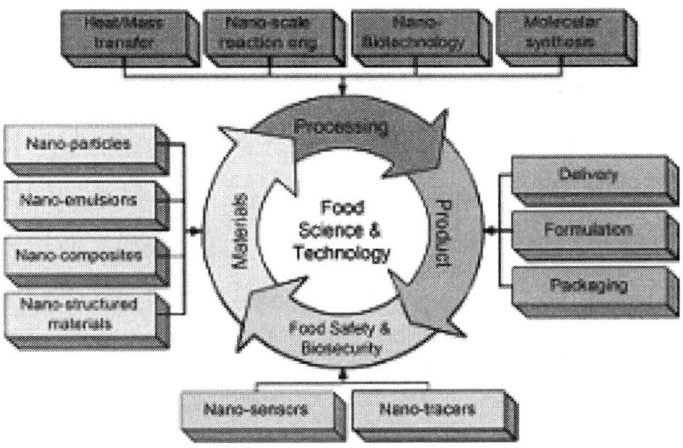

그림 15-2. 식품산업에서 나노기술의 응용

출처 : Carmen I. Moraru, Chithra P. Panchapakesan, Qingrong Huang, Paul Takhistov, Sean Liu, and Jozef L. Kokini. "Nanotechnology: A New Frontier in Food Science. Foodtechnology 57, 24-29. 2003

노칼슘', 비트로시스 '고려山蔘 배양근 나노파우더', 나노테크앤메디의 '나노칼슘', '나노홍삼', '나노차가버섯' 등이 있다[25]. 현재 나노기술은 발전 초기단계로서 성과가 미흡한 상태이지만 앞으로 10~20년 후에는 국가의 미래를 결정하는 핵심기술로서 기초 및 응용연구가 활발히 진행되리라 기대되며, 그림 15-2와 같이 식품 분야 전반에 응용 및 적용될 것으로 예상되고 있다.

(4) DDS(drug delivery system) 적용한 기능성 식품 제조기술

약물전달 시스템(drug delivery system, DDS)은 약물의 방출, 흡수를 제어하거나 체내의 특수 부위에만 약물을 도달시키는 시도 등으로 약물의 부작용을 줄이고 효능 및 효과를 극대화시켜 필요한 양의 약물을 효율적으로 전달하도록 설계한 제형으로 경구형, 경피흡수형, 주사형, 폐흡입형 및 점막투여형으로 나눌 수 있다[27].

DDS 기술은 의약품 제조를 넘어서 식품가공 분야에 까지 적용이 시도되고 있으며, 맞춤형 건강식품의 개발, 식품의 생리활성 물질의 섭취효율을 증가시키기 위한 제품 개발에 대한 응용이 기대된다. 경구형 drug delivery system은 하루에 한 번 혹은 두 번만 복용하도록 만든 서방성, 위나 대장에 선택적으로 전달하는 표적 지향성 및 속붕해성 전달시스템이 대표적이다. 서방성 전달시스템은 약물을 일정한 속도로 방출하여 혈중 약물 농도를 일정하게 유지시켜 주는 시스템으로, 구체적인 방법의 예를 들면, 반투막이 삼투성의 코어를 둘러싸고 있으며, 물이 반투막을 통해 흡수되면 레이저로 뚫어놓은 구멍을 통해 약물이 방출되는 형태이다.

표적지향 전달시스템(Targeted delivery system)은 신체 내의 특정 부위에서 방출, 흡수되도록 하여 약효를 발휘하도록 설계한 시스템이 있다. 유효성분이 위장에서 방출되도록 하는 기술은 floating system, mocoadhcsivc systcm, supcr-porous system 등이 있으며, 대장에서 선택적으로 방출 흡수되도록 설계된 제제는 time dependent system, pH dependent system, microbial degradable system이 있다. 속붕해성 제제는 경구 투여 시 물 없이 입안에서 40초 이내에 붕해되기 때문에 연하곤란 환자나 노인들, 물을 구하기 어려운 여행자, 복용을 싫어하는 환자 등을 겨냥하여 개발된 기술로 노령인구의 증가와 바쁜 현대생활에서 편리한 제제를 선호하는 소비자의 요구에 부합되는 제제로 미국, 유럽 및 일본 등지에서 시장이 급성장하고 있다.

약물전달 시스템의 기술 중 현재 식품에 적용되고 있는 예로서 경구형의 장용성 제제가 있으며, 건강기능식품 제조 시 유효성분이 함유된 정제(tablet)에 장용성 코팅을 실시하여 위장은 통과한 후 장에서 붕해, 분산 및 용해되어 대장의 장관 점막을 통해 흡수되도록 제조한다. 제조식품의 예로서, enteric-coated garlic oil, enteric-coated fish oil 등이 있으며, 기능성 식품의 효과적인 생리조절 기능의 부여를 위해 이러한 기술의 적용 및 도입이 점차 증가하고 있는 추세이다(그림 15-3).

그림 15-3. 정장코팅 알약과 기능성 식품

표 15-4. 초고압기술의 적용사례 및 처리효과

적용사례	처리효과
최소 가공제품	풍미 및 조직감 보존, 살균
해산물, 신선한 야채류	비가열처리를 통한 살균
냉동식품	균일한 해동(세포손상 방지)
육가공제품	육류의 숙성, 저장성, 조직 특성, 맛 향상
즉석밥	소화율 증가, 관능적 특성 향상, 유효성분의 증가(GABA)
기능성식품	유효성분의 추출 증대

(4) 초고압을 이용한 기술

식품산업에서 초고압 기술은 열을 사용하지 않고 살균, 가공, 조리가 가능한 새로운 식품가공 기술로서 1,000~10,000 기압의 고압에서 미생물의 살균 및 효소반응 조절과 불활성화를 유도하는 것으로, 최근까지 많은 연구가 이루어지고 있다. 이러한 초고압 기술은 식품의 풍미나 품질에는 영향을 주지 않으면서, 영양분의 손실, 이취의 발생, 이상 물질의 생성, 에너지의 대량소비 등을 극복할 수 있다(표 15-4).

초고압 기술의 장점은 열처리 가공에 비해 현저히 적은 열에너지를 소비하며, 상온 또는 저온에서 실행이 가능하고, 모든 방향에서 압력이 균일하게 작용하므로 처리 정도의 차이가 존재하지 않으며, 미생물 사멸 외에도 단백질의 변성 또는 변형, 효소 활성화 또는 불활성화, 효소기질 특이성 변화, 탄수화물과 지방의 특성 변화 등을 유도할 수 있다. 식품가공에서 초고압 기술은 일본과 미국, 유럽 등에서 햄, 사과농축 및 주스류 등에 널리 활용되고 있는 신개념 공법이며, 아직 응용초기 단계로서 학계와 산업계에서 일부 제품화를 시도하고 있다. 산업화로 개발된 제품 예로는 동원 F&B의 즉석밥 '쎈쿡(3000기압 초고압 식품공법)과 같은 브랜드인 천지인(天地人) 초고압 '홍삼정(精)' 등이 유통되고 있다[28-31].

3. 결 론

식품가공기술과 관련된 신기술의 발전은 사회 흐름과 소비자의 트렌드에 맞는 새로운 제품의 개발을 가능케 하고 있다. 앞으로 널리 보급되리라 예상되는 기술로서 미세캡슐화, 초고압, 나노기술, NDS(Nutrient Delivery System) 등이 있으며, 식품에 함유되어 있는 생리활성물질의 효율적인 이용을 통해 '재료' 중심에서 '기능' 중심으로 이동하고 있는 건강지향적 식품소비 문화에 부합하는 식품개발이 이루어질 것이라 예상된다. 또한, 앞으로 식품산업의 발전을 위해서는 국제 경쟁에 대비하여 차별화된 제품 개발기술을 바탕으로, 경쟁우위를 확보해 나가야 할 것이다.

참고문헌

1 농림부 보고서. "미래 농업기술예측·로드맵 작성 및 효율적인 투자기술 개발" 2004.

2. Yang, P.P.W. and Chen, T.C "Stability of ozone and its germicidal properties on poultry meat microorganism in liquid phase." J. Food Sci, 44, 501-504. 1979.

3. Burleson, G.R., Murray, T.M. and Pollafd, M. " Inactivation of viruses and bacteria by ozone, with and without sonication" Appl. Microbiol. 29, 340-344. 1975.

4. O'Donovan, D.C. "Treatment with ozone" J. AWWA, p.1167-1193. 1965.

5. Shigezo, N. "Studies on utilization of ozone in food preservation" Nippon Shokuhim Kogyo Gakkaishi, 38, 360-367. 1991.

6. 농림부 보고서. "전기·물리적 비열 식품가공 신기술 개발". 2000.

7. Larry T. Taylor, "Supercritical Fluid Extraction", A Wiley-Interscience Publication, pp. 42～53. 1996

8. 박준택. "분무건조기 기술현황" 화학공업과 기술, 제15권 제5호, 1997.

9. 최수진, 노봉수. "신제품 개발 전략으로서 Hurdle Technology" 식품과학과 산업, 29, 4-56. 1996.

10. 농림부 보고서. "호흡생리 조절을 통한 선도 연장 기술 개발" 2000.

11. 한국농촌경제연구원. "기린농협 유통활성화사업 컨설팅 결과보고서" 2002.

12. http://www.intechpack.com

13. 임문혁, 장선호. "IT중심 나노/바이오 융합기술 전망" Technical series, IITA's report, 2007.

14. 과학기술부. "미래사회 전망과 한국의 과학기술" 과학기술예측조사(2005-2030), 2005.

15. 김희섭. "미래 식품 경향과 조리과학", 한국조리과학회지 22권 4호. 2006

16. Dziezak, J.D. "Microencapsulation and encapsulated ingredients." Food

technol. 42, 136-148, 1988.

17. Risch, S.J. "Encapsulation-overview of uses and techniques" p. 2-7. In: Encapsulation and controlled release of food ingredients.
18. Risch, S.J and Reineccius, GA(eds). "ACS symposium series" No. 590. American Chemical Society, Washington DC. USA 1995.
19. Shahi, FS and Han X. "Encapsulation of food ingredients" CRC Cri. Rev. in Food Sci. Nutr. 33, 501-547. 1993.
20. Reineccius, G.A. "Controlled release techniques in the food industry, Chapter 2" pp. 8-25. In: Encapsulation and controlled release of food ingredients.
21. 박종구. "나노분말 소재기술". 세라미스트 제10권, 제1호, 2007.
22. "Technologr Review". MIT. 2006.
23. Lux Research. "Sizing Nanotechnology's Value Chain" 2004.
24. Chen H, Weiss J, Shahidi F. 2006. "Nanotechnology in neutraceuticals and functional foods" Food technol. 60, 31-36.
25. 신정규. "식품의 신제품 개발 및 기술연구 동향" 보건산업기술동향, 2005.
26. Carmen I. Moraru, Chithra P. Panchapakesan, Qingrong Huang, Paul Takhistov, Sean Liu, and Jozef L. Kokini. "Nanotechnology: A New Frontier in Food Science. FOODTECHNOLOGY 57, 24-29. 2003.
27. 손은수. "약물 전달시스템의 용도별 전달체 상용화기술 동향" KISTI 기술정보 분석보고서, 2004.
28. Askar, A. "Minimally processed tropical fruits" Fruit processing, 8, 339. 1998.
29. Mertens, B. "Development in high pressure food processing" 2. Lebensm Technol., 44, 100. 1993.
30. Ponce, E., Pla, R. Mur-Mur, M., Gervilla, R. and Guamis, B., "Inactivation of Listeria innocua inoculated in liquid whole egg by high hydrostatic pressure" J. Food Prot., 61, 119. 1998.
31. 구송이, 차광현, 이동언. "식품·생물 산업에서의 초고압기술 응용", 식품과학과 산업 9월호, 40, 3, 2007.
32. 식품포장의 기초와 응용, 김청 박근실, 포장산업, 2007.
33. 식품의 포장과 물류, 하영선, 효일, 2003.
34. 한국식품연감(2013-2014), 농수축산신문 편집부, 2013.
35. 2013 한국디자인 포장연감, 한국디자인포장연구원, 2013.
36. 신판 연포장기술의 기초와 응용, 김청, (주)포장산업.
37. 농산물 포장과 신기술동향, 박형우, 식품산업과 영양 3(3), 14-22, 1988.

38. 박무현, 이동선, 이광호. 2000. 식품포장학. 형설출판사.
39. Ho, YC, Yam, KL. 1992. Effect of metal shielding on microwave heating uniformity of a cylindrical food model. J. Food Rrocess. Preserv., 16, 337-359.
40. Yam, KL, Lee, DS, Riergiovanni, L. 2006(in press). Handbook of Food Packaging. CRC Press.
41. Yam, KL. 2000. Intelligent packaging fot future smart kitchen. Packag. Technol. Sci., 13, 83-85.
42. 기능성 포장필름의 최신기술동향, 카쑤라 타다히코 공업재료, 2011.
43. 월간포장 2005년 9월호 p. 127(표 1)
44. 이근보 외 3인, 쉬운 식품분석, 유한문화사, 2006.
45. 박태선 김은경, 현대인의 생활영양, 교문사, 2000.
46. 최희선, 일반화학 분석화학, 자유아카데미, 2011.
47. 식품공전, 식품의약품안정청, 2011.
48. 식품위생법, 식품의약품안정청, 2011.
49. 인간이 만든 위대한 속임수 식품첨가물, 아베 쓰카사 안병수 국일출판사, 2006.
50. 진짜 식품첨가물 이야기, 최낙언, 예문당, 2013.

부 록

부록 1. 주요 농업관련 용어

부록 2. 지역별 대표 꾸러미 농장 목록

부록 3. 밥상을 점령한 GMO 식품의 모든 것
 -GMO 식품과의 전쟁-

부록 4. 콜레스테롤

부록 5. 호주의 뉴웨이브 푸드에서 배우는 식생활과 건강의 관계

부록 6. 진정한 건강을 위한 스마트 건강백서

부록 7. 당신을 늙게 만드는 문제의 먹거리 7가지

부록 8. '명의' 13인이 권하는 건강한 식습관과 식재료

부록 9. GI 다이어트

부록 10. No Sugar, No Salt & No MSG Please!

부록 11. 한국 식품포장 세계진출 가능성

부록 12. 식품 및 음료의 포장분야

부록 13. WTO가입 후, 중국 산업이 맞게 된 기회와 도전

부록 14. 친환경 인증 표시

부록 15. 재활용 재료

[부록 1] 주요 농업관련 용어

1) 유기농

화학비료와 유기합성 농약을 전혀 사용하지 않는다. 가축 분뇨를 원료로 하는 퇴비만 사용할 수 있는데, 이 또한 유기농 축산물·무항생제 축산물 인증 농장에서 생산된 것이어야 한다.

2) 무농약

화학비료는 농촌진흥청장, 농업기술원장 혹은 농업기술센터소장이 권장하는 성분량의 3분의 1 이하를 사용해야 하며, 유기합성 농약은 사용하지 않는다. 잔류 농약이 검출돼서도 안 된다.

3) 무항생제

항생제, 합성항균제, 성장촉진제, 구충제, 항콕시듐제 및 호르몬제 등을 첨가하지 않는다. 무항생제 축산물의 경우 축사도 국립농산물품질관리원장이 정하는 조건을 준수해야 하며, 일반 가축과 사료, 농기계 및 기구도 엄격하게 구분한다.

4) 저농약

화학비료는 농촌진흥청장, 농업기술원장 혹은 농업기술센터소장이 권장하는 성분량의 2분의 1 이하를 사용해야 하며, 잔류 농약이 해당 농산물의 농약 잔류 허용 기준의 2분의 1 이상 검출된 경우 친환경 농산물로 표시해 판매할 수 없다. 유기합성 제초제는 사용할 수 없다.

5) GAP(Good Agricultural Practices, 농산물우수관리)

생산에서부터 포장단계까지 농산물에 남아 있을 수 있는 농약, 중금속 혹은 유해생물 등의 위해 요소를 사전 관리해 안전성을 인증하는 마크다. 생산에서 식탁에 오르기까지 농산물의 안전성을 확보한다는 취지에서 HACCP(위해요소중점관리기준)과 비슷한데, 이 원리를 농산물에 적용했다. GAP 인증 번호를 인터넷이나 스마트폰 애플리케이션으로 검색하면 해당 농산물의 생산자명, 품목, 전화번호, 주소, 재배 면적, 심사 정보, 안전성 정보까지 한눈에 조회할 수 있다.

6) PGI(Protected Geographical Indication, 농수산물 지리적 표시)

특정 마을, 지역의 우수농산물이나 해당 지역에서 가공작업이 이뤄진 제품을 보증하는 마크다. 포도주, 커피, 치즈, 생수 등이 대표적인 예다.

7) 농산물 이력추적

농산물의 생산, 유통, 판매까지 각 단계별로 정보를 관리해 농산물의 안전성 등에 문제가 발생하는 경우 해당 농산물을 즉각 추적해 원인 규명 및 필요한 조치를 취할 수 있는 마크. 생산에서부터 판매 단계까지의 과정을 관리해 문제 발생 시 책임 소재를 분명히 하기 위해 시작됐기 때문에 신뢰도가 높다.

[부록 2] 지역별 대표 꾸러미 농장 목록

1) 경기도 - 엘리트 농부들의 진검승부 '김포 로컬푸드'

김포시 농업기술센터 엘리트 농업대학 학생들이 주축이 돼 만든 곳이다. 마을 기업으로 법인 인가된 이름도 주식회사 엘리트 농부다. 김포 로컬푸드는 이름 그대로 김포에서 나고 자란 채소나 김포에 소재를 둔 가공 공장에서 엄격한 품질관리를 거친 식재료만을 판매한다. 무농약・친환경 농축산물을 원칙으로 하며, 배추나 무 같은 기본 채소부터 각종 쌈 채소 및 쌀과 곡물, 두부, 달걀과 요구르트, 치즈까지 무려 1백 80여 가지 품목을 취급한다.

제철 채소가 기본이기 때문에 계절에 따라 구성의 변동이 있다. 낳은 날부터 3일째 되는 날까지만 판매하는 HACCP 인증 무항생제 달걀이 특히 유명하다. 생산자인 농부가 직접 포장・진열을 하는 까닭에 세련된 느낌은 없지만 그만큼 소비자의 신뢰도는 높다. 정기적인 꾸러미 서비스 대신 원하는 품목만 택배로 보내준다. 포장은 신선도를 최우선으로 해 택배 마감 직전에 하는 것이 원칙이다.

주 소 : 경기 김포시 김포대로 1009-49(북변동 154-2), 문의 031-981-8456, gimpolocalfood.com

2) 충청도 - 게으른 농부의 '하루 네 끼'

신선도를 생명으로 여기며 주문을 해야 비로소 수확에 들어가는 시스템을 고집스럽게 지킨다. 대전 유성구의 젊은 농부 12명이 주축이 돼 만든 로컬 푸드 공동체로 정식 명칭은 농업회사법인 게으른 농부의 '하루 네 끼'다. 이곳 꾸러미의 특징은 언제나 제철 농산물 12가지 종류 이상을 꼭 맞춰 구성한다는 것이다. 그 이유는 간단한다. 과일, 채소 종류가 12가지 이상이 돼야 꾸러미 농산물끼리 연관성을 가지고 요리하기 용이하다는 것이다.

이를테면 된장을 보낸다면 냉이나 시금치, 호박 등을 같이 넣는 식이다. 꾸러미 안의 품목만으로 요리가 가능하도록 말이다. 게으른 농부의 '하루 네 끼'는 회사 이름처럼 건강하게 게으르다. 그 어떤 인위적인 농법이나 농약 등을 사용하지 않고 자연 재배, 효소 미생물 재배를 기본으로 하는 유기농법이 원칙이기 때문이다. 쌀과 잡곡, 채소, 버섯, 과일, 기타 가공품까지 종류도 제법 다양하다. 계절에 따라 구성품은 조금씩 바뀐다. 매주 목요일에 발송, 금요일에 배송된다.

주 소 : 대전 유성구 박산로140번길 65-1(구암동 321-1), 문의 042-822-5814, www.oneday4.com

3) 전라도 - 귀농 9년 차 부부의 유기농산물 꾸러미 '백화골 푸른밥상'

9년 전 전북 장수로 귀농한 부부가 운영하는 곳으로 약 2천 평의 밭을 친환경 유기농법으로 일구고 있다. 일찍이 유기농산물 생산과 소비에 대한 관심이 높았던 터라 2006년부터 제철 꾸러미 회원제를 운영해오고 있다. 6개월마다 꾸러미 회원을 모집하는데, 노동력과 밭이 한정돼 있어 많은 회원을 받지는 않는다.

현재 1백10여 명의 가족 회원들이 소박하면서도 건강한 꾸러미를 받고 있다. 특히 우프(WWOOF, 유기농 농장에서 숙식을 제공받고 농장을 거들어주는 프로그램) 농가로 선정돼 소비자가 직접 방문할 수 있으며 외국인들도 제법 찾고 있다. 6개월간 주 1회 꾸러미를 받는 것이 기본으로 회원비는 3~4인 가족을 위한 큰 가족 회원은 55만원, 2~3인 가족을 위한 작은 가족 회원은 35만원, 1인 가족 회원은 30만원이다. 모두 분납이 가능하다.

주 소 : 전북 장수군 계북면 매자동길 73(임평리 487), 문의 063-351-0748, www.naturefarm.tistory.com

4) 경상도 - 친환경 먹을거리 꾸러미 '들풀애농원'

경북 경산에 위치한 이곳에서 꾸러미를 받는 소비자 회원은 1백60여 명인데, 그 중 서울 등 수도권 회원이 70% 이상을 차지한다. 가까운 지역의 꾸러미 업체를 두고 굳이 들풀애농원을 선택하는 이유는 단 하나, 친환경 농법을 고수하기 때문이다. 제초제나 화학비료를 일절 쓰지 않아 노동력과 시간, 비용이 몇 배 더 들지만 대신 안심하고 먹을 수 있는 건강한 먹을거리를 생산해 낸다.

회원으로 구성된 체험단을 종종 농장으로 초대해 어떻게 농사를 짓는지 직접 보여준다. 3만3천m^2 규모인 들풀애농원은 시설 재배동 여섯 곳에서 상추와 부추, 근대, 파프리카, 치커리, 케일, 쑥갓, 가지, 고구마, 감자 등 40여 가지 채소들을 키우고 닭을 방사해 무항생제 유정란을 생산한다. 농장 주변에서 채취한 약초로 만든 효소나 산나물로 만든 반찬류, 장류, 간식 등도 직거래로 판매한다. 매주 목요일에 10~12가지로 2kg 단위 꾸러미를 만들어 회원들에게 배달한다. 꾸러미 가격은 월 4회 기준으로 11만원이다.

주 소 : 경북 경산시 용성면 대종리 809-4, 문의 053-857-8600, www.localgreen.co.kr

5) 강원도 - 언니 농부들의 안전 먹을거리 공동체 '언니네 텃밭'

꾸러미의 대표주자, 꾸러미의 터줏대감을 꼽으라면 아마도 강원도 횡성에서 시작된 언니네 텃밭일 것이다. 전국 16개 공동체 1백40여 명의 여성 농민과 언니네 장터 여성 농민 1백 명이 함께하는 꾸러미 농장 사업체 언니네 텃밭은 제초제를 사용하지 않는 저농약·친환경 농사를 짓는다.

이곳 농산물의 특징이라면 토종 씨앗을 이용한 작물이라는 점이다. 꾸러미는 방사유정란, 국산 콩두부, 김치 한두 가지와 전통가공식품(떡, 식혜, 수정과, 부각 등), 신선한 제철 채소로 구성된다. 직접 요리하는 여성들이 생산자이기 때문에 제철에 맞고 조리 궁합이 맞는 꾸러미 품목을 구성하는 안목이 뛰어나다. 월 10만원 정액을 내면 주 4회 꾸러미를 배송 받는다.

주 소 : 서울 서초구 방배천로 12-9(방배2동 450-10), 전국여성농민회총연합,
문의 02-582-1416, www.sistersgarden.org

[부록 3] 밥상을 점령한 GMO 식품의 모든 것
-GMO 식품과의 전쟁-

잘나고 예쁜 사람들을 보면 흔히 '유전자가 좋다'고 말한다. 신의 한 수로 모델같이 쭉 뻗은 다리만 가져다 붙였으면 하는 바람도 생긴다. 그런데 식품에서는 이것이 가능하단다. 우수한 유전자들을 재조합한 '유전자변형 생물체(GMO)'는 농수산물로 재배되고 가공식품의 원료가 되면서 우리 식탁을 지배한 지 이미 오래다.

성형미인보다 얼굴에 주삿바늘 한 번 찔러본 적 없는 자연미인 찾기가 더 힘든 시대. 비단 사람만의 이야기가 아니다. 우리 입 속으로 들어가는 음식들도 '순수' 식재료를 찾기 힘들어졌다. 먼저 마트에서 우리를 유혹하는 때깔 좋은 가공식품부터 라벨을 들춰보자. 가장 많이 들어있는 원료는 콩과 옥수수다. 가공식품에 사용되는 콩과 옥수수는 대부분 미국 등지에서 수입되는데, 알고 보면 모두 유전자재조합으로 만들어진 GMO원료다.

보통 GMO 농산물은 정부의 안정성 평가를 거쳐야만 식품으로 사용될 수 있고, 우리나라에서는 콩, 옥수수, 면화, 카놀라, 사탕무 등 66품목(2011년 기준)이 GMO 식품으로 사용할 수 있도록 규정되어 있다. 하지만 FDA의 최종 승인을 받지 않고 재배된 유전자변형 밀이 미국 오리건 주에서 발견되어 국내에서도 큰 파장을 일으켰다. 다행이 국내 수입된 밀가루에서는 문제의 성분이 검출되지 않은 덕분에(?) 유전자변형작물에 대한 관심이 더욱 치솟게 된 것만은 사실. 그렇다면 GMO식품의 안정성은 어디까지 믿어야 할까?

경희대 식품공학과 김해영 교수는 각 품종에 삽입된 유전자에 따라 과학적 근거를 토대로 선별적 승인을 하기 때문에 정부에서 승인한 GMO식품은 안심하고 먹어도 된다고 말한다. 하지만 1998년 유럽에서 진행한 실험에서 GMO감자를 먹인 쥐들이 보통 쥐들보다 면역력이 현저히 떨어지고 두뇌 발달도 더디면서 내장 질환과 암 발생 가능성도 높아졌다는 보고는 지금까지도 GMO식품을 반대하는 이들의 주요 근거가 되고 있다.

이처럼 유럽에서는 끊임없이 GMO식품에 대한 문제 제기를 해온 끝에 정부에서 모든 식품에 GMO 표시를 의무화하고 있는 실정이다. 꽃가루가 날렸거나 운반, 유통 과정에서 GMO 농산물이 일반 농산물과 섞였을 때(비의도적 혼입)도 0.9%까지만 허용 기준으로 잡는 등 아주 엄격하다(일본 5%, 우리나라 3%). 반면 국내에서는 GMO 원료가 식품 원료 함량의 5순위 이내에 들지 않으면 표시하지 않아도 된다는 규정 때문에 사실상 시판되는 가공 식품에서 '유전자변형 원료포함'이라는 문구는 눈을 씻고 찾아봐도 없다. 심지어 GMO 농산물을 원료로 사용했더라도 간장이나 식용유, 당류, 주류, 식품첨가물의 경우 GMO 표시 대상에서 제외된다. 제조과정에서 GMO 유전자가 모두 제거된다고 보기 때문이다. 그리고 GMO 콩이 원료가 되는 장류도 수입산 대두를 사용하면서 '재래식', '옛날식'이라는 문구를 쓰고 성분은 수입산 대두라고만 작게 표시한다. 따라서 일각에서는 GMO 식품을 수입하는 대기업에게 관용적인 표시제라 비난을 쏟아내기도 한다.

사실 안전성을 떠나 소비자들이 GMO 식품을 알고 선택할 수 있는 권리를 주장하는 것은 당연한 일이다. 유명무실한 GMO 표시제도가 변하지 않는 한 울며 겨자 먹기로 GMO 식품을 계속 먹거나 2배 가까운 웃돈을 주고 진짜 국내산 먹거리를 찾아 전국 방방곡곡을 다녀야 할 판이다. 이러다가 건강한 밥 한 끼 먹기가 해외 맛집 찾아가는 것보다 힘들어지는 시대가 올지도 모를 일이다.

▣ GMO식품 Q & A

(1) GMO 식품은 왜 만드나?

농산물을 자연적으로 교배시켜 새로운 품종을 만드는 자연적 품종 개량은 시간이 오래 걸리고 성공 확률이 낮습니다. 또 국제적으로 인구 증가와 경지면적의 감소, 식품의 기능성 강화, 환경문제 등의 대안으로 GMO를 개발하게 되었고, 이를 상품화해서 판매하고 있는 것이지요.

(2) GMO는 식품으로만 사용되나?

식품 외에도 가축 사료, 의약품, 오염 정화 기술 등에 활용됩니다. 예를 들어 GMO 옥수수는 식품과 사료로 사용되고, 포도당으로 주사제나 자동차 연료로 사용되는 에탄올을 만들기도 합니다. 또 GMO 미생물로 질병 치료 백신, 호르몬이 만들어지지요.

(3) 우리가 흔히 먹고 있는 GMO 식품은 어떤 것이 있나?

우리나라의 콩과 옥수수 자급률이 5% 내외라는 점을 감안하면 두 작물이 원료가 되는 간장 등의 장류, 조미료, 두유와 두부, 아이스크림, 과자, 빵 등은 이미 광범위하게 판매되고 있다고 볼 수 있지요. 이 밖에도 우리나라에서 안전성 심사를 거쳐 승인된 수입산 카놀라, 알파파, 사탕무 등이 원료가 되는 가공식품들이 모두 해당됩니다.

[부록 4] 콜레스테롤

사람들이 음식을 조절하는 이유는 다양하다. 다이어트도 한 가지 이유지만 어느 정도 나이가 들면 성인병 예방이 가장 큰 목적이다. 콜레스테롤도 음식을 조절하면 개선될까.

성인병 예방을 위해 음식을 조절할 경우 대부분 육류와 지방이 많은 음식들을 피한다. 이때 걱정하며 살펴보는 것이 바로 콜레스테롤 함량. 콜레스테롤 함량이 없으면 괜찮다 여기고 조금이라도 있는 건 피하려 한다. 콜레스테롤이 각종 성인병의 원인이 되기도 하거니와 몸에 좋지 않다는 인식이 강해 무조건 콜레스테롤이 없는 음식으로 골라 먹어야 한다고 생각하는 것이다. 그렇다면 콜레스테롤은 무조건 좋지 않은 것일까? 콜레스테롤은 음식물로 섭취되기도 하지만 대부분이 섭취한 포화지방을 이용해 체내에서 만들어진다. 또한 다양한 호르몬의 각 세포를 둘러싸고 있는 세포막의 핵심 부분을 이루며, 세포에 쉽게 구멍이 뚫리지 않도록 막아주기도 한다. 콜레스테롤은 체내 모든 세포에서 발견되는데 신체의 기능을 돕기 위해 어느 정도는 필요하다. 성장 조절과 신체가 매일 기본적인 활동을 하는 데 필수적인 호르몬들의 기초가 되는 물질인 것이다.

여성의 성적 특징과 월경 주기를 담당하는 에스트로겐과 프로게스토겐, 남성의 성적 특징과 정액 생산을 맡고 있는 테스토스테론, 스트레스에 대한 신체 반응을 조절하는 코르티솔, 몸속 염분과 칼륨 수치를 정상으로 유지하는 알도스테론이 그것이다. 그 뿐 아니라 담즙산과 비타민 D 등이 체내에서 콜레스테롤로부터 합성되기도 한다. 콜레스테롤이 지나치게 많아도 문제지만 이것 없이 사는 것은 불가능하다는 의미다.

1) 좋은 콜레스테롤과 나쁜 콜레스테롤

콜레스테롤은 혈액 검사를 통해 그 수치를 알 수 있는데, 혈액 속 지질은 밥을 먹으면 달라지기 때문에 12시간 이상 공복을 유지한 뒤 측정해야 가장 정확하다. 이때 측정되는 콜레스테롤은 HDL(고밀도지단백콜레스테롤)과 LDL(저밀도지단백콜레스테롤)이 있는데, 흔히 이 둘을 좋은 콜레스테롤과 나쁜 콜레스테롤이라고 부른다.

HDL의 경우 조직과 세포에서 쓰고 남은 콜레스테롤을 간으로 운반해 처리하는데 동맥경화증을 예방해 좋은 콜레스테롤로 불린다. 반면 LDL은 간에서 합성한 콜레스테롤을 조직과 세포로 운반하는 역할을 하기는 하나 동맥 안에 콜레스테롤이 쌓이게 해 나쁜 콜레스테롤이라고 불린다. 혈액 검사를 했을 때 HDL의 경우 60mg/dL 이상, LDL의 경우 130mg/dL 미만이 나오면 적정하며, 총콜레스테롤은 200mg/dL 미만이 정상 수치다. 그러나 총 콜레스테롤이 180mg/dL 미만이면 사망률이 증가한다는 연구 결과가 함께 총콜레스테롤이 너무 낮아도 좋지 않다는 의견도 있다. 총콜레스테롤은 영양의 지표인데, 만성 질환이 있는 경우 영양 섭취 부족으로 저콜레스테롤혈증이 나타나기 때문일 수 있다. 아직 명확한 것은 아니지만 콜레스테롤이 너무 낮은 것도 좋지 않다는 의견에도 귀를 기울일 필요가 있는 것이다.

목표 콜레스테롤 수치는 LDL을 기준으로 삼는 게 좋은데 심혈관계 질환이나 당뇨병, 대사증후군 등의 질환이 있는 경우 건강한 사람의 권고 수준과는 다르게 살펴봐야 한다. LDL은 100mg/dL 미만, HDL은 70mg/dL 이상, 총콜레스테롤은 130mg/dL 미만으로 관리하는 게 좋다.

그렇다면 좋은 콜레스테롤과 나쁜 콜레스테롤은 신체에 어떤 영향을 미치는 것일까. 먼저 저밀도지단백콜레스테롤 수치가 높으면 혈액 속에서 콜레스테롤이 완전히 제거되지 못하는데, 미처 제거되지 않은 콜레스테롤은 대식세포에 흡수되어 죽상경화판이나 동맥경화를 일으키는 변화 과정을 시작하게 된다. 반면 고밀도지단백콜레스테롤은 높을수록 관상동맥심장병의 위험이 줄어든다. 고밀도지단백이 주요 부위에 콜레스테롤이 쌓이는 것을 막고, 항산화 작용으로 저밀도지단백콜레스테롤이 대식세포에 흡수되기 전에 산화를 막아 죽상경화증 등의 진전을 예방한다는 것이다.

2) 콜레스테롤 수치가 변한다?

직장에서 건강검진을 하는 경우에는 수시로 콜레스테롤 수치를 체크할 수 있는데, 이렇게 정기적으로 콜레스테롤 수치를 측정할 경우 식생활이나 생활방식에 변화가 없어도 콜레스테롤 수치는 변할 수 있다. 분석에 따른 변화는 아주 미세하지만 생물학적 변이성의 경우 콜레스테롤의 수치가 8%까지 변동할 수 있다.

그 원인 중 하나는 나이와 성별. 혈중 콜레스테롤 수치는 나이가 들수록 증가하는데, 남성은 50세가 될 때까지 증가하다가 그 이후 약간 떨어지기도 하는 반면 여성은 일정한 수준을 유지하다가 폐경기가 되면 남성보다 높게 증가한다. 여성의 월경 주기 동안에도 콜레스테롤 수치가 9% 정도 변화한다. 매 주기 전반기에 수치가 최고로 올라가는데 이는 지방대사에 에스트로겐이 미치는 영향과 같다. 급격한 호르몬의 변화를 겪는 임신기에도 콜레스테롤 수치가 급격하게 증가한다.

3) 식이요법과 운동이 콜레스테롤에 영향을 미칠까?

콜레스테롤 함량이 높은 음식이 직접 영향을 미치는 것은 아니지만 이것이 과도하거나 다양한 지방이 포함된 음식을 장기적으로 다량 섭취할 경우 고지혈증이 생길 수 있다. 콜레스테롤 섭취는 동물성 지방 섭취가 함께 증가하는 것이기 때문에 주의가 필요한 것. 고지혈증은 LDL과 총콜레스테롤이 정상 범위보다 높고 중성지방의 수치가 높을 경우 생길 수 있는데, 최근에는 HDL의 수치가 너무 낮아도 동맥경화증의 원인이 된다고 알려져 이상지질혈증이라는 게 생기기도 했다.

콜레스테롤 수치를 위해 식이요법을 하는 것은 이러한 고콜레스테롤혈증(고지혈증)을 개선하기 위해서다. 단순히 콜레스테롤 수치를 일정한 수치 이하로 낮추기 위해서라기보다 관상동맥심장병(협심증, 심근경색)의 위험도를 줄이기 위해서다. 한마디로 콜레스테롤 수치 이상으로 생기는 다양한 성인병의 위험으로부터 벗어나기 위함이다. 그렇다면 고콜레스테롤혈증을 예방할 수 있는 식이요법은 무엇일까.

포화지방산은 LDL을 증가시키는 주범인데 주로 동물성 기름에 많이 포함되어 있다. 포화지방산 섭취가 1% 늘어나면 LDL은 2%가 증가한다. 육류 기름, 버터와 같은 동물성 지방 음식, 라면, 과자, 크림에 함유된 식물성 기름의 일부 등에 많이 포함되어 있으므로 주의가 필요하다. 빈면 불포화지방신은 LDL과 중성지방을 줄여주는 효과가 있는데, 생선과 들기름에 많이 함유된 오메가-3 지방산은 혈소판 응집도 억제시켜 심혈관 질환 예방에 도움이 된다. 섬유소가 풍부한 채소와 과일, 잡곡, 해조류 등은 장에서 수분을 흡수해 변비를 해소해주고, 콜레스테롤 재흡수를 낮춰 콜레스테롤로부터 합성된 담즙산의 배설을 촉진해 콜레스테롤을 저하시켜준다. 콩과 과일, 해조류에 포함된 섬유소가 특히 효과가 좋다.

운동도 중요한 수단이다. 최근 한 연구에서는 하루 3km씩 일주일에 20km 이상 빠른 걸음으로 걷는 운동을 했을 때, 2주 만에 중성지방이 20% 낮아지고 HDL이 15% 상승했으며 4주 후에는 총콜레스테롤과 LDL이 15% 감소했다는 결과가 나왔다. 운동은 한 번에 30분, 주 3∼5회 정도 규칙적으로 하는 게 효과적이다. 중성지방의 경우 4개월 정도면 감소 효과를 보지만 콜레스테롤은 1년 정도 지나야 긍정적인 운동 효과가 나타난다.

4) 콜레스테롤과 음식

식품으로 콜레스테롤을 먹을 경우 포화지방산에 비하면 혈액 내 콜레스테롤 증가에 미치는 영향이 미미하다. 그런데 왜 콜레스테롤이 많은 음식을 먹으면 안 된다고 하는 것일까? 고지혈증이나 심근경색 등의 환자는 당연히 고콜레스테롤 음식을 주의해야 한다. 하지만 콜레스테롤 수치가 정상인 일반인의 경우 섭취해도 전혀 문제될 게 없다. 다만 뭐든 지나치면 해로운 만큼 너무 많은 콜레스테롤 섭취는 동물성 지방과 함께 섭취하는 것이므로 주의한다.

콜레스테롤이 높은 음식 하면 떠오르는 것들이 달걀노른자와 오징어, 새우 등이다. 달걀은 완전식품이라고 해서 성장기 아이들에게 권장하는 음식이다. 노른자에 콜레스테롤이 많다며 이를 빼고 먹이는 경우도 있는데, 노른자 안에는 콜레스테롤 증가를 억제하는 인지질이 같이 들어 있어 적당량을 섭취하는 건 문제가 되지 않는다. 오징어의 타우린은 중성지방과 콜레스테롤을 줄여주는 효과가 있는 것으로 알려져 있다. 새우의 콜레스테롤 함유량은 달걀보다 적으며 혈중 콜레스테롤을 낮춰주는 불포화지방을 비롯한 타우린, 키틴, 키토산 등이 함유되어 있어 적정량 섭취는 문제가 없다.

그렇다면 평소 채소만 먹는데도 콜레스테롤이 높은 것은 왜일까? 앞서 음식으로 인해 콜레스테롤의 수치가 높아지는 일은 거의 없다고 했다. 그러므로 음식이 아닌 다른 요인을 찾아봐야 한다. 유전으로 인한 가족성이 원인일 수도 있고 과다한 알코올 섭취나 흡연이 주범일 수도 있다. 고기를 먹지 않는데도 콜레스테롤 수치가 높아지는 이유도 비슷하다. 콜레스테롤이 함유된 음식이 있고, 콜레스테롤을 높이는 음식이 있다. 고기를 먹지 않아도 콜레스테롤을 높이는 버터나 기름진 음식들을 즐겨 먹는다면 혈중 콜레스테롤은 충분히 높아질 수 있다. 만약 고기로 인한 콜레스테롤 증가가 두렵다면 되도록 살코기만 골라서 섭취하도록 한다.

▣ 콜레스테롤을 낮추는 식이요법 체크

1 신선한 과일과 채소를 최소 하루 5회 이상 섭취한다.
2 붉은 고기 대신 닭고기와 생선을 많이 먹는다.
3 올리브유와 같은 복합 불포화지방이 풍부한 기름을 사용한다.
4 동물성 단백질과 식물성 단백질은 콜레스테롤 수치에 거의 영향을 미치지 않는다.
5 알코올은 칼로리가 높다.
6 다양한 곡류가 들어간 빵이나 면, 시리얼을 식단에 포함시키는 것은 괜찮다.
7 포화지방산이 풍부한 동물성 지방은 되도록 섭취하지 않는다.

[부록 5] 호주의 뉴웨이브 푸드에서 배우는 식생활과 건강의 관계

호주에는 요즘 건강 열풍이 불고 있다. 붉은 육류와 달걀을 곁들인 과거의 영국식 음식 문화에서 탈피해 이민자들의 다양한 음식을 접목한 건강 식단이 각광을 받고 있다. 호주인들은 술 먹은 다음 날 숙취를 해소하기 위한 메뉴로 에그 베네딕트(egg benedict)나 에그 온 토스트(egg on toast)를 즐겨 먹을 만큼 고단백질의 육류를 즐겨 먹는 게 일상화되어 있다. 그동안 스테이크와 바라문디 생선, 레드 엠퍼러 등을 구워 먹거나 기껏해야 피시 앤드 칩스(fish and chips)로 튀겨 먹는 게 전부이던 식단에 최근 들어 매력적인 아시아 식단과 식재료가 접목되어 뉴웨이브 푸드(New Wave Food) 바람이 불고 있는 것이다.

세계적인 쇠고기와 양고기 수출 국가인 호주는 연간 국민 1인당 육류 소비량이 100kg에 달할 만큼 고단백질 식문화로 인한 비만과 성인병 발병률이 높았다. 하지만 1990년대 들어 모던 오스트레일리아 바람이 불면서 운동과 자연식, 동양식 식문화에 대한 관심이 커졌고 그 결과 유기농 식품의 인기가 높아졌다. 농약이나 인공 첨가제를 혐오하는 호주인들은 값이 비싸더라도 오가닉 재료를 사용해 식문화를 한 단계 업그레이드시켰고, 지금도 따로 오가닉만을 취급하는 마켓이 많다. 그러다가 최근에는 아시아 식문화에 대한 관심이 높아지면서 그동안 호주 사회에서 생소하던 식재료를 건강식품으로 인식하기 시작했다.

카페 등 음식점에서도 당분이 많은 청량음료 대신 천연 과일이나 채소를 이용한 프레시 주스를 찾는 이들이 늘고 수박이나 사과, 오렌지주스에도 반드시 생강을 첨가해 먹는 이들이 많다. 우리가 향신료로 사용하는 식재료가 이곳에서는 건강보조식품이 되었을 정도로 인기가 높은 것이다.

불과 10년여 전만 하더라도 호주에서 마늘 냄새는 금기시되었고 생강이나 두부, 배추, 김치 등의 식재료는 한정된 마켓에서만 구할 수 있는 이민자 음식이었다. 하지만 최근에는 소득과 교육 수준이 높을수록 이들 식품에 대한 선호도가 높아져 웬만한 대형 마켓에는 아예 아시안 식품 코너가 따로 있을 정도로 인기가 높다.

카페 등 음식점에서도 당분이 많은 청량음료 대신 천연 과일이나 채소를 이용한 프레시 주스를 찾는 이들이 늘고 수박이나 사과, 오렌지주스에도 반드시 생강을 첨가해 먹는 이들이 많다. 우리가 향신료로 사용하는 식재료가 이곳에서는 건강보조식품이 되었을 정도로 인기가 높은 것이다. 또한 두부나 마늘은 육류, 채소, 생선 등 어느 음식에나 곁들일 수 있는 최고의 건강 식재료로 각광받고 있다.

그뿐만 아니라 쌀을 주재료로 한 요리도 인기가 있어 1주일에 한두 번씩 밥을 해 먹는 호주인이 늘고 있다. 호기심이 많고 여행을 즐기는 호주인들의 생활 습성은 이민자 음식에 대한 편견을 없앴고 대신 다양한 에스닉 푸드(ethnic food)에 대한 관심과 건강에 접목되어 거의 모든 미디어에서 다국적 음식에 대한 특집을 다룰 정도이다.

최근 자료에 따르면 시드니 등 대도시 음식점의 30% 정도가 아시아계 음식점인 것으로 나타났다. 그만큼 한국・중국・인도・태국・일본・베트남・말레이시아 음식이 인기를 끌고 있는데, 월남쌈 전문 식당, 두부 전문점, 베지테리언 전용 채식 음식점이 최근 주목을 받고 있다. 양고기와 쇠고기 등 붉은 육류 덩어리로 대표되는 호주인의 식단은 이제 옛말이 되었다. 대신 생강과 마늘, 두부, 신선한 채소와 과일, 생선이 오르는 식탁이 호주인들의 기대수명을 OECD 회원국 중 5위 안에 올리는 효자가 되고 있다.

[부록 6] 진정한 건강을 위한 스마트 건강백서

평균 수명 100세 시대가 도래 했다. '얼마나 오래 사는가'보다는 '어떻게 건강하게 살 것인가'가 화두가 된 것이다. 이런 대중의 관심을 반영하듯 100세 건강에 관한 책도 쏟아지고 있다. 대형 서점과 외국 연구 사례를 살펴서 찾아낸 세계인의 100세 생활습관을 공개한다.

Part 1

(1) 내 몸을 웃게 할 장수 음식

도대체 무엇이 건강한 100세를 보장해 줄까. 30대만 돼도 이곳저곳 쑤시고 아픈 곳이 한두 군데가 아닌데 말이다. 날씬하고, 건강하고, 가뿐한 몸을 가져본 게 언제인가 생각하다 보면 마음이 쓰리다. 몸을 웃게 할 꽃 같은 음식, 세계인의 장수 음식을 챙겨보자.

(2) 항암 성분으로 똘똘 뭉친 빨간 토마토

'토마토가 익어 가면 의사의 얼굴이 파래진다.'라는 서양 속담이 있다. 그만큼 토마토는 건강에 이로운 채소다. 빨간 토마토에 들어 있는 라이코펜은 몸 안의 유해산소를 없애는 항산화 물질로 노화 방지, 혈당 저하 효과가 있다. 널리 알려졌다시피 라이코펜은 날로 먹는 것보다 열을 가해 조리해 먹었을 때 체내 흡수율이 높다. 토마토는 하루에 한 개만 먹어도 하루에 필요한 비타민 C의 3분의 2를 충족시킬 수 있다.
토마토는 색깔이 선명하고 단단한 것을 선택하는 게 좋다. 꼭지 모양도 살펴야 한다. 토마토가 익으면 꼭지 부분에 노란색으로 별 모양이 생기는데 이것이 클수록 당도가 높다. 간혹 토마토를 먹을 때 설탕을 뿌리기도 하는데 좋지 않은 습관이다. 설탕을 분해하기 위해 토마토에 함유된 비타민 B를 다 써버리기 때문이다. 이보단 고기와 함께 먹는 것이 좋다. 토마토는 알칼리도가 높아 산성식품을 중화한다. 고기와 함께 토마토를 먹으면 소화가 잘되고 위에 부담이 줄어든다.

(3) 임산부에게도 좋은 녹황색 시금치

녹황색 채소인 시금치에는 비타민 A와 C, 철이 많이 함유돼 허약 체질, 임산부에게 좋은 식품이다. 비타민 A는 암과 동맥경화 예방에, 비타민 C는 암 예방에 효과적이다. 시금치를 구입할 때는 속까지 들여다보고 꼼꼼히 살펴야 한다. 잎이 싱싱하며 윤기가 돌고 짙은 녹색을 띤 것을 고를 것. 시금치나물을 할 때는 잎의 수가 많고 비교적 두꺼우며 잎의 길이는 짧고 통통한 것이 좋다. 이런 시금치는 단맛이 나고 고소하다. 국을 끓일 때는 줄기가 길고 잎이 넓은 것을 고른다. 단 시금치를 장시간 삶으면 비타민 C 손실이 커지므로 살짝 데친다.

(4) 혈액순환을 돕고 피부를 예뻐지게 하는 연어

기름기가 살짝 도는 연어는 식감이 부드러워서 먹기에 부담이 없고 건강에 이롭다. 연어의 불포화지방산은 혈액순환을 돕고 노폐물 배출을 원활하게 해 동맥경화나 고혈압을 방지하고 관절염과 근육통, 류머티즘을 완화시킨다. 또 여성의 미용에도 혁혁한 공을 세운다. 피부 속 콜라겐을 유지해 주름이 생기지 않게 하고, 보습 효과가 뛰어나 건조하고 지친 피부를 촉촉하게 만든다. 더구나 고단백 저칼로리 식품이라 다이어트 걱정도 없다.

신선한 연어라면 날로 먹거나 회덮밥이 간편하고, 후춧가루를 살짝 뿌린 뒤 구워도 맛있다. 연어와 양파를 잘게 다지고 달걀물을 입혀 전을 부치면 남녀노소 먹을 수 있는 간식으로 손색이 없다.

(5) 신이 내린 과일, 블루베리

블루베리가 한국에 알려진 건 불과 10여 년 전. 하지만 서양에서는 오래전부터 칭송받던 과일 중 하나다. 거무스름한 색을 띠는 블루베리에 함유된 안토시아닌의 면역력 증진 효과가 널리 알려졌기 때문이다. 블루베리는 노화를 늦추고 노화로 인해 생기는 심혈관 질환인 뇌졸중이나 심장병, 암으로부터 몸을 지킨다. 안토시아닌은 시력과 관련된 로돕신이라는 색소체의 재합성을 도와 시력 저하를 막고 눈이 피로해지지 않도록 하는 기능도 한다. 육체의 건강뿐 아니라 노년의 정신 건강을 향상시키는 효과도 있다. 블루베리는 뇌의 손상을 줄이고 알츠하이머와 같은 두려운 질병으로부터 뇌 건강을 지킨다.

블루베리를 먹는 간단한 방법은 요구르트에 섞어 먹거나 우유와 함께 갈아서 주스로 마시는 것이다. 생과일은 가격이 비싸고 제철이 있어서 계절에 관계없이 부담 없이 즐기려면 냉동이나 건조시킨 블루베리를 선택해도 좋다.

(6) 채소의 왕, 브로콜리

지중해가 원산지인 브로콜리는 노화를 부르는 활성산소를 중화시키는 셀레늄을 다량 함유하고 있다. 이 성분은 대장암과 간암, 유방암, 췌장암 예방 효과까지 있다. 오염된 환경에서 정신적 스트레스를 받는 현대인들에게 셀레늄은 면역력을 높이기 위해서 꼭 필요한 성분이다. 각종 성인병의 발병도 방지하기 때문에 40대 이후부터는 섭취량을 늘리는 것이 좋다.

브로콜리는 봉오리가 단단하게 뭉쳐 있고, 가운데 부분이 볼록하며, 색이 짙은 것을 선택하는 것이 좋으며, 데친 뒤 식힐 때는 영양소 파괴를 막기 위해 찬물에 헹구지 말고 실온에서 식힌다. 브로콜리에 함유된 비타민 성분의 체내 흡수를 높이려면 오일을 넣은 드레싱을 곁들여 샐러드로 먹거나 기름에 볶아 먹으면 된다.

Part 2

(1) 하루에 20분, 몸을 움직여라

운동, 하면 한숨부터 쉬는 사람들이 많을 것이다. 1주일에 서너 번 이상, 한 번에 1시간 이상 운동을 해야 한다는 헬스 트레이너의 말은 시작도 하기 전에 지치게 한다. 꼭 이렇게 많은 양의 운동해야 할까.

사실 그렇지는 않다. 지나친 과체중이거나 운동선수가 아니라면 이런 운동법은 필요치 않다. 고통을 줄 뿐이다. 특히 노년층의 경우 과격한 운동을 하면 부상의 위험이 높다. 고령자들에겐 걷기, 조깅, 수영 등 지구력을 기를 수 있는 유산소운동을 권장한다. 이런 운동은 몸에 많은 산소를 공급하기 때문에 전신의 대사를 활성화해 내장을 강화한다. 전문가들은 제대로 걷기만 해도 노화 방지에 효과적이라고 말한다.

적정 운동량 분야의 최고 전문가인 미국 컬럼비아대학 프랭크 부스 박사는 매주 1백50분의 빠르게 걷기나 수영장 왕복 수영, 매주 75분의 달리기, 1주일에 최소 2회 이상의 다소 격렬한 근력운동을 권장한다. 일반인과 노령자 모두 세 가지 중 한 가지만 실행하면 된다. 자신에게 잘 맞는 어떤 방식이든 다 좋고, 시간을 나눠서도 할 수 있다. 1주일에 5회 30분간 걷거나, 아니면 이를 15분 단위로 쪼개 하루에 두 번씩 해도 된다. 미국 스포츠의학협회와 질병관리통제센터 역시 "성인을 기준으로 1주일 대부분, 가급적이면 매일 30분 이상 지속할 수 있는 운동이 바람직하다"라는 희소식을 발표했다. 물론 하루 20~30분 만으로는 체력까지 강화시키기는 어렵다. 더 젊어지거나 강해지고 싶다면 운동량이나 시간을 늘려야 한다.

(2) 노화는 하체에서 시작된다.

그렇다면 어떤 운동을 하면 좋을까. 전문가들은 노화는 하체에서 시작된다며 하체 단련 운동을 시작하라고 말한다. 우리 몸의 근육의 70% 이상은 배꼽을 기준으로 아래쪽에 존재한다. 특히 40세가 넘으면 엉덩이 근육이 처지고 허벅지가 가늘어지면서 하체가 빈약해진다. 이로 인해 다리에 힘이 빠지면 체중의 부하를 감당하지 못해 허리와 무릎에 부담을 주게 되어 요통과 무릎 통증을 유발한다. 이것은 정형외과적인 증상이지만, 이런 통증이 발생할 무렵이면 이와 병행해 고혈압, 심장병, 고지혈증, 당뇨병, 암 등과 같은 질병도 서서히 고개를 치켜든다. 하체에 자리한 신장, 방광, 음경, 전립선, 자궁, 난소 등의 기능도 따라서 저하된다. 그 결과 야간 빈뇨, 잔뇨감, 성 기능 장애, 전립선 비대, 전립선암, 생리 불순, 갱년기 장애 등의 증상이나 질병이 생기기 쉽다.

(3) 운동으로 똑똑한 뇌 만들기

운동은 면역력 상승, 원활한 혈액순환, 기억력 향상에도 도움이 된다. 운동이나 근육을 많이 쓰는 일을 하면 근육이 수축과 이완을 반복하게 된다. 이때 근육 속 혈관도 수축과 확장을 반복하는데, 이로 인해 혈액의 흐름이 좋아진다. 혈액의 흐름이 원활하면 심장의 기능이 좋아진다.

이외에도 근육을 움직이면 뇌의 기억 중추인 해마 주변의 혈액순환이 개선돼 기억력 향상과 치매 예방에 도움이 된다. 운동 외에도 음식을 잘 씹는 것만으로도 해마 영역의 혈액 흐름이 좋아진다고 한다. 미국 뉴욕대학의 안토니오 콘비트 박사의 연구 결과다.

Part 3

(1) 주기적인 건강검진은 필수

100세 건강을 이야기하는 데 있어 빼놓을 수 없는 것이 건강검진이다. 정기적인 건강검진은 질병의 조기 치료를 가능케 할 뿐만 아니라 자칫 눈덩이처럼 커질 수 있는 의료비 지출을 줄이는 효과도 있다. 평소 올바른 생활습관을 유지하고 내 몸의 변화를 살피는 데 소홀함이 없도록 하는 것도 건강 장수의 기본이다.

(2) 암은 직계가족 중 1명만 발병해도 가족력

가족력, 생각보다 힘이 세다. 부모・형제자매 중 폐암 환자가 있을 땐 그렇지 않은 경우보다 폐암 발병률이 1.95배 높아진다. 대장암도 30%가 가족력과 연관이 있다. 가족력이 있다고 좌절할 필요는 없다. 긍정적으로 생각하자면, 최첨단 유전자 검사 기계 없이도 자신의 몸이 어떤 암에 취약한지 알 수 있는 셈이니까.

질환 가계도는 어떻게 그리면 될까. 범위는 직계가족 3대와 삼촌까지다. 부계・모계 동일하게 표시해야 한다. 질환 가계도를 그리다 보면 병력이 모두 다를 수도 있다. 이럴 때 '특별한 가족력이 없다'라고 생각하게 마련이다. 하지만 전문가의 의견은 다르다. 의료계에서는 암은 직계가족 3대에서 1명만 발병해도 가족력이 있는 것으로 보고 해당 암에 대한 검진을 앞당기는 게 좋다고 말한다.

(3) 은퇴하지 마라

퇴직을 하게 되면 비만이나 만성질환에 걸리는 비율이 급상승한다. 100세 이상 장수 인구의 비율이 높은 이탈리아 키안티 지역에서는 대부분의 주민이 퇴직 후 작은 농장에서 포도나 채소를 기르며 많은 시간을 보낸다. 결코 일을 그만두지 않는 것이다. 만약 대도시에 살고 있다면 지역 미술관에서 자원봉사 안내원을 하거나 체험봉사단에 참여해도 된다.

(4) 가족력이 있다면 10년 앞당겨 검진

최근 10년 사이 급속히 증가한 대장암은 가족력의 영향을 크게 받아 더 각별한 주의가 요구된다. 대장암의 30% 정도가 가족력의 영향을 받는 것으로 나타났다. 부모나 형제 중에 1명의 대장암 환자가 있으면 발병 확률은 일반인의 2~3배가 되고, 2명이 있으면 그 확률은 4~6배로 높아진다.

연세대 의대 김남규 교수는 "가족력이 있다면 다른 사람보다 10년 정도 검진 시기를 앞당기는 것을 권하는데, 예를 들어 가족 중 대장암에 걸린 사람이 발병한 나이보다 열 살 일찍 대장내시경 검사를 받는 게 좋다"라며 "남녀 할 것 없이 40대에는 검사를 해보는 게 바람직하다"라고 말한다. 특히 대장내시경은 평균 5년에 한 번씩 하지만 가족력이 있을 시에는 2~3년 만에 한 번씩 검사받을 것을 권한다. 영국 암연구소에 따르면 대장암은 대장내시경 검사를 규칙적으로 받으면 가족력에 의한 대장암 사망 위험을 70% 줄일 수 있다고 한다.

중년 여성이 많이 걸리는 유방암 역시 가족력이 큰 영향을 미치는 것으로 나타났다. 가족력 외에도 30세 이후 첫아이를 출산한 경우와 폐경 후 호르몬제를 복용하는 경우에도 유방암 발생 위험이 급격히 높아지는 것으로 나왔다. 의료계는 일반 여성은 40세 이상이면 2년마다 유방암 검진을 받으면 되지만 가족력이 있다고 판단되면 검진 시기를 앞당기고 검사 주기도 1년 단위로 줄이는 게 바람직하다고 권고한다.

이외에 다른 암도 비슷하다. 10년 이상 장기 흡연자라면 폐암 가족력이 있을 경우 40세 이전부터 저선량 흉부 컴퓨터 단층촬영(CT)을 1년에 한 번씩 찍어봐야 하고, 전립선암 가족력이 있는 남성들은 보통 50세부터 받는 전립선특이항원 검사를 40세로 앞당기는 게 바람직하다. 특히 전립선암 가족력이 있는 남성들이 전립선암에 걸릴 위험은 일반인보다 4.5~8배나 높은 것으로 조사됐다.

(5) '숨은 병' 찾는 질환 가계도 그리기

100세 시대 준비는 가족력 확인부터다. 선대가 어떤 질병을 앓았는지, 현재 가족 중 누가 어떤 병을 앓고 있는지 분석하면 앞으로 자신에게 발생 가능한 병을 어느 정도 짐작할 수 있다. 가족 구성원에게 유난히 취약한 특정 질환이 있다는 얘기고, 질병에도 일종의 '가계도'가 있다는 뜻이다.

(6) 스킨십이 장수의 비결

가급적이면 다른 사람과 손을 잡거나 포옹을 많이 하는 것이 좋다. 실제로 스킨십을 하는 사람이 하지 않는 사람보다 평균 5년은 장수한다는 연구 결과도 있다. 서양에서는 '터치테라피'를 환자 치료의 보조 수단으로 사용하기도 한다. 서양 의료계는 고령자들은 통증, 우울증, 불안감 등을 흔히 겪기 때문에 가벼운 포옹이나 다독거림을 생활화하면 장수에 큰 도움이 될 수 있다고 말한다.

반면, 고독과 소외감은 장수의 적이다. 노인들은 은퇴를 겪으면서 신체적 질병이나 정서적 부적응 등의 문제에 직면하는 경우가 많다. 사회에서 자신의 역할이 없어졌다는 상실감이 인간관계의 단절과 고립으로 이어져 생활 의욕을 떨어뜨리기 때문이다. 은퇴 후 배우자나 친한 친구마저 세상을 떠났을 때 이런 상실감은 더욱 커진다.

100세까지 살 수 있는 조건

1. 하루 30분 걷기운동을 하는 사람은 뚱뚱해도 오래 산다.
2. 혈압, 혈중 콜레스테롤, 혈당 수치가 정상이고 비흡연자가 평균 6~9.5년 더 오래 산다.
3. 혈관에 좋은 카테킨이 들어 있는 녹차나 홍차를 즐겨 마시는 사람은 장수한다.
4. 포도, 블루베리 같은 과일과 포도주는 심장병과 알츠하이머 예방에 도움을 준다.
5. 25세 이하의 여성에게서 태어난 아이는 그렇지 않은 아이에 비해 100세까지 살 확률이 2배 높다.

(출처: 미국 시카고대학 연구팀)

(7) 하루 7시간의 충분한 수면

숙면은 장수의 비결이다. 수면 시간과 질병・수명과의 관계는 이미 여러 연구를 통해 발표됐다. 하룻밤 수면 시간이 6시간 미만인 경우 심장질환으로 발전할 가능성이 48%나 높고, 뇌졸중을 일으킬 위험성도 15% 높은 것으로 나타났다. 이는 지난해 영국 워릭대의 프란세스코 카푸치오 박사 팀이 8개국 47만여 명을 대상으로 7~25년에 걸쳐 추적 조사해 발표한 결과다. 연구팀은 잠을 너무 적게 자면 스트레스 호르몬이나 기타 유해 화학물질의 분비를 촉진해 심혈관계에 '독약'이 될 수 있다고 지적했다.

아울러 하루 수면 시간이 6시간이 안 되는 사람은 6~8시간인 사람에 비해 일찍 사망할 가능성이 평균 12% 높은 것으로 조사됐다. 하루 7시간 수면은 미래의 건강을 지키고 만성질환에 걸릴 위험성을 낮추는 방법인 셈이다. 미국 케이스 웨스턴 리저브 의대 역시 비슷한 연구 결과를 발표했다. 연구 결과에 따르면 하루 6시간 이하 자는 사람은 7시간 이상인 사람에 비해 대장암 전 단계인 대장선종이 생길 위험이 50% 정도 높다고 한다.

(8) 사회・사교생활 유지하기

주변 사람들과의 유대감이나 친밀감, 소속감을 의미하는 '관계'도 장수에 중요한 요소다. 전통적으로 배우자가 있는 사람이 장수하는 것으로 알려졌다. 배우자가 있으면 심리적 안정감을 얻을 뿐 아니라 배우자로부터 건강 정보나 경제적 지원, 간병도 받을 수 있기 때문이다. 위급한 상황일 때도 배우자가 있으면 구조를 요청하기가 수월하다. 국내 대표 장수촌인 경북 예천과 전북 순창도 가족과 이웃 간의 관계가 매우 돈독한 것으로 알려졌다.

[부록 7] 당신을 늙게 만드는 문제의 먹거리 7가지

나쁜 음식!

▣ 노화를 부르는 음식들

노화를 막아주는 먹거리들. 'Bad Food' 대신 이런 음식들을 골고루 챙겨 먹어야 일곱 살 젊게 살 수 있습니다.

나이 들어 보이는 것이 곧 '인생 낙오자' 취급을 받는 요즘, 노화를 막기 위한 사투는 이젠 좀 무서울 정도입니다. 당신은 어떤가요? 노화를 방지한다는 건강보조식품을 한 줌씩 입안에 넣고 있지 않나요? 지난밤 TV에서 추천했던 항산화 먹거리를 냉장고 가득 쟁여놓고 억지로 먹고 있지는 않나요?

살짝 어질어질하면 '피가 부족해!'라고 자가 진단하고 약국에서 철분제를 사고, 피부에 좋다는 CF에 솔깃해 각종 과일 주스를 틈날 때마다 챙겨 마시지는 않나요? 다이어트에 돌입해 하루 세끼 닭가슴살만 먹고 있지는 않은지요? 만약 그렇다면, 당신은 헛된 노력을 하고 있는 것인지도 모릅니다. 몸에 좋다고 챙겨 먹었는데 바로 그 때문에 당신의 몸은 오히려 늙고 있을 수도 있으니까요.

도대체 무슨 얘기냐, 어리둥절하다고요? 아무리 몸에 좋다 해도 어떤 음식은 지나치게 먹으면 노화를 부추긴답니다. 젊어지고 싶은 당신의 뒤통수를 친다는 거지요. 이와는 좀 다른 얘기지만, 어떤 음식들은 먹는 사람을 늙게 한다는 사실을 그럴듯한 포장과 CF로 꼭꼭 잘 숨기고 있답니다. 대표적인 것이 설탕입니다. 얼마 전 한 브랜드에서 개최한 글로벌 세미나에서 에디터는 패닉에 빠졌습니다.

"피부를 늙게 하는 대표적인 세 가지를 말씀드릴게요. 자외선, 스트레스 그리고 설탕입니다." 물론 설탕이 몸에 좋지 않은 것은 잘 알고 있습니다. 그렇다고 포기하기엔 고구마 맛탕이나 그린티 프라푸치노는 얼마나 달콤한지요. 하지만 이런 유혹을 자제하고 매 끼니 심심한 것만 먹을 수는 없잖아요. 그런데 강연을 듣다 보니 설탕의 문제점은 살을 찌게 하거나 당뇨병의 원인이 되는 등 널리 알려진 해악이 전부가 아니더군요.

우리 몸 안에 들어오면 피부와 온몸까지 늙게 만드는 골칫거리였습니다. '설탕을 먹으면 그만큼 얼굴도 늙는다'고 생각하니, 무시무시해지더군요. 그날 점심식사 디저트 메뉴에 달콤한 크림 브륄레가 나왔지만, 세미나에 참가했던 에디터들은 한 숟가락도 먹을 수 없었답니다. 지금도 콜라를 마시고 싶어질 때마다 한 캔에 각설탕 10개 분량의 설탕이 들어간다는 것을 머리에 떠올리곤 눈을 질끈 감습니다.

이제 당신에게 시급한 것은 노화를 늦춰준다는 안티에이징 푸드를 챙겨 먹는 것이 아닙니다. 그보다는 노화를 부추기는 나쁜 음식을 먼저 끊어야겠죠. 이제 식습관부터 바꿔보세요. 어느샌가 안티에이징 화장품이나 레이저 시술 못지않은 효과를 보게 될 테니!

■ 먹거리와 노화의 불가분 관계, 그 진실은?

아무리 몸에 좋다 해도 넘치면 문제!

음식에서 과유불급은 반드시 지켜야 하는 덕목. 특히 노화를 늦추기 위해 먹는 영양제나 비타민 등이 몸에 필요 이상으로 쌓이면 호르몬의 변화를 일으키고 부작용이 일어난다. 예를 들어 근육을 키우기 위해 단백질 보충제를 과하게 먹는다거나 노화를 늦추는 항산화제를 너무 많이 먹으면 오히려 몸속 영양소의 균형이 깨져 노화를 촉진시키는 원인이 되기도 한다.

▸ 몸에 좋다는 속설 따르기에 급급하지 말고 자신의 노화 상태부터 체크하라.

우리의 얼굴과 몸이 제각각 다르듯 노화를 늦추기 위한 먹거리도 각각 개인차가 있다. 따라서 제대로 된 안티에이징을 위해서는 전문 안티에이징 클리닉에서 실시하는 노화 검사를 통해 자신의 몸 상태부터 체크하는 것이 좋다.

항노화 의원 에이치투오에서는 항노화 통합의학 기본 사전 검사에 따라 혈당 수치, 기초대사량 등을 정확히 체크한 후 어떤 음식이 내 몸에 들어왔을 때 노화를 촉진하는지 정확히 찾아낸다. 제아무리 좋다는 음식을 먹어도 '나'에게 맞지 않으면 아무 소용이 없기 때문이다. 이렇게 검사를 통해 어떤 음식을 먹어야 노화를 막을 수 있는지를 의사와 먼저 상담하면 실제로 몸에서 필요로 하는 음식을 찾아 먹을 수 있어 안티에이징 효과를 더욱 높일 수 있다.

▸ 한 가지 음식 말고 영양소를 골고루 챙겨 먹어라

'『타임스』가 추천한 10대 영양소', '노화를 늦추는 항산화 효과 음식' 등 수없이 많은 먹거리 연구가 쏟아져 나오지만, 현실적으로 이를 잘 지켜서 먹는 사람이 얼마나 있을까? 탄수화물, 단백질, 지방을 매일 골고루 세끼 챙겨 먹는 것은 사실 보통 일이 아니다. 심지어 수입산 재료들이 늘어나면서 그 속에 들어 있는 방부제나 첨가물 때문에 영양의 질은 더욱 떨어지고 있다. 따라서 면역 체계가 떨어지고 노화는 점점 빨라질 수밖에 없는 것. 결국 안티에이징을 위한 먹거리의 기본은 유기농 재료를 택해 영양소를 골고루 먹는 것이다. by 항노화 의원 에이치투오 이용 원장

먹지 말것!

▣ 당신을 늙게 만드는 문제의 먹거리

어떤 음식은 단지 먹기만 했을 뿐인데 당신의 노화까지 부추긴다는 사실을 아는지. 단순히 병에 걸리는 것을 넘어서 당신을 일곱 살은 더 늙어 보이게 하는 무시무시한 음식들에 주목할 필요가 있다.

1. 달콤함을 주고 젊음을 빼앗는 설탕

설탕을 많이 먹으면 단순히 이만 썩는다고 생각했는가. 알고 보면 설탕은 당신의 뼈까지 상하게 하고 있다. 인위적으로 정제한 설탕 속에는 비타민이나 미네랄, 섬유질 등이 전혀 없어 우리 몸은 뼈와 치아에서 칼슘을 꺼내 보충한다. 이렇다 보니 설탕은 단순히 충치만이 아니라 골다공증을 유발하는 주범이 되기도 한다. 어디 이뿐인가.

설탕을 많이 먹으면 혈당이 올라가고, 이를 낮추기 위해서는 노화를 촉진하는 인슐린의 분비가 늘어난다. 이렇게 면역 체계가 약해지면 몸 곳곳의 세포에 염증이 생기면서 체내 항산화 능력은 떨어질 수밖에 없는 것. 이는 단순히 정제된 설탕의 문제만이 아니라 요리에 들어간 물엿, 과당, 포도당, 올리고당 등도 상황은 마찬가지다. 따라서 이를 대신할 수 있는 조청 같은 비정제당을 먹는 것이 더 좋다.

2. 피부를 처지게 하는 밀가루

밀가루 음식이 위험한 것은 살을 찌게 할 뿐 아니라 몸까지 처지게 만든다는 데 있다. 『먹지 마, 건강법』의 저자 손영기 한의사에 따르면, 국산 밀가루가 아닌 수입되어 유통기한이 긴 묵은 밀가루는 밀가루 반죽처럼 탄력 없이 늘어지는 피부를 만든다고 한다. 묵은 밀가루에는 몸에 해로운 열과 독, 풍의 성질이 있어 근육과 몸속 내장까지 늘어지게 할 수 있다는 것. 결국 밥 먹는 시간 아끼자고 분식이나 빵으로 때우는 식사가 근육의 탄력을 잃게 만들어 더욱 늙어 보이게 할 수 있다.

3. 어지럽다고 챙겨 먹은 철분제

만약 지금 종합비타민을 아무 의심 없이 먹고 있다면, 당장 그 성분부터 알아보시

라. 우리가 흔히 몸에 좋다고 먹는 철분제가 오히려 젊음을 유지하는 데 독이 될 수 있기 때문이다. 철분이 부족하지 않은데도 철분제를 많이 먹었을 경우, 오히려 몸에 철분이 쌓여 노화를 촉진한다. 외국에서는 일부 종합비타민에 철분 성분을 빼고 출시되는 것도 바로 이런 이유에서다.

일본의 의학박사 미쓰오 다다시에 따르면 철분이 몸속에서 지나치게 쌓이면 활성산소를 증가시키는 원인이 되고, 이 활성산소가 우리 몸을 산화시켜 노화를 부른다고 한다. 이처럼 헤모글로빈이 부족해 빈혈이 있는 사람이 아니라면, 굳이 철분제를 챙겨 먹으며 노화를 촉진할 필요는 없을 터!

4. 청량음료보다 위험한 오렌지 주스

작년 출간되어 이슈가 되었던 『오렌지 주스의 비밀』의 내용은 가히 충격적이었다. 우리가 믿고 마시는 100% 오렌지 주스의 대부분이 각종 첨가물이 섞인 합성 음료였고, 미국에서 냉동시킨 농축액을 수입해와 한국에서 물을 섞은 다음 여러 회사가 그 농축액을 나눠 쓴다는 사실이 공개되었기 때문. 문제는 물에 희석한 과즙에 맛을 내기 위해 색소, 향료, 설탕 등이 무차별하게 들어간다는 점이다.

심지어 농축 과즙조차 사용하지 않은 주스들은 그냥 첨가물 덩어리나 다를 바 없다는 것. 이 밖에도 서울대 치의학대학원에서 진행한 연구에서는 오렌지 주스가 치아부식을 유발하는 음료 1위로 뽑히기도 했다. 결국 몸에 좋자고 청량음료 대신 주스를 마시는 것이 오히려 이를 썩게 하고, 몸속 당 지수를 높여 노화를 촉진하는 호르몬을 자극하는 것이다.

5. 독소의 근원이 되는 가공식품

과자, 라면, 햄 등 도저히 끊을 수 없는 중독성 간식은 노화의 지름길이다. 인스턴트 음식이나 가공식품 속 인공감미료와 첨가제, 방부제의 독소가 몸에 쌓이면 세포를 공격하면서 항산화 능력을 떨어뜨리기 때문이다. 항노화 의원 에이치투오의 이용 원장은 바로 이 독소를 노화의 근원 중 하나로 꼽기도 한다. 특히 기름에 튀기는 감자튀김이나 스낵은 지방을 쌓이게 할 뿐 아니라 기름이 산화하면서 생기는 과산화지질이 단백질과 결합해 노화 물질인 리포푸스친을 만들어낸다. 이것이 뇌세포에 쌓이면 기억력이 나빠지고 판단력이 흐려지는 노화의 증세가 가속화되는 것. 이런 음식들을 즐긴다면 당신은 남들보다 더 빨리 늙고 있다는 사실!

6. 중독-비만-노화로 이어지는 탄수화물

흰쌀밥이나 국수, 파스타 등 정제된 탄수화물은 당신을 살찌게 할 뿐 아니라 더 빨리 늙게 만든다. 탄수화물을 많이 먹으면 혈당을 빠르게 높여 순간적으로 인슐린의 분비가 늘어나고, 다시 혈당 수치가 급격히 내려간다. 국수처럼 면 요리를 먹고 돌아서면 금세 배가 고픈 것도 이 때문이다.

결국 우리가 흔히 '당 떨어졌다'고 말하는 허기로 인해 또다시 탄수화물을 찾게 되고, 중독으로 이어지는 것이다. 결국 인슐린의 과다 분비로 혈당이 몸을 움직이는 연료가 되지 못하고 단백질이나 지방에 가서 붙으면 몸 전체의 기능이 쇠퇴하는 노화 증상이 일찍 찾아오고, 피부와 관절 또한 탄력을 잃고 뻣뻣해지는 문제까지 발생한다.

7. 칼슘의 왕이라 믿었던 우유

우유 = 칼슘이라고 믿었던 사람들에게는 충격적인 이야기일지 모르나, 우유를 많이 마시는 사람이 오히려 골다공증에 걸릴 확률이 높을 수 있다. 우유에 칼슘이 들어 있는 것은 맞지만, 우유를 마셨을 때 그 칼슘이 모두 몸에 흡수되는 것은 아니기 때문. 강남베스트클리닉 이승남 박사는 저서 『내 가족을 위협하는 밥상의 유혹』에서 산성 식품인 우유를 많이 마시면 산을 중화하기 위해 알칼리성 미네랄인 칼슘이 필요한데, 이를 대부분 치아나 뼈에 저장하고 있는 칼슘에서 가져가 오히려 뼈가 약해진다고 말한다. 따라서 우유 속 칼슘을 그대로 흡수시키고 싶다면 쌈채소처럼 알칼리성 미네랄이 풍부한 식품과 반드시 함께 먹어야 한다.

하지 말것!

▣ 이렇게 먹으면 늙는다.

나쁜 음식도 문제지만 먹는 습관도 노화를 부추길 수 있다. 혹시 아래 글을 읽으면서 '내 얘긴데?'란 생각이 들었다면, 당장 그 습관을 버려라.

1 "자기 전 뭔가 헛헛해서 라면을 끓여 먹거나, 치킨이랑 맥주를 시켜 먹어요" - NG

"저는 오후 6시 이후로는 아무것도 안 먹어요." 여배우들은 날씬한 몸매의 비결을 물으면 십중팔구 이렇게 대답하는데, 사실 그녀들이 또래보다 어려 보이는 이유 역시 이 습관과 관련 있다. 항노화 의원 에이치투오의 이용 원장은 공복 상태를 유지하는 습관을 길러야 몸의 적응력이 좋아지고 기초대사량이 늘어난다고 설명한다.

어느 순간이 되면 더 이상 영양분이 공급되지 않는다는 것을 몸이 알고 있으면, 영양분을 섭취할 때마다 되도록 다 사용하려고 몸이 노력하기 때문이다. 또 하나, 자기 전 탄수화물을 많이 섭취하거나 술을 잔뜩 먹으면 성장호르몬의 분비가 억제되는 것도 문제다. 성장호르몬이란 젊음을 유지하는 데 일부 노화 방지 클리닉에서는 꼭 필요한 요소이다.

2. "슬림한 몸매를 위해 하루 세끼 고기만 먹는 황제 다이어트를 시작했어요" - NG

전문가와 상의하지 않은 무리한 식이요법은 오히려 당신을 늙게 만들 수 있다. 단백질만 섭취하는 황제 다이어트는 우리 몸의 칼슘 흡수를 방해하고 많은 양의 칼슘을 소변으로 배출하는 황당한 결과를 낳을 수 있는 것. 일본의 의학 박사 미쓰오 다다시 박사에 따르면 단백질을 너무 많이 먹으면 체액이 산성화되고, 우리 몸은 이를 알칼리화하기 위해 뼈에서 미네랄을 빼내게 된다고 한다. 그러다 보면 칼슘이 줄어들어 뼈가 약해지는 것! 남자들이 근육을 키우겠다고 닭가슴살만 먹거나 단백질 보조제를 지나치게 많이 섭취하는 것 역시 비슷한 이유로 문제가 될 수 있다. 식이요법 전에 꼭 의사와 상담할 것.

3. "몸에 나쁘다는 햄버거, 설탕, 청량음료를 먹어도 끄떡없으니, 전 원래 건강 체질인가봐요" - NG

앞에서 언급한 노화를 불러일으키는 문제 음식, 그런데 아무리 먹어도 당신은 여전히 동안이고 몸도 튼튼하다고? 문제가 있는 음식을 먹을 때 금방 탈이 나는 사람이 있는 반면, 아무 트러블 없이 넘어가는 사람도 있다. 사실은 후자가 더 위험한 셈! 당장 나타나지 않는 것뿐, 당신의 몸은 이미 속부터 늙어가고 있다. 그리고 댐이 터지듯 문제 요인이 한꺼번에 드러날 수도 있다. 더 이상 당신의 몸을 나쁜 음식으로 혹사시키지 말자.

4. "노화를 막아준다고 하니, 항산화제를 많이 먹어야겠어요" - NG

일단 오해를 하지 말자. 항산화제를 몸에 맞게 적당히 먹는 것은 더없이 좋다. 하지만 여기서 문제가 되는 건 인공적으로 만든 항산화제를 과다 복용하는 것. 그러다 보면 우리 몸은 바깥에서 자꾸 항산화 성분이 들어오니까 오히려 세포들이 기본적으로 수행하던 항산화 기능이 떨어지고 방어 능력도 약해진다. 그래서 노화에 맞서는 능력이 점점 게을러진다고나 할까.

서울대학교병원 가정의학과 박진호 교수에 따르면 비타민 E를 과다 섭취하면 오히려 심혈관계 질환이 우려되고, 비타민 A 역시 너무 많이 먹으면 골다공증이나 소화기 암의 발병 위험이 높아진다고. 그러니 약국에서 쉽게 살 수 있는 항산화제를 맹신하지 말자. 오히려 신선한 과일과 채소, 적당한 육류를 먹음으로써 식품을 통해 여러 종류의 항산화 물질을 섭취하는 것이 바람직하다. 항산화제를 너무 많이 먹고 있다면 오히려 노화를 부추길지도 몰라요!

5. "KBS 「인간의 조건」을 보고 나서, 음식물 쓰레기를 줄이기 위해 배가 불러도 남은 음식은 다 먹기로 했어요" - NG

물론 이 프로그램의 취지는 좋다. 하지만 음식물 쓰레기를 줄이려고 또는 남는 음식이 아까워서 배가 부른데도 억지로 먹는 것은 당신을 늙게 만든다는 걸 알아둘 것. 적게 먹을수록 오래 산다는 것은 이제 너무나 잘 알려진 상식이다. 쥐를 가지고 실험한 결과 1/3 정도 적게 먹은 쥐들은 그렇지 않은 쥐들보다 50%나 오래 살았다는 연구 결과도 있다.

강남베스트클리닉의 이승남 박사는 『젊음의 습관』에서 장수마을 오키나와 사람들의 예를 들었는데, 이들은 배가 80% 찰 때까지만 먹고 수저를 내려놓는 게 습관이 되었다고 한다. 이승남 박사는 평소 식사량의 60~70%만 먹기를 권하는데, 가장 쉬운 방법은 밥공기에서 세 숟갈을 덜어내라는 것! 7 Years Younger는 아름답고 품격 있는 일상을 위해 2013부터 시작한 라이프 업그레이드 프로젝트이다.

[부록 8] '명의' 13인이 권하는 건강한 식습관과 식재료

1년여 동안 각 분야에서 최고로 꼽히는 명의를 만나 건강해지는 식습관과 음식에 대해 들어보았습니다. 그들이 전한 식습관은 의외로 쉽고 간단했고, 식재료는 어디서나 구할 수 있는 친근한 것이 대부분이었죠. 명의의 기친 밥상 마지막 회를 맞아 어쩌면 알면서도 지키지 못하고 잠시 잊고 살던 건강한 습관을 되새기도록 주옥같은 조언들을 한데 모았습니다.

▣ 한눈에 살펴보는 질환별 필수 식습관

(1) **유방암** : 유방암의 발병 위험을 낮추는 식물성 에스트로겐. 식물성 에스트로겐의 일종인 '이소플라본'은 콩이나 두부, 된장, 아마씨 등에 풍부하게 함유되어 있다. 하지만 지나치게 섭취하면 오히려 암을 부추길 수 있으니 식사 때 적당량만 챙겨 먹을 것을 권한다.

(2) **고혈압** : 소금의 구성 성분인 나트륨이 체내에 쌓이면 몸이 수분을 끌어들여 혈액량을 증가시키고 혈관 벽에 가해지는 압력이 높아져 고혈압을 일으키므로 소금의 섭취는 반드시 줄여야 한다. 신선한 재료로 재료 본연의 맛을 살려 조리하고 나트륨 함량이 높은 김치는 싱겁게 담가 먹거나 작게 썰어 먹고, 찌개는 국물은 빼고 건더기 위주로 먹는 것이 건강에 도움이 된다.

(3) **비 만** : 건강하게 체중을 감량하기 위해서는 하루 총 1200～1300kcal 정도의 열량은 유지하되 필요한 영양소(탄수화물, 단백질, 지방, 비타민, 미네랄 등)는 고르게 섭취한다. 요리할 때 기름을 소량 사용해도 섭취 열량이 상당히 높아지니 튀기거나 기름에 볶는 조리법보다는 찜, 생채, 가벼운 무침으로 조리한 음식을 먹는 것이 낫다.

(4) **갑상선암** : 요오드를 과잉 섭취하면 갑상선 유두암에 걸릴 수 있다. 우리나라는 미국의 성인 1일 요오드 권장량(150mcg)의 3～4배 정도를 섭취하지만 일상생활에서 먹는 김, 미역 등의 요오드 함유량은 문제가 되지 않는다. 다만 다시마환 같은 고농도 요오드 식품은 피하는 것이 좋다.

(5) **뼈 관절** : 골다공증은 칼슘과 미네랄 등이 뼈에서 빠져 나가면서 발생한다. 채소와 과일은 알칼리성 식품으로 칼슘, 무기질이 풍부하여 골다공증의 위험을 낮추므로 자주 먹는 것이 좋다. 반면 단시간 내에 과음하거나 다량의 커피와 탄산음료를 섭

취하면 소변으로 배출되는 칼슘의 양이 증가해 체내 칼슘 농도가 떨어지므로 골다공증의 발병 위험이 높아진다.

(6) **면역력** : 김치가 익으면서 생성되는 유산균과 부재료 중 마늘, 생강 등은 살균 작용과 콜레스테롤을 저하시키는 효과가 있으며 비타민 C와 수분이 풍부하여 면역력을 증강시킨다. 또한 전통 발효 장류인 된장과 청국장도 발효 과정에서 발생하는 효소가 면역력을 높일 수 있으니 음식에 적극 활용한다.

(7) **방광 전립선암** : 동물성 지방이 많이 포함된 서구식 식단은 전립선 질환이 발병하는 데 악영향을 미친다. 대신 브로콜리, 양배추, 콜리플라워, 오메가-3가 많이 든 생선 등을 섭취하면 전립선암의 위험을 줄여준다. 특히 라이코펜을 많이 함유해 전립선에 좋은 토마토는 파스타소스나 수프 재료로 활용하면 좋다.

(8) **폐 호흡기** : 음식에 쓰이는 화학조미료에 함유된 '글루타민산 소다'와 황색 5호 색소인 '타트라진'은 천식을 악화시킬 수 있다. 화학조미료가 다량 함유된 인스턴트식품, 가공식품, 냉동식품 등은 가급적 섭취하지 않고 가정에서 요리할 때에는 멸치, 새우, 다시마로 만든 천연 조미료를 사용하는 것이 바람직하다.

(9) **소화기암** : 장내에 변이나 가스를 많이 만들 수 있는 육류는 장에 부담을 줄 수 있다. 육류를 섭취할 때는 항산화 성분이 많이 함유된 과일이나 채소를 곁들이는 것이 좋은데 고기 양의 5~10배 먹는 것이 바람직하다. 더불어 과일이나 채소에는 식이섬유가 풍부하여 변비를 예방하고 대장 점막이 발암물질과 접할 기회를 줄이기 때문에 대장암 예방에 효과적이다.

(10) **치 매** : 뇌세포 활동에 중대한 영향을 미치는 혈류의 장애로 발생하는 혈관성 치매는 식습관이나 생활 습관으로 얼마든지 예방이 가능하다. 이에 대한 해답으로 지중해식 식단을 들 수 있다. 육류를 줄이고 과일, 채소, 올리브오일, 생선과 해산물 위주로 섭취하여 몸속 염증을 줄이고 뇌의 노화를 늦춘다.

(11) **간 암** : 간의 최고의 적은 술이다. 반주는 과도하지 않게 맥주나 포도주 한두 잔 정도를 마시되, 하루 3~4잔 이상 지속적으로 하는 음주는 금물. 음주 후 해장술 혹은 에너지 음료를 추가로 마시면 심각한 간 질환으로 이어질 수 있으니 삼간다. 검증되지 않은 건강보조식품, 달인 물, 농축액, 즙 등은 독성간염을 유발하여 간에 손상을 입히니 주의한다.

(12) **위 암** : 우리나라는 국물 음식이나 장아찌, 젓갈, 김치 등 염장식품이 발달해

대체로 음식이 짜고 맵다. 장기간 이러한 음식을 섭취하면 위 점막이 손상돼 발암물질과 접촉하는 횟수가 증가하면서 위암 발생 위험이 높아진다. 숯불구이(탄 부분에서 발암물질 생성) 고기와 염장 생선도 위암 발생에 영향을 주니 되도록 피하거나 적게 먹는 것을 권장한다.

(13) **당 뇨** : 칼로리를 적절히 섭취해도 영양 상태가 불균형하면 오히려 당뇨병이 악화될 가능성이 있다. 당뇨가 있다고 무조건 육류를 피하고 탄수화물을 늘릴 것이 아니라 연령대, 식성, 식습관 등에 따라서 현재 섭취하고 있는 영양의 균형을 각자 자신에게 맞게 조절해야 한다. 탄수화물 60%, 단백질 20%, 지방 20%의 균형 섭취량을 기준으로 한다.

〈만병의 근원을 물리치는 공통의 식습관〉

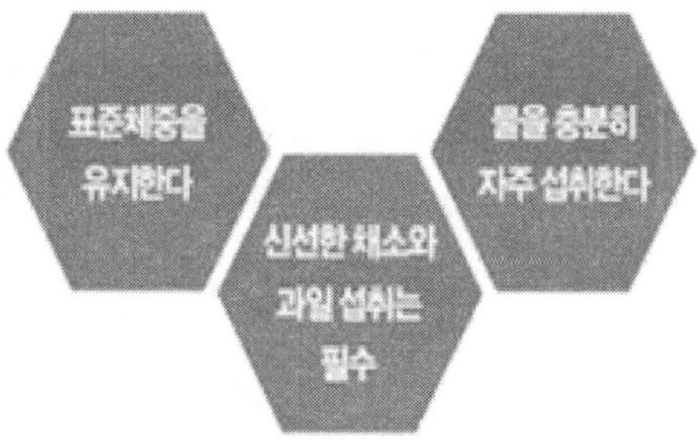

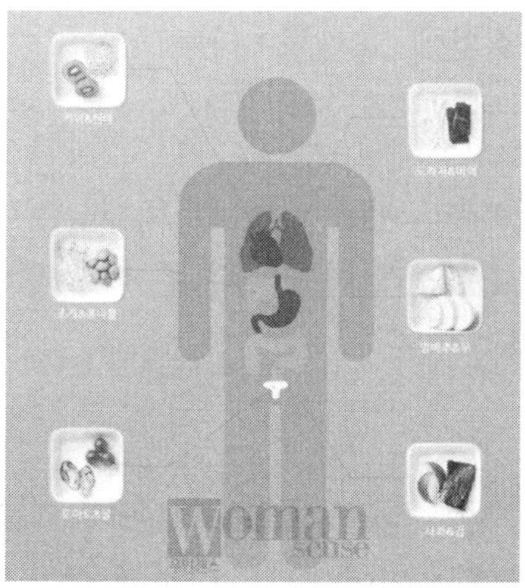

■ 알아두면 건강해지는 질환별 맞춤 식재료

[고혈압] 키위 & 현미

비타민 A・B・C 등은 혈관의 산화를 막아 동맥경화와 심장 질환을 예방한다. 매일 키위를 3개씩 섭취하면 혈압이 낮아진다는 연구 결과가 있다. 현미 같은 통곡류에서 섭취할 수 있는 비타민 E와 비타민 B군, 무기질 등은 혈압과 콜레스테롤 수치를 낮춰준다.

[호흡기] 도라지 & 미역

도라지나 양파, 무 등에서 흰색 색소를 내는 안토크산틴은 기침, 가래 등을 가라앉힌다. 미역, 다시마의 끈끈한 점액질 성분인 알긴산은 몸속에 침투한 중금속이나 미세먼지, 농약 등을 흡착해 배출하여 기관지와 폐를 씻어낸다.

[간] 조개 & 콩나물

간장에서 해독작용 중에 남은 불필요한 물질을 내보내는 담즙을 원활하게 분비하려면 타우린이 함유된 조개, 재첩, 문어 등을 섭취한다. 콩나물 뿌리에 함유된 아스파라긴산은 알코올을 섭취하면 간에 생성되는 독성물질인 아세트알데히드를 해독한다.

[위] 양배추 & 무

위에 염증이나 출혈이 생겼을 때 비타민 U와 비타민 K가 함유된 양배추를 섭취하면 지혈해주고 위의 점막을 강화한다. 무의 흰 부분에 들어 있는 디아스타아제와 옥시다아제 등의 효소는 위 점막을 재생해 위 질환에 효과적이다.

[전립선] 토마토 & 굴

전립선에 좋은 식품인 토마토에 들어 있는 라이코펜은 전립선 비대증이나 전립선암 예방에 효과적이다. 굴에 풍부하게 들어 있는 인과 아연 성분은 이뇨와 소염작용이 뛰어나 전립선 질환의 예방과 치료에 좋다.

[장] 사과 & 김

사과에 함유된 펙틴은 장운동을 촉진하는 동시에 장을 보호하기 위해 벽을 만든다. 김, 미역, 파래 등 해조류에는 식이섬유가 다량 함유되어 있고, 변비에 좋은 카로틴도 많아 장 건강을 지켜준다.

[갑상선] 버섯 & 해바라기 씨

버섯, 땅콩, 고기류, 생선류와 달걀 등에 함유된 셀레늄이 결핍되면 갑상선 기능을 저하시킬 수 있다. 해바라기 씨, 완두콩 등에 함유된 티아민을 충분히 섭취하면 갑상선이 관여하는 체내의 에너지대사를 원활히 한다.

[치매] 견과류 & 올리브오일

지중해식 식단에서 대표로 꼽히는 올리브오일에는 단가불포화지방산이 다량 함유되어 경미한 인지 능력의 손상을 줄일 수 있다. 견과류에 포함된 식물성 오메가-3와 비타민 E는 고콜레스테롤혈증에 의해 발생될 수 있는 혈관 손상을 줄여 주고, 알츠하이머병의 진행을 늦춘다.

[유방] 석류 & 콩

콩, 석류, 칡뿌리 등은 식물성 에스트로겐이 다량 함유된 대표적인 식품으로 하루에 1~2회씩 꾸준히 섭취하면 유방암 예방에 도움이 된다. 특히 콩의 구성 성분인 제니스테인, 다이드제인은 이소플라본의 일종으로 유방암 세포의 증식을 억제하기도 한다.

[뼈] 멸치 & 달걀

뼈와 치아를 튼튼히 하는 칼슘은 멸치와 같은 뼈째 먹는 생선, 유제품 등에 풍부하다. 칼슘을 흡수하는 데 기여하는 비타민 D를 음식을 통해 충족하기 위해서는 달걀노른자, 등푸른 생선, 동물의 간 등을 섭취한다.

[방광] 밤 & 바나나

바나나·배·양파의 퀠세틴과 밤·도토리의 타닌에 들어 있는 플라보노이드 성분은 면역증강 작용과 항염증 작용을 하며, 생체 내 산화작용을 억제하는 것으로 보고되고 있다. 항염증 작용 덕분에 방광염을 치유하거나 예방할 수 있다.

[면역력] 귤 & 브로콜리

감귤류, 풋고추, 딸기 등에 들어 있는 비타민 C는 항산화 작용이 뛰어나며, 면역세포의 기능을 조절한다. 비타민 E는 결핍 시나 과잉 시 모두 면역세포의 식균 능력을 감소시켜 감염이 증가한다. 비타민 E는 브로콜리, 시금치와 같은 진한 녹색잎 채소에 들어 있다.

[부록 9] GI 다이어트

식사량은 다이어트 전과 비슷하고 칼로리와 상관없이 당 수치가 낮은 음식만 골라 먹는 GI 다이어트(저인슐린 다이어트)가 인기다. GI 다이어트는 간단히 말해 칼로리와 상관없이 GI(Glycemic index, 당 수치)가 60 이하인 음식들로 식단을 구성해 2주가량 지속하는 다이어트 방법이다. GI 수치가 낮은 식품은 채소 외에 육류, 어류도 포함되어 있어 건강도 지키고 스트레스에서도 조금 더 자유롭게 다이어트를 할 수 있다.

■ GI 수치란?

우리가 섭취하는 모든 탄수화물은 체내에서 포도당으로 변해 흡수된다. GI 수치란 식사 후 인체가 얼마나 빨리 50g의 탄수화물에 분해해 혈당으로 변화시키는지를 계수화한 것이다. 포도당의 혈당치 상승률을 지수로 표시한 것이 GI이며, 숫자가 클수록 혈액 내 혈당치를 높이는 속도가 빠르다고 생각하면 된다.

GI 수치가 높으면 혈당의 상승 속도가 빠르고, 췌장이 자극돼 인슐린이 필요 이상으로 많이 분비된다. 과잉 분비된 인슐린은 췌장을 지치게 만들어 당뇨를 유발하게 되고, 남은 열량은 지방으로 축적되어 지방 세포가 비대해지며 자연스럽게 비만의 원인이 될 수 있다. 반면 GI 수치가 낮으면 그만큼 체내 흡수가 더디고 천천히 혈당을 올리기 때문에 포만감도 오래 느끼고 공복감이 더디게 오기 때문에 다이어트에 도움이 된다.

■ GI 다이어트의 효과

GI 다이어트는 2주 정도 지속하면 효과가 나타나는 것으로 알려져 있다. 음식을 적게 먹어도 체중이 증가하는 사람, 운동을 하다가 중지한 사람에게 효과가 있고, 특히 복부비만을 없애는 효과가 탁월하며, 혈중 중성지방과 콜레스테롤의 수치도 줄여주기 때문에 심장병이 있는 사람에게도 효과가 있는 것으로 알려졌다.

■ 음식별 GI 지수

GI 수치는 55 이하가 낮은 식품, 56～59가 보통 식품, 60 이상이 되면 높은 식품으로 분류한다. GI 다이어트의 경우 60 이하의 음식들을 골고루 섭취하면 된다. 식빵 등 곡류와 면류는 GI 지수가 매우 높고, 감자 등도 GI가 높아 한때 유행했던 '감자 다이어트'는 저 인슐린 다이어트 실행 시에는 피해야 한다.

▶ GI가 높은 식품(60 이상)

설탕(92), 구운 감자(85), 떡(82), 도넛(76), 꿀(73), 수박(72), 팝콘(72), 으깬 감자(70), 환타(68), 크로아상(67), 파인애플(66), 햄버거(61), 아이스크림(61) 등

▶ GI가 보통인 식품(55～59)

흰쌀밥(59), 오렌시주스(57), 스파게티(55), 옥수수(55), 고구마(54), 메밀(54), 바나나(53), 저지방 아이스크림(50), 초콜릿(49), 완두콩(48), 국수(47) 등

▶ GI가 낮은 식품(55 이하)

혼합잡곡(45), 포도(43), 토마토(38), 배(36), 탈지우유(32), 복숭아(28) 보리 (25) 완두콩(18) 등

※ GI 지수 출처 : 보건복지부 '비만 바로 알기'

■ GI 다이어트 시 유의사항

GI 다이어트를 할 땐 음식을 천천히 잘 씹어 먹고, 줄넘기, 조깅, 빠른 걷기, 자전거타기 등의 유산소 운동을 병행하면 더 큰 효과를 거둘 수 있다. 또한, 운동 시에는 큰 근육을 쓰는 것이 좋기 때문에 빠른 걷기를 하는 경우 양팔을 흔들며 걷고, 무작정 빠르게 걷기보다 옆에서 대화할 때 가슴이 두근두근해서 숨이 가쁠 정도의 빠른 걸음걸이가 지방이 잘 연소되는 속도이므로 보폭을 크게 하는 것이 좋다.

음식은 짜지 않게 먹는 것이 중요하며, 칼로리에 상관없이 하는 다이어트지만 섭취량은 스스로 주의를 기울여야 한다. 또한, 저 GI 식품이지만 가공을 거쳤다면 설탕 등이 포함되어 있으므로 주의해서 섭취해야 한다.

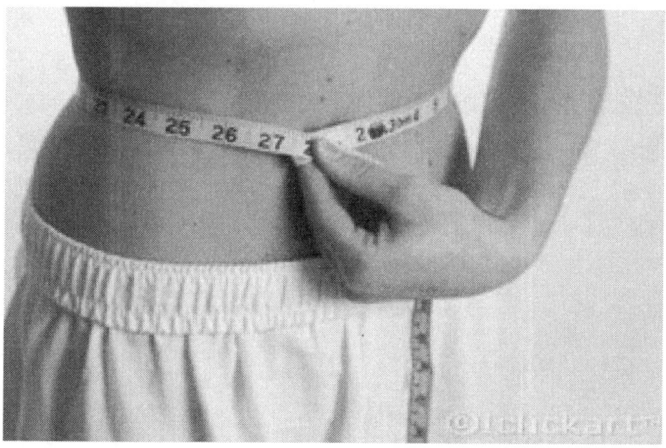

- 쌀밥보다는 잡곡밥 등 정제가 덜된 것을 먹는다.
- 빵을 먹을 때 통곡물로 된 빵을 먹는다.
- 과일을 먹을 때 통조림은 피한다.
- 육류 섭취 시 살코기 위주로 먹는다.
- 미역, 해조류 등은 섬유질이 많아 포만감을 오래 준다.
- 유제품 등은 과당이 많이 첨가되지 않은 것으로 먹는다.
- 운동을 할 때는 가슴이 두근두근해 숨이 가쁠 정도의 속도로 걷는다.

[부록 10] No Sugar, No Salt & No MSG Please!

요리하면서 무심코 넣는 설탕 한 스푼, 소금 한 스푼이 우리의 건강에 치명적인 결과를 초래한다는 사실을 아는지. 건강한 한 해를 보내고 싶다면 지금 당장 음식에서 소금과 설탕 한 스푼씩 덜어내는 습관을 들여야 한다.

■ 설탕이 우리 몸에 일으키는 변화

『설탕중독』의 저자 낸시 애플턴 박사는 설탕이 건강을 해치는 이유가 1백 40여 가지나 된다고 말한다. 설탕 섭취의 가장 큰 부작용은 역시 과식과 비만이다. 포만감, 허기, 당대사에 관여하는 호르몬이 3가지 있는데 바로 렙틴(Leptin), 그렐린(Ghrelin), 인슐린(Insulin)이다.

렙틴은 몸에 배가 부르다고 알리는 일을 하고, 그렐린은 반대로 배가 고프다고 알린다. 인슐린은 혈류 내 당을 에너지가 필요한 세포로 보내 여분의 당을 제거한다. 하지만 운동량이 없거나, 운동량이 거의 없으면서 혈당이 높을 경우 많은 양의 포도당이 지방으로 전환된다. 단 음식은 아무리 먹어도 허기가 지는 현상은 설탕이 허기를 느끼게 만드는 그렐린 호르몬을 분비시켜 계속 먹게 하기 때문이다. 결국 무심코 먹은 초콜릿 한 조각이 폭식으로 이어지는 결과를 낳는 것이다.

또한 설탕은 췌장과 부신을 혹사시킨다. 설탕을 먹으면 포도당으로 변해서 혈관으로 퍼져 혈당 수치가 갑자기 올라간다. 그렇게 되면 췌장이 인슐린을 다량으로 분비시키고, 인슐린이 급격히 늘어나면 혈당치가 갑자기 뚝 떨어지며, 혈당이 떨어지면 이번에는 부신이 과도한 코티솔을 방출해 혈당치를 정상으로 올려놓는다. 이렇듯 췌장과 부신이 혈당 수치의 균형을 맞추기 위해 안간힘을 쓰다 보면 과로하게 되고, 당뇨병이나 조기 폐경, 저혈당증 같은 질병을 불러올 수 있다. 설탕은 먹을수록 인체에 비축된 영양소를 고갈시키는데, 만성 미네랄 결핍증은 물론 3백 가지가 넘는 효소 활동에 필수적인 마그네슘 결핍, 우울증, 주의력 결핍을 일으키는 크롬 결핍을 초래할 수 있다.

과당과 자당 모두 세포 대사에 이상을 일으켜 피부 속 콜라겐을 산화시키며, 주름을 만들어 피부 노화를 부추긴다. 또 과당은 구리의 대사를 방해한다. 구리가 결핍되면 뼈 약화, 빈혈, 연결 조직의 결함, 불임 등이 유발된다. 어린이에게 설탕이 들어간 음식을 먹일 때는 더욱 주의를 기울여야 한다. 아이들은 신선하고 좋은 음식을 구분하기가 어렵다. 또 단맛이 강하고 영양소가 부족한 음식이 맛있다고 느끼기 때문에 비만으로 이어지기 쉽다. 특히 설탕을 많이 먹은 아이들은 과잉 행동, 공격성 등을 쉽게 나타낸다.

■ 건강하게 단맛을 즐기고 싶다면?

설탕이 온갖 질병의 원인으로 지목되면서 설탕을 먹는 마음이 편치 않다. 그러나 요리할 때 설탕을 넣지 않는 것은 불가능하고, 과자나 초콜릿을 일절 먹지 않는다는 것 역시 실천하기 어려운 일이다. 또한 적절한 당분을 섭취하지 않으면 우울증이 올 수도 있다. 우리 뇌는 당분을 섭취하면 세로토닌이 과다 분비돼 좋은 기분이 드는데 당분 섭취가 없으면 우울함을 느끼기 쉽다.

그렇다면 어떻게 해야 할까? 일단 하루 적정 섭취량을 알고 지키는 것이 중요하다. 한국영양학회에서 권장하는 설탕의 하루 적정 섭취량은 50g 정도. 50g은 각설탕 12개 정도의 양이다. 우리가 무심코 먹는 청량음료 한 병에 10작은술의 설탕이 들어간다니 평소 음식을 먹을 때 설탕 함유량을 확인하는 것이 좋다.

가장 중요한 실천은 식탁에서 시작된다. 먼저 요리할 때 설탕의 양을 조금씩 줄여나가는 것이다. 식사 후 마시는 커피에 넣는 설탕도 반으로 줄인다. 그리고 가공식품에는 설탕이 필요 이상으로 많이 들어 있기 때문에 되도록 집에서 직접 요리하도록 노력한다. 빵이나 과자, 요구르트 등 아이들에게 주는 간식에 특히 설탕이 많이 들어 있기 때문에 아이들에게 주는 간식의 횟수도 점차 줄이는 것이 좋다.

■ 소금에 대한 불편한 진실

"이 음식 간이 맞나요?" 음식 맛의 기본은 간을 맞추는 것이다. 여기서 '간'은 바로 짠맛을 의미한다. 짠맛을 내는 소금은 요리할 때 없어서는 안 되는 핵심 재료다. 그러나 소금이 혈압을 높이고 위암을 비롯한 각종 질환을 일으키는 원인으로 널리 알려지면서 짜게 먹는 식습관이 좋지 않다는 것은 대부분이 알고 있다. 하지만 실제로 자신이 얼마나 짜게 먹는지, 하루에 먹는 나트륨 양이 얼마나 되는지, 흔히 먹는 음식에 나트륨이 얼마나 들어 있는지 아는 사람은 많지 않다.

특히, 우리나라는 김치와 된장, 간장 등의 음식을 즐기며 짜게 먹는 식습관이 자연스러워 '나트륨 섭취량 세계 1위' 국가가 되었다. 세계 암연구재단은 암 예방 수칙의 하나로 하루 5g 미만의 소금 섭취를 제안하는데, 우리나라의 경우 지난 2009년 이미 3배에 해당하는 나트륨을 섭취하고 있는 것으로 나타났다.

소금의 화학적 이름은 염화나트륨으로 1000mg의 염화나트륨 가운데 400mg은 나트륨이고, 나머지 600mg은 염소다. 나트륨 과잉 섭취가 부르는 첫 번째 문제는 고혈압이다. 고혈압은 심부전, 관상동맥 질환, 협심증, 심근경색 등 심장 질환을 유발하며,

당뇨병과 뇌졸중의 원인이 되기도 한다.

수많은 연구에서 알코올보다 소금이 뇌졸중으로 인한 사망에 더 큰 영향을 끼친다고 보고되고 있다. 소금 자체가 발암물질은 아니지만 발암물질을 만드는 세균과 각종 발암물질이 위 점막을 쉽게 뚫고 들어가도록 도와 짜게 먹는 사람들은 위염, 위궤양, 십이지장염, 위암 등의 질환에 걸릴 확률이 높다. 또 위장 안에 나트륨이 많으면 펩신이라는 소화 효소의 분비를 방해해 소화불량이나 설사를 유발하고, 나트륨을 과다 섭취하면 신장에서 칼슘 배설을 촉진해 골다공증을 일으키고, 소변으로 칼슘 배설량이 늘어나면 신장에 결석이 생길 위험이 높다. 이외에도 안구 건조증 및 시력 약화, 주름과 기미, 탈모, 부종, 성장 부진 등 나트륨 과다 섭취로 인한 부작용은 수없이 많다.

■ 소금, 안전하게 먹고 싶다면 저염식이 해답!

나트륨 과다 섭취가 다양한 질병을 유발한다고 해서 소금을 먹지 않으면 또 다른 문제를 낳는다. 나트륨은 해가 되기도 하지만 다른 무엇보다 중요한 역할도 하기 때문이다. 나트륨은 수분과 전해질의 균형을 유지시키고 혈액이 약알칼리성을 유지하는 과정에도 중요한 역할을 담당한다. 또 뇌와 신경의 정보를 전달하고 근육이 움직일 수 있도록 신경을 자극하거나 소화액의 재료가 되기도 한다. 이렇게 중요한 역할을 하는 나트륨은 과다 섭취만 하지 않는다면 크게 문제되지 않는다. 그렇다면 도대체 얼마나 먹어야 안전할까? 한국영양학회에서는 19～49세는 하루에 1500mg, 50～64세는 1200㎖, 75세 이상은 1100mg을 1일 섭취량으로 정하고 있다.

나트륨 과다 섭취를 줄일 수 있는 가장 좋은 방법은 '저염식'이다. 저염식은 '집에서 자연식품을 싱겁게' 요리해서 먹는 것으로 저염식을 하면 혈압이 떨어지고 면역력이 높아져 무엇보다 건강한 생활을 할 수 있다. 그러나 오랜 기간 짠맛에 길들여진 입맛을 하루아침에 바꾸기는 쉽지 않으므로 느긋한 마음으로 서서히 입맛을 길들여야 한다.

첫 달은 라면이나 과자 등 가공식품 섭취를 자제하고, 일주일에 3번 하던 외식을 1번으로 줄이는 연습을 한다. 또 식품을 구입할 때 나트륨 함량을 꼭 확인한다. 둘째 달에는 묵은 김치 대신 겉절이, 오이소박이 대신 먹기 직전에 무친 오이무침, 젓갈 대신 생선, 장아찌 대신 생채소로 바꿔보자. 염장식품을 줄이면 나트륨 섭취가 확 줄게 된다. 그리고 셋째 달부터는 요리할 때 넣는 소금의 양을 줄여본다. 소금뿐 아니라 소금이 첨가된 고추장, 된장 등의 장류와 화학조미료 사용량을 줄여나간다. 소금이 많이 들어가는 조리법도 피하는 것이 좋다. 조림 대신 찜이나 볶음, 구이나 부침 등으로 바꾸는 것이 좋다. 나트륨이 많이 들어 있는 햄이나 소시지, 어묵 등의 가공 식품은 끓는 물에 데쳐 염분을 제거하고 사용한다.

■ 설탕을 대체할 당 제품 찾기

마트에 가면 설탕을 대체할 제품들을 쉽게 찾을 수 있다. 올리고당, 아가베시럽, 조청 등 종류가 워낙 다양해 어떤 제품이 좋을지 고민스러울 때가 많다. 결론부터 이야기하자면 건강도 지키고 단맛도 내는 제품은 없다. 그러나 각자의 장단점을 살펴보고 용도에 맞게 사용하는 것이 현명한 선택이다.

[꿀]

100g당 294kcal, GI 수치는 58 정도지만 설탕이 포도당과 과당으로 이루어진 이당류인데 반해 꿀은 과당, 포도당 외에도 단백질, 비타민 B 등이 들어 있다. 그러나 가공 꿀에는 합성 감미료와 설탕이 들어 있기 때문에 천연 꿀인지 확인해야 한다.

[올리고당]

최근 인기를 끌고 있는 올리고당은 100g당 293kcal, GI 수치는 58로 설탕 대비 칼로리와 GI 수치가 낮다. 또 식이섬유가 풍부해 다이어트를 하는 이들에게 사랑받고 있다. 그러나 단맛이 설탕의 3분의 1밖에 안 되기 때문에 과하게 사용하지 않도록 주의해야 한다.

[조 청]

100g당 193kcal, GI 수치 105로 칼로리가 낮고 원재료가 곡물이기 때문에 건강에 훨씬 좋다. 맥아당이 주성분이라 GI 수치가 높고 색이 진해 아무 요리에나 사용하지 못한다는 단점도 있다. 쌀조청보다 현미조청을 사용해야 조금이라도 GI 수치를 낮출 수 있다.

[메이플 시럽]

단풍나무 수액을 농축해서 만드는 메이플 시럽은 100g당 260kcal, GI 수치 73으로 감미성도 뛰어나고 설탕보다 칼로리도 낮아 인기다. 그러나 GI 수치가 높은 편이라 주의해야 한다.

[타가토스]

타가토스는 우유, 치즈, 사과 등에 극소량 존재하는 천연 당류. 1g당 1.5kcal로 칼로리가 설탕의 3분의 1 수준이며, GI 수치는 3으로 설탕의 5% 미만밖에 안 된다.

[부록 11] 한국 식품포장 세계진출 가능성

포장산업이 제조업의 경쟁력을 높여주는 플러스알파 산업으로 부상하면서 한국 식품가공과 포장기술이 세계시장에서 주목받고 있다. 한국 식품기업을 유치하기 위해 적극적으로 나선 것이 미국 조지아 주정부가 대표적인 사례다. 조지아주는 지난 14일부터 나흘간 경기도 고양시 킨텍스(KINTEX)에서 열린 '서울국제식품산업대전 2013 (Seoul Food 2013)'에서는 '조지아주의 식품산업 설명회'를 가졌다. 이날 조지아주정부 한국사무소 피터 언더우드 소장은 한국의 식품가공 기술과 신뢰도에 미국 브랜드를 더하면 한국 식품기업의 비즈니스가 더 잘될 것이라고 한국기업들을 설득했다.

산업통상자원부와 생산기술연구원 패키징기술센터가 실시한 '2012년 패키징 산업 통계 조사'에 따르면 국내 포장산업 시장규모는 지속적인 성장세를 보이고 있는 것으로 나타났다. 2011년도 국내 포장산업 매출액은 총 33조 4227억 원으로 추정됐다. 2010년(31조 2932억 원) 대비 6.8% 증가한 규모다. 세계 포장시장 성장률의 2배로 빠르게 증가세를 보이고 있는 것이다. 세계 포장시장 규모는 6700억 달러로 2016년까지 8200억 달러로 3%의 성장률을 보일 것으로 예상됐다.

국내 포장산업은 1차와 2차 산업의 안정적인 수요에 걸쳐 꾸준히 성장하고 있다. 통계청 조사 자료에 따르면 포장산업은 2011년도 국내 제조업 전체 매출액 대비 2%를 차지하고 있어 소프트웨어(약 50조 원) 보다는 작으나 바이오(약 6조 6000억 원)이나 로봇(약 2조 1000억 원)보다는 규모가 큰 사업이다. 포장부문별 매출액은 플라스틱 업종이 17조 3000억 원으로 패키징 산업 전체 매출의 51.9%를 차지했고, 지류(32.1%), 금속(8.0%), 목재(4.2%) 업종 순으로 매출 규모가 컸다. 국내 포장 산업 수출 규모는 2011년 매출액의 약 14.6%를 차지한다. 주요 수출국은 우리와 교역 규모가 큰 국가인 중국(32.9%), 일본(27.8%), 미국(26.9%) 순이었다.

표 1. 2011년도 국내 포장산업 현황

구분 산업	생산액(조원)				고용(만명)	사업체 수 (만 개)
	플라스틱	지류	금속	기타		
패키징 산업	17.3	10.7	2.7	2.7	15.9	1.3
	33.4					

자료 : 산업통상자원부

[부록 12] 식품 및 음료의 포장분야

- ◆ Food processing / Fruit and vegetable processing
- ◆ Drink / wine / beer manufacturing
- ◆ Milk products / ice cream processing
- ◆ Butcher factory / meat processing
- ◆ Seasoning / food ingredients processing
- ◆ Candy manufacturing
- ◆ Packing / Printing factory
- ◆ Daily chemical industry / pharmaceuticals manufacturing
- ◆ Tobacco manufacturer
- ◆ Food processing and mechanical manufacturers;
- ◆ Packing mechanical manufacturer
- ◆ Hotel / grogshop / food & beverage

- 식품탱크
- 식품자동화설비
- 농산물/수산물/축산물 가공설비
- HACCP
- 식품전처리기계
- 저장탱크
- 교반탱크
- 육수탱크
- 소스탱크
- 액상탱크

[부록 13] WTO가입 후, 중국 산업이 맞게 된 기회와 도전

1. 시장 개방 후 식품 가공기계 및 포장기계 수입으로 국내 관련 업계의 수준이 높아졌다

해외 기계제품의 도입으로 선진기술을 습득한 중국은 2만병/h, 3.6~4만병/h의 생산능력을 갖춘 맥주병 포장기계와 0.3~3만병/h의 생산능력을 갖춘 음료포장 생산라인, 500병/min의 생산 능력을 갖춘 스리피스 캔(3 PIECE CAN) 생산라인 등 상당히 높은 기술수준의 생산라인을 개발함으로써 점차 외국 선진 수준과의 격차를 줄이고 있다. 이외 단식형 연포장과 복식형 연포장 생산능력은 각기 2,200개/h, 4,800개/h 수준에 달하고, 각종 역상방포장, 삼면포장, 각절포장 등 살균 포장기계와 대형 포장용 살균포장기계가 잇따라 개발됐으며, 공업로봇을 이용한 포장 생산라인이 톈진에서 시험운영에 들어감과 더불어 90년대 초 일본의 동 종류 생산라인 수준을 달성했다.

중국 식품가공기계는 라면 가공기계 위주로 발전하기 시작했다. 중국은 1980년 최초로 라면 생산라인을 도입, 1984년에 국내 최초의 라면 생산라인 건설에 성공했다. 그 후 국산 라면 생산라인은 빠른 발전을 통해 평균 15만개/하루(8시간 기준)의 생산능력을 갖춘 생산라인을 연구·개발했으며, 현재 식품가공기계는 다양화 추세로 발전하고 있다.

중국의 과일야채 보관기계 및 급속냉동기계 제조업은 줄곧 수입제 도입-습득-연구개발의 순서로 발전해 왔다. 해당 업종은 최근 10년간 신속한 발전을 통해 10여개 품목에 사이즈가 수십종에 달하는 신형 냉동보관기계를 연구·개발하는 데 성공했다.

중국 금속포장용기 가공기계 제조업은 이미 초보적인 규모를 갖췄으며, 전기저항용접법을 이용한 원형 금속 캔 생산라인, 따기 쉬운 캔 뚜껑 생산라인, 깡통 생산라인, 병마개 생산라인 등 제조능력을 갖췄다. 그러나 기술적인 면에서 중국은 여전히 외국기술을 모방 및 습득하는 단계에 머물러 있으며, 기초가 취약하고 기술 습득 수준이 낮으며, 심층적인 연구가 부족해 전체적인 수준이 낮은 편이다. 90년대 중기부터 연구 제작에 들어간 펄프몰드 가공기계는 기술 개발 및 향상과정을 거쳐 요식업 응용에 성공, 하나의 혁신을 이뤄냈다. 펄프몰드 가공기계 업종은 공업제품 완충포장 분야로 발전하고 있으며, 현재 세계 선두를 달리고 있다.

2. 최근 중국 식품·포장기계 제조업체들은 내수시장 수요를 만족시키는 동시에

외수시장을 적극 개척해 중국 제품의 해외시장 진출에 주력함으로써 괄목할만한 성과를 거뒀고, 수출액이 해마다 증가추세를 보이고 있다. 80년대 중기 300만 달러로 당해 국내 기계 총생산액의 1% 정도에 불과했던 식품기계의 수출액은 1995년에 전년 대비 29.04% 증가한 1억 9,300만 달러를 기록, 1985년보다 66배 증가해 국내 식품기계 총 생산액의 10%를 차지했다. 1998년 해당 수출액은 8억 8,200만 달러를 기록했는데, 그 중 가정용 기계가 상당 부분(5억7,400만 달러)을 차지, 과거 통계데이터와 비교할 수 없는 정도의 높은 수준을 기록했다. 그러나 가정용 기계 수출분을 제외한 수출액도 3억 달러에 달하는데, 이는 1995년보다 56% 증가한 수치로 당해 국내 식품기계 총생산액의 17%를 차지했다. 이를 통해 식품기계의 성장률이 매우 높아 기계전기제품의 수출 성장률을 초과했음을 알 수 있다.

80년대 중기에 200만 달러로 국내 포장기계 총생산액의 1% 정도에 불과했던 포장기계 수출액은 1995년에 전년 대비 47.05% 증가한 3,554만 달러를 기록, 1986년보다 17.7배 증가해 국내 포장기계 총생산액의 3.7%를 차지했다. 1997년 해당 수출액은 4,955만 달러를 기록했는데, 이는 1995년보다 39.4% 증가한 수치로 당해 국내 포장기계 총생산액의 4.5%를 차지함으로써 매우 빠른 수출증가세를 보여줬다.

반면, 중국 기계공업의 1998년 매출액은 1조 5천억 위안, 그 중 수출액은 250억 달러(약 2,075억 위안)에 달해 기계공업 총매출액의 13.8%를 차지했다. 식품・포장기계업이 WTO 가입으로 인한 영향에 힘입어 전국 기계공업의 평균 수출비율을 따라잡을 경우 해당 항목만도 10%의 연간 성장률을 기록할 것이다.

전체적으로 중국 식품・포장기계의 수출전망은 매우 밝다. 중국의 식품・포장기계 기술은 실용적이고 경제적인 동시에 개발도상국가(지역)의 경제조건에 매우 적합해 향후 해당 국가(지역)으로의 수출 전망이 매우 밝으며, 일부는 선진국에도 수출할 수 있다. 관련 협회는 2001년 3월 중국 기업단을 조직해 <이탈리아 밀라노 국제포장기계전시회>에 참가했다. 전시회 기간 중국 전시관을 찾는 외국인들의 발길이 끊이지 않았고, 그 중 이탈리아, 영국, 스페인, 터키, 마케도니아, 이스라엘 등 국가 업체들이 중국 식품・포장기계의 해외 총판대리점이 되길 희망했다. WTO 가입 후 중국기업들의 대외 경영환경이 한층 개선돼 식품・포장기계의 수출 역시 더욱 확대됐다. 만약 중국의 장비 기술수준, 안정성, 신뢰성 등이 크게 향상돼 외자 관련 합자·독자 기업들이 국산 장비를 이용하게 될 경우 장비 시장 역시 크게 성장할 것이다.

일부 기술 집약형 고급제품 및 대형 세트장비의 경우 중국의 관련 기술이 미약한 이유로 아직 중국산이 없으며, 전량을 수입에 의존할 수밖에 없는 상황이다. 이러한 수입 장비들은 식품에 관한 새로운 식용법과 가공법, 포장법 뿐만 아니라 새로운 관리 및 이념을 제공해 준다. 따라서 현재의 낙후된 상황에 과감히 맞서 이를 적극적으로 변화시키고, 제품 개발능력을 향상시킴으로써 자체 혁신능력을 형성하는 것이 필요하다. 농업의 산업화의 본격적인 발전과 식품공업의 구조조정이 진행됨에 따라 대형 세트장비와 첨단장비의 사용이 대세로 떠오르는 상황에서 중국 기업들이 이러한 대세에 따르지 못할 경우 결국 중국은 해당 분야 시장을 잃게 될 것이다.

관세, 덤핑 등이 식품·포장기계 수출에 미치는 영향은 그리 크지 않으나 수입 장비를 사용하는 대다수 외자기업이 이로 인해 받는 충격은 비교적 크다. 외국장비는 워낙 가격이 비싸 주로 대형 식품기업, 대형 포장기업, 외자 투자기업 등이 수입하고 있으며, 현재 대부분이 면세를 적용받고 있다. 중국으로 덤핑돼 온 외국장비 역시 중국 국산장비에 비해 가격이 훨씬 비싸기 때문에 같은 수준의 장비일 경우 중국 제품이 절대적인 가격 우위를 갖게 된다.

※ 출처 : 2006-01-20, 중국식품산업망(中國食品產業網)

[부록 14] 친환경 인증 표시

새로운 친환경 인증로고는 국가가 인증한 품질 좋고 안전한 농식품임을 알 수 있도록 국새 모양의 초록색 사각표지로 소비자가 이해하기 쉽도록 단순화 하였다.

▣ 친환경 인증 종류별 표시방법

■ 유 기

- 유기농산물, 유기축산물, 유기재배 농산물 또는 유기농
- 유기재배 00(00은 농산물의 일반적인 명칭으로 한다)
- 유기축산, 00유기, 유기00

▸ 농림축산식품부 유기농(한글표시)

▸ 농림축산식품부 유기축산(한글표시) (영문표시)

■ 유 기

- 유기농산물, 유기축산물, 유기재배 농산물 또는 유기농
- 유기재배 ○○(○○은 농산물의 일반적인 명칭으로 한다)
- 유기축산 ○○, 유기○○

▸ **농림축산식품부 무농약(한글표시) (영문표시)**

■ 무농약

- 무농약, 무농약농산물 또는 무농약○○
- 무농약재배 농산물 또는 무농약재배○○

▸ **농림축산식품부 무항생제(한글표시) (영문표시)**

■ 무항생제

- 무항생제, 무항생제축산물, 무항생제○○ 또는
- 무항생제 사육 ○○

▸ **농림축산식품부 유기가공품(한글표시) (영문표시)**

▶ **우수농산물 인증표시**

■ 유기가공식품

- 유기가공식품, 유기농 또는 유기식품
- 유기농○○ 또는 유기○○
- 천연・무공해・저공해 등 소비자에게 혼동을 초래할 수 있는 표시를 하지 아니할 것
- 토양이 아닌 시설 또는 배지에서 작물을 재배하되 생육에 필요한 양분을 외부에서 공급하거나 외부에서 공급하지 않고 자연용수에 용존한 물질에 의존하여 재배한 농산물은 양액재배농산물 또는 수경재배농산물로 별도 표시할 것

▣ 친환경농축산물 인증제도

- 친환경농축산물 인증제도란? : 소비자에게 보다 안전한 친환경농축산물을 전문인증기관이 엄격한 기준으로 선별・검사하여 정부가 그 안전성을 인증해주는 제도이다.
- 친환경농축산물이란? : 환경을 보전하고 소비자에게 보다 안전한 농축산물을 공급하기 위해 유기합성 농약과 화학비료 및 사료첨가제등 화학자재를 전혀 사용하지 아니하거나, 최소량만을 사용하여 생산한 농축산물을 말한다.
- 친환경농축산물 관리 토양과 물은 물론 생육과 수확 등 생산 및 출하단계에서 인증기준을 준수했는지의 엄격한 품질 검사와 시중 유통품에 대해서도 허위표시를 하거나 규정을 지키지 않는 인증품이 없도록 철저한 사후관리를 하고 있다.
- 친환경농축산물의 종류 및 기준

(1) 친환경농산물 인증 종류(2종류) - 유기농산물, 무농약농산물

(2) 친환경축산물 인증 종류(2종류) - 유기축산물, 무항생제축산물

종 류	기 준
유기농산물 유기축산물	• 유기농산물은 유기합성 농약과 화학비료를 일체 사용하지 않고 재배 (전환기간 : 다년생 작물은 최소 수확 전 3년, 그 외 작물은 파종 재식 전 2년) • 유기축산물은 유기농산물의 재배·생산 기준에 맞게 생산된 [유기사료]를 급여하면서 인증기준을 지켜 생산한 축산물
무농약 농산물 무항생제 축산물	• 무농약 농산물은 유기합성 농약을 일체 사용하지 않고, 화학비료는 권장 시비량의 1/3 이내 사용 • 무항생제 축산물은 항생제, 합성항균제, 호르몬제가 첨가되지 않은 [일반사료]를 급여하면서 인증기준을 지켜 생산한 축산물

[부록 15] 재활용 재료

▣ 재활용 가능마크

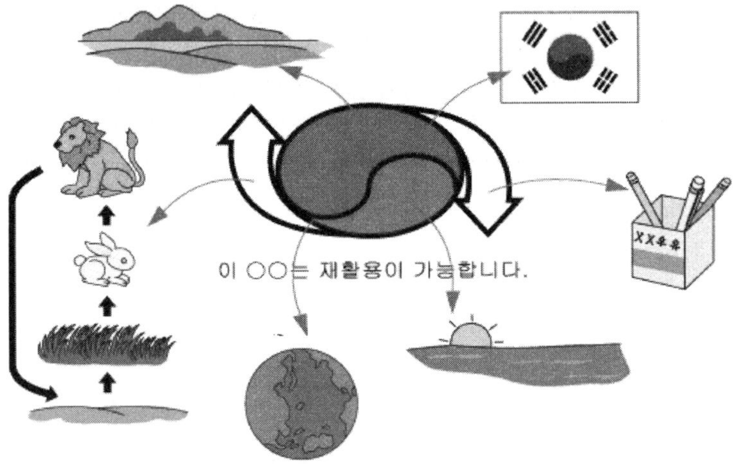

재활용 가능마크란 소비자가 상품을 구입할 때, 사용한 후 발생하는 쓰레기가 재활용이 가능한지를 쉽게 알 수 있도록 용기나 포장 또는 물건에 표시하는 것을 말한다. 재활용마크 표시 상품을 사용하면 쓰레기 배출량이 줄게 되고, 분리수거가 쉬워지게 되므로 폐자원의 이용과 재활용이 증가된다.

재활용 마크는 태극모양을 기초로 우리나라를 상징하므로 위의 반원은 육지, 아래의 반원은 바다를 의미한다. 주위의 원은 지구를 의미하고, 원 밖의 화살표는 생태계의 상호순환과 재활용을 의미한다.

■ 재활용 가능

1. 페트(PETE)

음료수병(콜라, 사이다, 주스), 생수병, 간장병

2. 고밀도플라스틱(HDPE)

플라스틱, 물통, 세제용기, 고급우유병, 식용유병

3. 저밀도플라스틱(LDPE)

플라스틱, 필름통

4. 폴리프로필렌(P・P)

주류, 음료수 상자

5. 폴리스티렌(P・S)

요구르트, 바나나 우유통, 불가리스

6. 계란투명용기(×)

일부 가능

■ 불가능

1. 염화비닐(V)

가스호스(×), PVC(×)

2. 기타 제품(OTHER)

공업용제품(×), 카페라떼(×)

■ 재활용 마크

물품을 사용한 후에 발생되는 폐기물 중에서 재활용이 가능한 물품을 소비자가 쉽게 구분할 수 있도록 하기 위한 마크를 말한다. 구분하여 수집용기에 수집하며, 그 물품의 제조업자 또는 판매자 등이 한국자원재생공사에 신청하여 표시할 수 있다.

종이류, 캔제품, 고철류, 유리병류, 플라스틱류

■ 재질 분류 마크

재활용이 가능한 폐기물을 재활용업자 등이 쉽게 재질을 구분할 수 있도록 금속캔 및 합성수지용기의 제조・수입・가공・수리 또는 판매자가 환경부 고시인 재활용지침규정에 의하여 표시하는 마크이다.

알루미늄캔, 철캔, 합성수지용기

■ 환경마크

자원절약 및 저공해상품(재생종이를 사용한 제품 등)을 소비자에게 알리어 환경보전에 기여할 수 있는 마크로 사단법인 환경마크협회에 신청하여 표시할 수 있다.

같은 용도의 제품들 가운데 생산, 유통, 사용, 폐기 과정에서 다른 제품에 비해 환경오염을 덜 일으키거나 에너지를 절약할 수 있는 친환경적인 상품을 정부나 공인기관이 인증하여 표시하는 마크를 말한다.

환경마크는 1979년 독일에서 처음 사용하였으며, 현재 일본, 캐나다, 유럽연합, 싱가포르, 인도 등 30여개 국가에서 실시하고 있다. 환경마크는 태극을 기초로 하여 우리나라를 상징하며 자연을 나타내고 있다. 나무와 새는 생명을 상징하며, 그 주위는 물과 흙, 공기를 상징한다. 마크의 녹색은 푸르름, 청색은 맑음을 상징한다.

■ 재질 분류 마크

재활용이 가능한 폐기물의 재질을 구분할 수 있는 마크를 말합니다.

1. 플라스틱류

마크 속의 숫자는 재질의 종류를 구분해주는 숫자이다. 1번, 2번, 4번, 5번, 6번은 재활용이 가능하지만, 3번과 7번은 재활용이 불가능하다.

스틸	알루미늄
음료수, 맥주캔 등	살충제, 음료수, 가스통 등

<table>
<tr><td>1 PETE</td><td>음료수병, 생수병, 간장병 등</td><td rowspan="2">3 PVC</td><td rowspan="2">대부분의 공업용 제품 계란 포장제, 대형물통, 일회용 그릇등 PVC용기</td></tr>
<tr><td>2 HDPE</td><td>우유병, 세제류병, 샴푸병 등</td></tr>
<tr><td>4 LDPE</td><td>우유병, 바디크렌저, 샴푸병 등</td><td rowspan="3">7 Other</td><td rowspan="3">마요네즈병, 켓찹병, 아기우유병, 요소수지페놀수지, 메라민수지, 규소수지를 원료로 한 용기 및 식기 전화기, 소켓, 냄비손잡이 등</td></tr>
<tr><td>5 P P</td><td>상자류, 먹거리병, 물통 등</td></tr>
<tr><td>6 P S</td><td>요구르트, 아이스크림통 등</td></tr>
</table>

2. 캔 류

캔의 재질을 스틸과 알루미늄으로 구분되며, 캔의 옆 편에 표시되어 있다.

Good Recycled

우리나라에서 발생한 폐자원을 재활용하여 생산한 우수품질 제품에 부여하는 것으로서 재활용품에 대한 소비자의 나쁜 인식을 전환시키고, 기업의 재생제품 생산의욕을 높이기 위해 지정한 우수제품 품질인증 마크이다.

철 분리배출 | 종이 분리배출 | 유리 분리배출 | PET 분리배출

HDPE 분리배출 | LDPE 분리배출 | OTHER 분리배출 | PP 분리배출

PS 분리배출 | 알미늄 분리배출 | PVC 분리배출 | 종이팩 분리배출

종류	세부품목	분리배출 요령
종이팩	종이팩	· 내용물을 비우고 가급적 물로 헹군 후 반드시 일반폐지와 혼합되지 않게 배출 ※ 분리수거함이 없는 경우 일반 종이류와 구분하여 다른 재활용품(캔, 유리병 등)과 함께 배출
유리	음료수병, 기타병류	· 병뚜껑을 제거한 후 내용물을 비우고 배출 · 담배꽁초 등 이물질을 넣지 말 것 ※ 빈용기보증금 대상 유리병은 소매점 등에서 환불
캔류 알미늄 / 캔류 철	철캔, 알루미늄캔	· 내용물을 비우고 가능한 압착 · 겉 또는 속의 플라스틱 뚜껑 등 제거 · 담배꽁초 등 이물질을 넣지 말 것
	기타캔류 (부탄 가스, 살충제용기 등)	· 구멍을 뚫어 내용물을 비운 후 배출
페트 / 플라스틱 / 비닐류	PET, PVC, PE, PP, PS, PSP재질 등의 용기·포장재	· 내용물을 깨끗이 비우고 다른 재질로 된 뚜껑(또는 은박지, 랩 등)이나 부착상표 등을 제거한 후 가능한 압착하여 배출 · 비닐(필름)류는 흩날리지 않도록 배출
	스티로폼 완충재 - 전자제품 완충재로 사용되는 발포합성 수지포장재 - 농·수·축산물 포장용 발포스티렌상	· 전기기기류 등의 제품에 사용되는 발포합성수지 완충재는 제품구입처로 반납 · 내용물을 완전히 비우고 부착상표 등을 제거하고, 이물질이 묻은 경우 깨끗이 씻어서 배출 · 음식물 등 이물질이 많이 묻어 있거나 타 물질로 코팅된 발포스티렌은 제외

찾아보기

ㄱ

가공 육제품 126
가공지 31, 81
가공필름 65
가스 투과량 66
가스 투과성 65
가스발생 40
가스제거 121
가스차단성 129
가스처리기법 129
가스처리기술 119
가스충전 포장기술 128, 129
가스충진포장 21, 83
가스치환 122
가스치환포장 36
가스투과성 21, 65, 92, 122
가스플래쉬 129
가식부위 48
가압살균솥 36
가열공정 99
가열살균포장 83
가열용 커버 99
가열포장 103
가온검사 39
가정 대체음식 161
가정간편식 169
가정대용식 169
간편성 30
갈색 병 73
감량화 포장 143
감소 106
개봉 용이성 149
개폐자재 22
건강 15
건강기능식품 198
겉포장 30, 75
게이블 탑 114
견고한 포장 139
결뉴법 42
결로 65
경제성 30
경화유 47
고부가가치화 16
고전압 펄스 자기장 223
고전압 펄스 전기장 가공기술 224
고주파 접착법 42
고차단성 포장 142
고차단성 포장재 92
고형량 44
고형분 함량 48
골판지 80
공관 36
공관의 규격 37
공급채널 142
과대포장 71
과망간산칼륨 108
관능검사 39
광역유통 76
광택성 34

권장 유통기한 184
금속 31, 79
금속박 31
기능성 포장 62, 120
기능성 포장기술 129
기능성 포장재 62, 92
기준규격 66
기체 차단성 100, 110
끼니 해결 식품 159

ㄴ

나노기술 227
나노포장 기술 116
나일론 35, 78
나트륨 51
납 43
납땜관 37
낱포장 30, 75
내부압력 41
내부포장 26, 30
내열성 34
내용량 44, 45
내용물의 보호 75
내한성 21
냉동식품 포장 226
냉동조리식품 98
냉동포장 83
냉장포장 83
네온(Ne) 124
노블가스 124
노즐방법 22
노즐식 129
농산물 포장 83
농축원액 52
농축주스 52
농축환원주스 52

ㄷ

단백질 50
단순 포장 15
단열성 110
단위 내용량 49
단위포장 26, 30
당질 58
도난방지 104
동결공정 99
동물성 유지 47
둥근관 37
뚝배기 113

ㄹ

라미네이트 가공기술 120
레토르트 21, 107
레토르트 살균 21
레토르트 파우치 36
레토르트 포장 21
레토르트(retort) 살균포장 226
레토르트용 복합 필름 21

ㅁ

맞춤형 식품 229
무균충전포장 36
무균포장 83, 116
무균포장 기술 116
무균화 포장 226
무기질 51
무연신 34
무장애 디자인 132

물류 효율화 16
물류과정 15
물류의 5대 요소 142
물리적 보호기능 121
물리학적 변질 20
미생물학적 변질 20
미세캡슐 230
밀봉 특성 128
밀봉롤 39
밀봉살균 저장 226
밀봉척 39
밀폐용기류 113

ㅂ

바코드 103
바코드 판독기 104
박엽지 81
발열반응 103
방담성 필름 65
방담필름 65
방사선 조사 226
방수성 21, 110
방충포장 226
배리어 프리 135, 147
백분율 48
백판지 80
범용(汎用) 디자인 136
변색현상 42
변조방지 기능 97
변조방지 포장 226
보전포장 76
보존성 27, 73, 97
보호 15
보호 포장재의 특성 181
보호기능 64, 97
보호성 27, 30, 63, 97
보호포장 175
봉입포장 64
부가가치율 15
부분 경화유 47
브랜드보호 104
비가식 부위 48
비가열 식품가공기술 223
비타민 51
비환원당 58
비활성 기체 72, 124

ㅅ

사용자 실수 145
사이코 그래픽스 154
산분해법 57
산소 65
산소 차단성 121
산소제거 포장기술 122
산소흡수제 107
산소흡수제 봉입포장 36, 174
산소흡수제 포장 108
산패 73
산화 65
산화방지제 108
살균용 식품포장 21
상업적 살균도 99
상품개발 현황 166
상품성 30
생육조건 173
선도 65
선도유지 128
선도유지 포장 226

선도유지 포장재 226
선도의 저하 64
선택적 투과 포장재 22
성상 43
성분명 47
세 균 43
세라믹 증착 필름 65
셀로판 31, 78
소비기한 184
소비자의 욕구 221
소화성 탄수화물 58
속포장 30, 75
수동차단 필름 106
수분활성도 172
수산물 제품 127
수소이온농도 173
수송 적합성 76
수입 유기 농산물 85
수입식품 70
수입신고 66
수증기 투과성 21
스퀴즈튜브 109
스티로폴 35
스티로폴 용기 111
스틱포장 149
습도조절 포장 121
시장규모 16
식물성 유지 47
식생활의 변화 158
식용유지 47
식품 유통기한 184
식품 유통기한 설정 189
식품 정보 185
식품 표시기준 52
식품가공기술 95, 223
식품공전 189
식품보존기술 226
식품열화 30
식품위생 23
식품위생법 83
식품의 용기 109
식품의 특성 19
식품의약품포장 64
식품첨가물 47, 197
식품포장 15, 75
식품포장용 용기 110
식품포장의 과학 115
식품표시제도 45
신선 가금류 제품 126
신선 과채류 127
신선 편이식품 221
신선도 유지포장 92
신선식품 65
신선육 125
신선육 포장의 CO 128
실리카겔 108
쓰리피스 관 36

ㅇ

아르곤(Ar) 124
아미노산류 51
안전 15
안전 · 위생성 63
안전대책 15
안정성 30, 76
알레르기 48
알루미늄 은박지 73
알루미늄박 32

액상식품 97
액티브 패키징 62
액티브 포장 120, 121
액티브 포장기술 115
액티브포장 22
약물전달 시스템 232
에테르 추출 56
에틸렌 108
에틸렌 가스 65
에틸렌 제거제 108
에틸렌비닐알콜 78
엠보스 가공 66
연신 34
열 접착법 42
열가소성 수지 32, 35
열경화성 수지 32
열량 50
열수축성 34
열접착 36
열접착성 34
열처리 가공 234
열탕 살균포장 21
열탕주입포장 36
열화요인 173
염산고무 34
염화비닐 34
염화비닐리덴 33
영양성분 함량 48
영양성분 45
영양소 강조표시 48
영양소 함량 강조표시 55
영양정보 표시제도 52
영양표시제도 45, 52
온도제어 포장 121
완충재 35
외부포장 26, 30
용기포장 66
용기포장 recycle법 143
용접관 37
용착밀봉 22
원료 전처리 기술 223
원재료명 45
원터치캔 109
위생관리 기술 224
위생성 30
유기 가공품 품질인증 84
유기농 인증제 61
유기농산물 61
유기농식품 59
유니버설 디자인 131, 145
유니버설 디자인 대책 147
유리 31
유비쿼터스 105
유연포장 34, 82
유연플라스틱 필름 100
유제품 125
유통기간 171
유통기한 45
유통기한 설정 사유서 188
유통기한 설정 실험 194
유통기한 연장 127
유통기한 연장제도 189
유통기한 표기 183
유통기한 표시 185, 188
유통기한 표시제도 189
유통기한의 설정 183
유통범위 97
육색소 125

은박지 포장 74
의약품 포장 145
이력추적 104, 171
이력추적제 66
이산화탄소 124
이산화탄소 농도 225
이산화탄소 제거제 108
이중권체 방식 99
이지오픈 뚜껑 37
이지필필름 109
2차원 바코드 시스템 104
인구 통계학적 특성 153
인쇄용지 80
인장강도 34
인증기관 85
인텔리젠트 포장 121
7가지 원칙 131
일반 농산물 61
일산화탄소 124
일시적 포장 139
일회용 랩 113
일회용 포장재 112
1회 제공량 48
임팩트관 37

ㅈ

자가 품질검사 66
자기소화성 35
자립지퍼형 포장 142
작업성 76
장기저장 225
재사용 106
재생 106
저온식품포장 21
저장수명 222
적색육 128
적절한 포장 19
적정포장 44
전분 47
전자레인지 101
전자레인지 식품포장 98
전자레인지 포장 121
전자렌지 포장 226
전자렌지용 식품포장용 22
절단제품 88
접착관 37
정밀검사 70
정보 15
제오라이트 66
제조일자 45
조지방 57
종이 31
주석 43
주석관 31
주스병 72
주의사항 표시 45
중량 비율 47
즉석 가열식품 102
즉석식품 161
지능형 시스템 227
지능형 전자레인지 시스템 104
지능형 포장 103
지방 51
지방산류 51
지방질 함량 56
지속가능한(sustainable) 포장 17
진공권체기 38
진공도 38, 43

진공도 측정 39
진공탈기포장 82
진공포장 기법 111
진공포장기술 128
질소 72
질소가스 64
질소 충전 71
질소 포장 117

ㅊ

차광성 110
차단기능 97
차단성 34
차단성 포장재 22
착각 방지 147
챔버식 129
천연착향료 47
청과물 65
초고압 가공기술 224
초고압을 이용한 기술 234
초임계 유체 추출기술 225
촉진 15
총 제공량 48
취급 용이성 149
취급 편의성 119
친환경 농산물 86, 87
친환경 농업 85
친환경 식품 시장 60
친환경 포장 17, 180

ㅋ

칼로리 계산 57
캡슐 108
캡슐화(encapsulation) 기술 229
코팅제 35
콜레스테롤 51
크세논(Xe) 124
킬로칼로리 50

ㅌ

타검 39
탄산음료 72
탄수화물 50
탈기과정 129
탈기부족 41
탈기작업 35
탈산소제 22
탈산소제 봉입포장 83
테이크아웃 161
통조림포장 97
투명성 34
투피스 관 37

ㅍ

판독기 104
판매 촉진성 119
판매촉진 75
판매촉진 기능 98
판지 31
패키지 146
패키지 디자인 153
페트병 72
편리성 63
폐기물처리 175
포장 재료 88
포장강도 44
포장기법 44
포장기술 15, 21, 106, 226

포장소재 21
포장식품의 갈변 174
포장용 음식 163
포장용기 21
포장용지 81
포장음식 161
포장의 장애요인 139
포장의 주요 기능 171
포장치수 44
폴리비닐리덴크로라이드 78
폴리비닐크로라이드 77
폴리에스테르 78
폴리에틸렌 77
폴리카보네이트 78
폴리프로플렌 77
표면 광택도 34
표면경도 34
표시사항 45
표적지향 전달시스템 233
푸드 나노테크놀러지 231
품질 유지기한 184
품질보존성 104
품질열화 64, 172, 173
품질유지 95
프리필드 시린지 148
플라스틱 31
플라스틱 포장재 92, 106

ㅎ

하이배리어 122
하이배리어 특성 122
하이배리어 포장재 64
한식 원 밀 솔루션 160
함기포장 82
함량 규제 52
합성착향료 47
항균성 106
항균작용 90
항산화성 106
헤스페리딘 42
헬륨(He) 124
형상기억 포장재 144
호기성 미생물 124
호기성 호흡 128
혼합 제제류 47
혼합기체 126
화학적 방법 224
화학적 변질 20
화학적 보호기능 121
환경 15
환경대응 포장재료 15
환경제어포장 22
환경조절 포장 226
환경친화성 144
환경호르몬 112
환원당 58
활성물질 방출 121
활성차단 필름 106
활성포장 27, 107, 108
황판지 80
휘발성 물질 127
휴대성 73
흡습 65
흡습제 108
히트씰 91

Index

A

active barrier film 106
adhesion 41
aseptic processing and packaging 226

B

bar code 103
barrier free 135
Bertrand법 58
BHA 108
BHT 108
Buckled can 41

C

CA저장 225
CA효과 66
Cellophane 78
Chip board 80
CO_2 치환포장 36
Controlled Atmosphere Storage 225
convenience 119
Cook-chill 식품 100
curd 41

D

DDS 기술 233
drug delivery system 232

E

Ethylene vinyl alcohol 78

F

FDA 52
Fehling 용액 58
flat sour 40
flavonoid 42
Flipper 40
Food nano technology 231

G

gable top 114
GAP 66
Gerber법 57
grocerants 164

H

HMR 161
HMR의 요건 166
Home Meal Replacement 161
honey comb 41
Hurdle technology 225

I

Impulse 열 접착법 42
ISO 규격 38

K

KFDA 52
Kjeldahl법 56

L

Leaker 41

M

MAP 123
MAP효과 125
MA저장 225
Meal solution 158
Modified Atmosphere Storage 225

N

Nano technology 227
NDS 235
Nutrient Delivery System 235

P

Panelled can 41
passive barrier film 106
Polyamide 35
Polycarbonate 35, 78
Polyester 34, 78
Polyethylene 33
Polypropylene 34, 77
Polystyrene 35, 78
Polyvinylchloride 77
Polyvinylidene chloride 78
Press-Through 148
Pre-filled Syringe 148
protection 119
PTP 148

R

Ready Meal 169
Recycle 대응형 포장 143
Reuse 대응형 포장 143
RFID 104
RFID tag 시스템 105
Rose-Gottlieb법 57

T

Targeted delivery system 233
Tetra Pak 114
TFS관 31
Traceability 171
TV dinner 100

식품포장학

2019년　9월 05일　초판 인쇄
2019년　9월 10일　초판 발행

저　자 : 조문구
펴낸이 : 천승배
펴낸곳 : 도서출판 유한문화사

주소 : 경기도 고양시 덕양구 지도로124번길 8-35
전화 : (02) 2668-2055
팩스 : (02) 2668-2565
http://www.yuhansa.com
E-mail : yuhansa@hanmail.net
등록 : 제 5-31호. 1979. 3. 6.

값 23,000 원

ISBN : 978-89-7722-941-9　93590